# 电磁波极化的统计特性及应用

李永祯　施龙飞　王　涛
刘　涛　任　博　刘　进　著

科学出版社

北　京

# 内 容 简 介

极化是电磁波的基本属性之一,电磁波极化信息的提取和利用可以有效提高雷达目标检测、跟踪、识别和抗干扰的能力。

本书较为系统地论述电磁波极化的统计特性及其应用。主要内容包括两部分:第一部分着重介绍电磁波极化的统计特性,包括零均值复高斯分布、非零均值复高斯分布及 $K$ 分布和 Weibull 分布等非高斯分布电磁波极化表征参量,给出 Jones 矢量、Stokes 矢量、IPPV、极化比和极化度等常用极化描述子的统计表征模型;第二部分介绍电磁波极化在雷达目标检测应用中的一些最新研究进展。

本书适合雷达信号处理、电子对抗和电磁波等领域科研人员阅读,也可作为高等院校相关专业的教学和参考书。

**图书在版编目 CIP 数据**

---

电磁波极化的统计特性及应用 / 李永祯等著. —北京:科学出版社,2017.3
ISBN 978-7-03-050595-8

Ⅰ.①电… Ⅱ.①李… Ⅲ.①电磁波-极化(电子学)-统计-研究 Ⅳ.
①O441.4

中国版本图书馆 CIP 数据核字(2016)第 271220 号

---

责任编辑:张艳芬 纪四稳 / 责任校对:郭瑞芝
责任印制:张 伟 / 封面设计:陈 敬

**科 学 出 版 社** 出版
北京东黄城根北街 16 号
邮政编码: 100717
http://www.sciencep.com

**北京建宏印刷有限公司** 印刷
科学出版社发行 各地新华书店经销

\*

2017 年 3 月第 一 版 开本:720×1000 B5
2018 年 3 月第三次印刷 印张:13 3/4
字数:268 000

**定价:88.00 元**
(如有印装质量问题,我社负责调换)

# 前　言

极化是电磁波的本质属性之一,是除幅度、频率、相位以外的重要基本参量,用于描述空间某一固定点所观测到的电磁波矢量随时间变化的特性,在雷达、通信和无线电制导等领域均受到广泛关注。早在20世纪40年代人们就已发现,目标受到电磁波照射时会出现变极化效应,这种效应蕴含的目标丰富的物理属性对提升雷达的检测、抗干扰、目标分类和识别等能力具有很大帮助。经过70多年的发展,雷达极化已成为雷达领域一个专门的方向。对雷达极化信息的开发和利用涉及电磁波辐射、传播、散射、接收与处理等与雷达探测相关的全过程,对电磁散射/逆散射、目标检测、微波成像和目标识别等多个领域都产生了深刻影响,引起了国际学术界和工业界的高度关注,并使科研人员对其产生了浓厚的兴趣。

作为雷达极化问题研究中的一个基础性工作,电磁波极化的统计特性研究也在不断深入。但相对于雷达极化问题其他方面的研究,对电磁波本身极化的统计特性研究进展相对滞后。在国家自然科学基金重大课题、青年基金及武器装备预研项目的支持下,作者经过十余年的研究在电磁波极化统计表征及其应用上取得了一批新成果,拟以此为基础,着手撰写一部有关电磁波极化统计方面的专著,本专著将较为系统地介绍电磁波极化的统计特性及其在雷达中的应用,试图对该领域涉及的主要问题进行理论概括和技术总结,供相关领域的科技人员阅读参考。

全书共5章。第1章介绍电磁波极化的基本概念及其表征方法,简要归纳、评述电磁波极化统计特性及特性测量以及极化在雷达中典型应用的研究现状、发展趋势及亟须解决的前沿问题;第2章以电磁波服从零均值复高斯分布为出发点,研究随机电磁波极化的统计特性,给出电磁波极化各类表征参量的统计表征模型;第3章针对非零均值复高斯随机电磁信号,建立各种典型情形下极化状态参量的统计表征模型,并给出典型电磁环境测试实验及其统计分析结果;第4章讨论服从Weibull分布、$K$分布等非高斯分布随机电磁信号的统计特性,给出典型极化参量的统计表征模型;第5章讨论电磁波极化在雷达中的应用问题,重点介绍基于瞬态极化统计量的微弱信号检测、基于瞬态极化统计量变换的均匀杂波中小目标检测及基于极化度的非均匀杂波中目标检测等方法。

　　本书由李永祯、施龙飞、王涛、刘涛、任博和刘进共同撰写。在撰写过程中,肖顺平教授、王雪松教授、庄钊文教授、王国玉研究员、蒋兴才教授、汪连栋研究员等提供了多方面的支持和帮助,同时得到了刘巧玲、李超、刘业民和李重威等研究生的帮助,在此一并表示感谢。

　　限于作者水平,书中难免存在不当之处,敬请广大读者批评指正。

作　者

电子信息系统复杂电磁环境效应国家重点实验室

2017 年 1 月

# 目　　录

# 第1章　绪　　论

作为矢量波(横波)共有的一种性质,极化是指利用一个场矢量来描述空间某一固定点所观测到的矢量波随着时间变化的特性,最早的研究见于光学——光的偏振现象。极化信息的充分挖掘为现代探测系统性能的改善提供了广阔的空间,在红外、光学和电磁波等领域均受到了广泛关注。

对于极化的最早科学记载由丹麦科学家 Bartolini 于 1669 年提出[1],其利用方解石晶体将一束入射光分解为普通光和异常光,可以认为是极化现象的发现溯源[2,3];然而由于当时人们对光的物理特性理解有限,Bartolini 将这种双折射现象误解为由方解石晶体内存在两个孔道引起的。直到 1808 年,法国科学家 Malus 证实了"极化是光的本质而非来自晶体影响"的结论,将方解石晶体看成滤波器来研究光的极化,给出了入射光为线极化光时方解石位置与折射光量之间的关系式[4]。1852 年,Stokes 提出了利用四个参数描述光的极化,即 Stokes 参数,为全极化、未极化和部分极化光的数学表征奠定了理论基础[5,6];特别是在 1892 年,Poincare 指出,所有可能的极化状态可以由 Riemann 球面上的点来表示,每个点的纬度和经度唯一地定义了极化椭圆的偏心率和倾角,即 Poincare 极化球,成为非常有用的极化状态表征工具。Wiener 在 1927~1929 年研究量子机制的谐波问题时发现,相干矩阵是含有 Stokes 参数的 Pauli 旋转矩阵的线性组合,这一结论奠定了部分极化波非常重要的数学基础,详细论述请参见王雪松撰写的著作[3]。上述研究工作主要是围绕自然界中可见光的极化属性展开的。

将极化的存在从可见光扩展到整个电磁波频段可认为是以 1888 年德国物理学家 Hertz 观测到了电磁波的极化特性为起点,赵凯华在其著作《电磁学》中进行了详细论述[7]。这一发现标志着电磁波现代应用的开端,激发了电磁波在雷达、通信、测控等领域的广泛应用。电磁波的极化描述了电磁波的矢量运动特征,即电场矢端在传播截面上随时间变化的轨迹,是电磁波幅度、频率、相位以外的一个重要基本参量,其在雷达中的应用是雷达科学与技术领域的一个基本问题,主要研究与雷达探测相关的电磁波辐射、传播、散射以及接收、处理等过程中的各种极化现象和极化效应,在地理遥感、气象探测、空间监视、防空反导、战场侦察等多个民用和军用领域展现出广阔的应用前景。

在诸如信号检测、目标跟踪、真假目标识别等雷达实际应用中,随机干扰以及目标本身姿态在空中的不确定性等因素,使得波的极化并不总是确定性的,恰恰相反,在更多的场合,人们观测到的是时变的,甚至是随机的极化,因而关于随机电磁波极化的统计特性研究也开始受到人们的重视。自 20 世纪 60 年代以来,国内外雷达界学者针对电磁波极化的统计描述给予了极大的关注,主要工作集中在波的幅度、相位、极化椭圆几何描述子以及 Stokes 矢量等的统计描述上[8-15]。由于受到传感器性能的限制,以及长期以来人们难以揭示极化机理,关于此问题的探讨比较分散,尚未形成完整的理论体系。20 世纪 80 年代以后,合成孔径雷达成像技术在军事侦察和遥感领域得到了成功应用,受 SAR 图像解译、目标分类和识别等需求的牵引,关于目标和地物的极化特性研究引起了各国的高度关注,学术界逐渐掀起了研究目标极化统计特性的高潮,但相比之下,对电磁波本身极化的统计特性研究进展相对滞后。本书正是在此背景下,深入探讨电磁波极化的统计特性及其在雷达中的应用问题。

在前人研究的基础上,本章首先介绍电磁波极化的基本概念及其表征方法,其次对电磁波极化统计特性及特性测量的研究现状进行梳理和总结,最后对电磁波极化在雷达目标检测中的典型应用现状进行梳理和总结。

# 1.1　电磁波极化的概念及表征

极化被用以诠释电磁波矢量末端随时间变化所描绘的轨迹,自从被应用于雷达研究领域以来,人们寄希望于通过获取电磁波中的极化信息,以便更为全面地了解和掌握目标或环境的电磁散射或辐射特性。在此基础上,充分利用极化信息来改善雷达系统对目标的探测识别或是对各种环境的分类辨别能力[16]。

## 1.1.1　电磁波极化的概念

根据标准 IEEE 149—1979,下面给出作为单色电磁波的一个基本属性——极化的概念,极化描述了电场矢量端点作为时间的函数所形成的空间轨迹的形状和旋向[17],表明电场强度的取向和幅度随着时间而变化的性质。

对于一个沿笛卡儿坐标系中 $+z$ 方向传播的单频信号(单色波),在水平、垂直极化基 $(\hat{h}, \hat{v})$ 下,其电场矢量可简记为

$$\boldsymbol{E}_{\mathrm{HV}}(z,t) = \begin{bmatrix} E_{\mathrm{H}}(z,t) \\ E_{\mathrm{V}}(z,t) \end{bmatrix} = \begin{bmatrix} a_{\mathrm{H}} \mathrm{e}^{\mathrm{j}(\omega t - kz + \varphi_{\mathrm{H}})} \\ a_{\mathrm{V}} \mathrm{e}^{\mathrm{j}(\omega t - kz + \varphi_{\mathrm{V}})} \end{bmatrix}, \quad t \in \boldsymbol{T} \qquad (1.1)$$

式中，$k = \dfrac{2\pi}{\lambda}$ 为波数，$\lambda$ 为波长；$\varphi_H$、$\varphi_V$ 为电磁波水平、垂直极化分量的相位；$a_H$、$a_V$ 为电磁波水平、垂直极化分量的幅度；$\boldsymbol{T}$ 为电磁波的时域支撑集。

不难推得，电场矢量端点随着时间变化的空间轨迹投影到 $xOy$ 平面上的形状为一个椭圆[6]，称为极化椭圆，并由 $a_H$、$a_V$ 和 $\varphi = \varphi_V - \varphi_H$ 三个参数唯一确定。需要指出的是，极化椭圆方程只与电场两个正交分量之间的相对相位有关，而与 $\varphi_H$ 或者 $\varphi_V$ 的绝对值无关。下面利用电场矢量端点随时间描绘的空间轨迹的旋向来定义电磁波的极化方向，若电场强度矢量旋向与传播方向满足右手螺旋准则，则称其为右旋极化；反之，若电场强度矢量旋向与传播方向满足左手螺旋准则，则称其为左旋极化。

这样，通过分析电场矢量端点作为时间的函数所形成的空间轨迹形状和旋向，给出单色电磁波极化的定义。

### 1.1.2　完全极化电磁波的表征

针对单载频连续波、单频脉冲信号等在观测期间极化状态不变的完全极化电磁波，其电场矢量端点在传播空间任一点处可以描绘出一个具有恒定椭圆率角和倾角的极化椭圆，极化椭圆是不随时间而变化的。有学者提出了 Jones 矢量、极化比、极化相位描述子、极化椭圆几何描述子及 Stokes 矢量等经典的极化表征方法[2,6]。

1) Jones 矢量

对于该单色波，其 Jones 矢量为

$$\boldsymbol{E}_{HV} = \begin{bmatrix} E_H \\ E_V \end{bmatrix} = \begin{bmatrix} a_H \mathrm{e}^{\mathrm{j}\varphi_H} \\ a_V \mathrm{e}^{\mathrm{j}\varphi_V} \end{bmatrix} = \begin{bmatrix} x_H + \mathrm{j}y_H \\ x_V + \mathrm{j}y_V \end{bmatrix} \tag{1.2}$$

显然，Jones 表征方法不仅包含了电磁波的极化信息，也包含了波的强度信息和相位信息，其取值空间为一个二维复空间。

2) 极化比

根据极化比的定义可知，电磁波在水平、垂直极化基 $(\hat{h}, \hat{v})$ 下可表示为

$$\rho_{HV} = \frac{E_V}{E_H} = \tan\gamma \mathrm{e}^{\mathrm{j}\varphi}, \quad (\gamma, \varphi) \in \left[0, \frac{\pi}{2}\right] \times [0, 2\pi] \tag{1.3}$$

式中，$\gamma = \arctan\dfrac{a_V}{a_H}$，$\varphi = \varphi_V - \varphi_H$。

极化比表征方法仅包含电磁波的极化信息，其取值空间为包含无穷远点（∞）

的复平面。

3）极化相位描述子

$(\gamma, \varphi) \in \left[0, \frac{\pi}{2}\right] \times [0, 2\pi]$ 即为极化相位描述子，它和极化比是完全等价的，也仅包含电磁波的极化信息，但是其取值空间是二维实平面的一个矩形子集。

4）极化椭圆几何描述子

由极化椭圆几何描述子 $(\varepsilon, \tau)$ 的定义易得

$$\left.\begin{aligned} \varepsilon &= \frac{1}{2} \arcsin \frac{2a_H a_V \sin\varphi}{a_H^2 + a_V^2} \\ \tau &= \frac{1}{2} \arctan \frac{2a_H a_V \cos\varphi}{a_H^2 - a_V^2} \end{aligned}\right\}, \quad (\varepsilon, \tau) \in \left(-\frac{\pi}{4}, \frac{\pi}{4}\right] \times \left(-\frac{\pi}{2}, \frac{\pi}{2}\right] \tag{1.4}$$

式中，$\varepsilon$、$\tau$ 分别表示在空间一点处电场矢端所绘制的极化椭圆的椭圆率角和倾角，如图 1.1 所示。

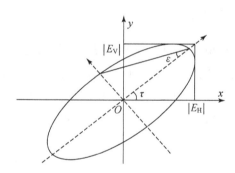

图 1.1　极化椭圆的几何参数

需要指出的是，工程上常用的极化角即极化倾角 $\tau$，其轴比为 $\sigma = |\tan\varepsilon|$。

5）Stokes 矢量

由 Stokes 矢量的定义式，在水平、垂直极化基 $(\hat{h}, \hat{v})$ 下，有

$$\begin{aligned} g_0 &= |E_H|^2 + |E_V|^2 = a_H^2 + a_V^2 \\ g_1 &= |E_H|^2 - |E_V|^2 = a_H^2 - a_V^2 \\ g_2 &= 2\mathrm{Re}(E_V^* E_H) = 2a_H a_V \cos\varphi \\ g_3 &= 2\mathrm{Im}(E_V^* E_H) = 2a_H a_V \sin\varphi \end{aligned} \tag{1.5}$$

式中，$g_0^2 = g_1^2 + g_2^2 + g_3^2$。

完全极化电磁波 Stokes 矢量的 $g_0$ 分量描述了电磁波的功率密度，而其余三

个元素所构成的子矢量则表征了波的极化状态。其中，$g_1$ 是在水平、垂直极化基下两个正交分量的功率之差；$g_2$ 为电磁波在 $45°$ 和 $135°$ 正交极化基下两个正交分量的功率差；$g_3$ 为电磁波在左、右旋圆极化基下两个正交分量的功率差。

由式(1.5)可以给出 Stokes 矢量的几何解释：$g_1$、$g_2$、$g_3$ 可以看成半径为 $g_0$ 的球上一点的笛卡儿坐标；$2\varepsilon$ 为该点矢径相对于 $g_1$-$g_2$ 平面的俯仰角坐标，且其符号与 $g_3$ 相同；$2\tau$ 则是该点矢径在 $g_1$-$g_2$ 平面内的投影与 $g_1$ 轴正向的夹角，其符号以相对于 $g_1$ 轴正方向沿逆时针方向旋转为正。这种几何解释由 Poincare 引入，故将该球称为 Poincare 极化球，如图 1.2 所示。

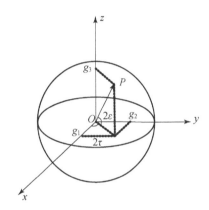

图 1.2　Poincare 极化球及球上极化状态的几何描述子表征

Poincare 极化球是表征极化状态的非常有用的工具。任何一个完全极化电磁波都可以用 Poincare 极化球面上的一点予以完全表征。对于极化状态，所有可能的极化状态和 Poincare 球面上的点集构成了一一对应关系。也就是说，任意极化状态都可以在 Poincare 球上找到对应的一点 $P$，$P$ 点的经度和纬度分别对应极化椭圆的椭圆率角 $\varepsilon$ 和倾角 $\tau$ 的 2 倍。

需要指出的是，在忽略相位信息的前提下，Jones 矢量和 Stokes 矢量是完全等价的；若不考虑电磁波的功率密度及其相位信息，而仅考虑电磁波的极化信息，则上述这五种极化描述是彼此等价的。

### 1.1.3　部分极化电磁波的表征

前面给出的极化状态描述方式是针对单色波的，即完全极化波，这种形式的波在 $x$ 方向和 $y$ 方向上分量的振幅和相位差是常数，电场矢量端点在空间传播任一点处描绘出的是一个具有恒定椭圆率角和倾角的极化椭圆。但是在实际应用中，自然或人造目标上反射电磁波的频率范围较宽，雷达发射和接收的脉冲都具有一定的宽度，此时电磁波是色散的，这导致雷达回波在两个正交极化分量上的振幅和相位差是随时间变化的，其电场矢量端点在传播空间给定点处描绘出的轨迹是一条形状和取向都随时间变化的类似于椭圆曲线的电磁波。这种更为常见的电磁波形式就是部分极化波。对于部分极化波，其极化状态一般采用 Jones 相干矩阵和 Stokes 矢量来表征。

此时，对于沿 $+z$ 方向传播的横电磁波，在水平、垂直极化基 $(\hat{h},\hat{v})$ 下，其电场矢量可简记为

$$\boldsymbol{E}_{\mathrm{HV}}(z,t)=\begin{bmatrix}E_{\mathrm{H}}(z,t)\\E_{\mathrm{V}}(z,t)\end{bmatrix}=\begin{bmatrix}a_{\mathrm{H}}(t)\mathrm{e}^{\mathrm{j}[\omega t-kz+\varphi_{\mathrm{H}}(t)]}\\a_{\mathrm{V}}(t)\mathrm{e}^{\mathrm{j}[\omega t-kz+\varphi_{\mathrm{V}}(t)]}\end{bmatrix}=\begin{bmatrix}a_{\mathrm{H}}(t)\mathrm{e}^{\mathrm{j}\varphi_{\mathrm{H}}(t)}\\a_{\mathrm{V}}(t)\mathrm{e}^{\mathrm{j}\varphi_{\mathrm{V}}(t)}\end{bmatrix}\mathrm{e}^{\mathrm{j}(\omega t-kz)} \quad (1.6)$$

式中，$a_{\mathrm{H}}(t)$、$a_{\mathrm{V}}(t)$ 和 $\varphi_{\mathrm{H}}(t)$、$\varphi_{\mathrm{V}}(t)$ 一般是缓变过程或者各态历经性平稳随机过程。

1) Jones 相干矩阵

设一个部分极化平面电磁波沿 $+z$ 轴方向传播，其电场分量如式（1.6）所示，则其 Jones 相干矩阵 $\boldsymbol{C}=\begin{bmatrix}C_{\mathrm{HH}}&C_{\mathrm{HV}}\\C_{\mathrm{VH}}&C_{\mathrm{VV}}\end{bmatrix}$ 为

$$\boldsymbol{C}=\langle\boldsymbol{E}(t)\boldsymbol{E}^{\mathrm{H}}(t)\rangle=\begin{bmatrix}\langle a_{\mathrm{H}}^{2}(t)\rangle & \langle a_{\mathrm{H}}(t)a_{\mathrm{V}}(t)\mathrm{e}^{\mathrm{j}[\varphi_{\mathrm{H}}(t)-\varphi_{\mathrm{V}}(t)]}\rangle\\\langle a_{\mathrm{H}}(t)a_{\mathrm{V}}(t)\mathrm{e}^{-\mathrm{j}[\varphi_{\mathrm{H}}(t)-\varphi_{\mathrm{V}}(t)]}\rangle & \langle a_{\mathrm{V}}^{2}(t)\rangle\end{bmatrix}$$

$$(1.7)$$

式中，上标 H 表示 Hermitian 转置；$\langle\ \rangle$ 表示求集平均。部分极化波的幅度和相位通常可以认为是具有各态历经性的平稳随机过程，这样相干矩阵的定义式中出现的集平均运算可以用时间平均来代替。

由式（1.7）可见，相干矩阵 $\boldsymbol{C}$ 是一个 Hermitian 矩阵，易知，相干矩阵的迹是这个电磁波的平均功率密度，且相干矩阵的行列式是非负的，可以将其唯一地进行如下形式的分解：

$$\boldsymbol{C}=C_{1}+C_{2}=\begin{bmatrix}A&0\\0&A\end{bmatrix}+\begin{bmatrix}B&D\\D^{*}&F\end{bmatrix} \quad (1.8)$$

式中，$A,B,F\geqslant0,BF=|D|^{2}$。

利用部分极化波的相干矩阵可以定义波的相干因子为

$$\mu = \frac{C_{HV}}{\sqrt{C_{HH}C_{VV}}} \tag{1.9}$$

显然，$|\mu| \leqslant 1$，$\mu$ 的模值反映了波的电场分量之间的相关程度。当 $|\mu| = 1$ 时，意味着波的两个正交场分量之间具有完全相干性，极化状态不随时间而变化，即完全极化波；当 $|\mu| < 1$ 时，意味着波的两个场分量之间是部分相干的，称为部分极化波；当 $|\mu| = 0$ 时，意味着波的两个场分量之间是完全不相关的，称为完全未极化波。

2）Stokes 矢量表征

Stokes 矢量最早是表示完全极化波的，其定义如式(1.5)所示，部分极化波并不能用上面的定义式来表示，采用类似 Jones 相干矩阵的思想，对 Stokes 矢量进行集平均，即由式(1.6)可见，部分极化波的 Stokes 矢量定义为

$$\boldsymbol{J} = \begin{bmatrix} g_0 \\ g_1 \\ g_2 \\ g_3 \end{bmatrix} = \begin{bmatrix} \langle a_H^2(t) \rangle + \langle a_V^2(t) \rangle \\ \langle a_H^2(t) \rangle - \langle a_V^2(t) \rangle \\ 2\langle a_H(t) a_V(t) \cos\varphi(t) \rangle \\ 2\langle a_H(t) a_V(t) \sin\varphi(t) \rangle \end{bmatrix} \tag{1.10}$$

式中，$\varphi(t) = \varphi_V(t) - \varphi_H(t)$，$g_0^2 \geqslant g_1^2 + g_2^2 + g_3^2$。

根据式(1.7)和式(1.10)，可以得到 Stokes 矢量和波的相干矢量之间的关系为

$$\boldsymbol{J} = \boldsymbol{RC}, \quad \boldsymbol{C} = \frac{1}{2}\boldsymbol{R}^H\boldsymbol{J} \tag{1.11}$$

式中，$\boldsymbol{R} = \begin{bmatrix} 1 & 0 & 0 & 1 \\ 1 & 0 & 0 & -1 \\ 0 & 1 & 1 & 0 \\ 0 & j & -j & 0 \end{bmatrix}$。

3）电磁波的二分理论与极化度

任何一个部分极化波都可以分解成一个完全极化波和一个完全未极化波之和，并且分解后的两个波是完全不相干且唯一的[16]。部分极化波的 Stokes 矢量 $\boldsymbol{J}$ 可以唯一地分解为如下形式：

$$\boldsymbol{J} = \boldsymbol{J}_1 + \boldsymbol{J}_2 = \begin{bmatrix} g_0 - \sqrt{g_1^2 + g_2^2 + g_3^2} \\ 0 \\ 0 \\ 0 \end{bmatrix} + \begin{bmatrix} \sqrt{g_1^2 + g_2^2 + g_3^2} \\ g_1 \\ g_2 \\ g_3 \end{bmatrix} \tag{1.12}$$

显然，$\boldsymbol{J}_1$ 代表一个未极化波，波的平均功率密度为 $g_0 - \sqrt{g_1^2 + g_2^2 + g_3^2}$，而 $\boldsymbol{J}_2$ 代表一个完全极化波，其平均功率密度为 $\sqrt{g_1^2 + g_2^2 + g_3^2}$。

由式(1.12)可见，部分极化波的 Stokes 矢量可以唯一地分解为一个完全极化波和一个未极化波的 Stokes 矢量之和，那么极化度定义就是完全极化波的强度与部分极化波总强度之比，即

$$P = \frac{\sqrt{g_1^2 + g_2^2 + g_3^2}}{g_0} \tag{1.13}$$

式中，$0 \leqslant P \leqslant 1$。因此，部分极化波的 Stokes 矢量 $\boldsymbol{J}$ 可表示为

$$\boldsymbol{J} = \begin{bmatrix} g_0 \\ \sqrt{g_1^2 + g_2^2 + g_3^2}\cos 2\varepsilon \cos 2\tau \\ \sqrt{g_1^2 + g_2^2 + g_3^2}\cos 2\varepsilon \sin 2\tau \\ \sqrt{g_1^2 + g_2^2 + g_3^2}\sin 2\varepsilon \end{bmatrix} = g_0 \begin{bmatrix} 1 \\ P\cos 2\varepsilon \cos 2\tau \\ P\cos 2\varepsilon \sin 2\tau \\ P\sin 2\varepsilon \end{bmatrix} \tag{1.14}$$

这样，可将完全极化波表征的 Poincare 球的表面扩展到整个球体，并且球内任意一点具有明确的物理意义。例如，当 $P=0$ 时，点在 Poincare 球心处，表示完全未极化波；当 $P=1$ 时，点在 Poincare 球表面处，表示完全极化波；当 $0 < P < 1$ 时，点在 Poincare 球内部，表示部分极化波。

为了便于分析，根据部分极化波相干矩阵的定义可将极化度表示为另一种形式，即

$$P = \frac{\sqrt{(\mathrm{Tr}(\boldsymbol{C}))^2 - 4\mathrm{Det}(\boldsymbol{C})}}{\mathrm{Tr}(\boldsymbol{C})} \tag{1.15}$$

式中，$\mathrm{Tr}(\ )$ 表示求取矩阵的迹；$\mathrm{Det}(\ )$ 表示求取矩阵的行列式。

### 1.1.4　电磁波极化的瞬态极化表征

在观测期间矢量端点在传播空间给定点处描绘出的轨迹是一条形状和取向都随时间变化的电磁波，如双频电磁信号、宽带电磁信号等，可以采用瞬态极化来表征。具体地，本节的研究对象不但包括完全极化电磁波，而且也包括各种极化时变的电磁波，本质上是把电磁波的极化看成动态参量而非静态参量。

瞬态 Stokes 矢量和时域瞬态极化投影矢量(IPPV)在水平、垂直极化基 $(\hat{h}, \hat{v})$ 下的定义为[3]

$$\boldsymbol{j}_{HV}(t) = \begin{bmatrix} g_{HV0}(t) \\ \boldsymbol{g}_{HV}(t) \end{bmatrix} = \boldsymbol{R}\boldsymbol{E}_{HV}(t) \bigotimes \boldsymbol{E}_{HV}^*(t), \quad t \in \boldsymbol{T} \tag{1.16}$$

和

$$\tilde{\boldsymbol{g}}_{HV}(t) = \begin{bmatrix} \tilde{g}_{HV1}(t) & \tilde{g}_{HV2}(t) & \tilde{g}_{HV3}(t) \end{bmatrix}^T = \frac{\boldsymbol{g}_{HV}(t)}{g_{HV0}(t)}, \quad t \in \boldsymbol{T} \quad (1.17)$$

式中,$\boldsymbol{g}_{HV}(t)$称为瞬态 Stokes 子矢量。需要说明的是,此时 $a_H(t)$、$a_V(t)$、$\varphi_H(t)$ 和 $\varphi_V(t)$ 在数学上可以是任意一个关于时间 $t$ 的函数。

显然,电磁波的瞬态 Stokes 矢量蕴含其强度信息和极化信息,而其 IPPV 侧重刻画电磁波的极化特性。在此基础上,文献[3]给出了极化聚类中心、极化散度、瞬态极化状态变化率和极化测度等电磁波瞬态极化描述子的概念以及刻画电磁信号之间瞬态极化关系的极化相似度和极化起伏度等概念及性质,这里简要给出极化聚类中心和极化散度的定义,其他详见文献[3]。

1) 极化聚类中心

电磁波的 IPPV 在 Poincare 单位球面上构成了一个以时间为序参量的三维矢量有序集,即瞬态极化投影集,描述了电磁波瞬态极化随时间的演化特性。瞬态极化投影集是一个分布于单位球面上的空间点集,其分布态势反映了电磁波的整体极化特性。故电磁波的极化聚类中心定义为

$$\tilde{\boldsymbol{G}}_{HV} = \int_T a(t) \tilde{\boldsymbol{g}}_{HV}(t) \mathrm{d}t \quad (1.18)$$

式中,$a(t)$ 为时域支撑 $\boldsymbol{T}$ 上的权因子函数,它满足

$$a(t) \geqslant 0, \quad \forall t \in \boldsymbol{T} \quad \text{且} \quad \int_T a(t) \mathrm{d}t = 1$$

这意味着,若极化投影集的空间分布越疏散,则其极化聚类中心越接近原点;反之,若极化投影集的空间分布越集中,则其极化聚类中心就会越接近单位球面。

2) 极化散度

电磁波的瞬态极化投影集所处的空间位置可由极化聚类中心大致给出,而其空间疏密特性则可用极化散度来描述,定义为

$$D_{HV}^{(k)} = \int_T a(t) \| \tilde{\boldsymbol{g}}_{HV}(t) - \tilde{\boldsymbol{G}}_{HV} \|^k \mathrm{d}t \quad (1.19)$$

式中,$k \in \boldsymbol{Z}$ 为正整数,称为极化散度的阶数。

电磁波极化散度的值越大,表明该极化投影集的空间分布越疏散,即电磁波的极化状态随时间变化越剧烈;反之,则表明极化投影集的空间分布越集中。特别地,当 $D_{HV}^{(k)} = 0$ 时,表示极化状态恒定不变的单色波。

需要指出的是,在信号与系统理论中,为了方便分析问题,常将时域信号通过

正交分解等手段变换到另外一个域上来表征,如频域、复频域、复倒谱域和时频联合域等,建立时域和变换域之间的完备对应关系和变换域上的信号描述方法。同理,根据雷达极化分析的需要,对时变电磁波也可类似进行域的变换,在变换域上构建瞬态极化表征方法,如变换域上的极化聚类中心、极化散度、极化状态变化率、极化测度和变换域的极化相似度及极化起伏度等描述子。

## 1.2　电磁波极化的统计特性

首先分别从极化参量统计表征理论和雷达电磁环境极化测量两方面回顾极化统计特性相关研究的发展历程及研究现状。

### 1.2.1　电磁波极化参量的统计特性研究现状

由前面分析可知,典型的极化表征参量包括 Jones 矢量、椭圆描述子、极化比、Stokes 矢量及极化度,前面四个表征参量属于极化状态表征量,而极化度则是用于表征电磁波极化纯度的物理量,当极化度为 1 时对应完全极化电磁波,当极化度为 0 时对应完全未极化电磁波,对于部分极化波,极化度取值位于 0 和 1 之间。

图 1.3 描述了几种极化参量间的关系,当电磁波为完全极化时,对应图中的圆点位置,此时四种经典极化状态表征量在不考虑信号总强度的前提下满足一一对应关系,即相互之间能够等价转换[6]。当前,对完全极化电磁波的表征研究已经趋于成熟,然而在实际中利用某些传感器所能感知到的电磁波信号,更多的具有部分极化甚至未极化特性,如图 1.3 中的大圆部分所示。随着极化度的降低,电磁波中的未极化成分逐渐增多,这种未极化成分如噪声一样使得电磁波的极化状态具有了随机起伏特性。

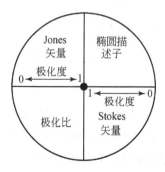

图 1.3　极化表征量关系示意图

建立极化参量的统计表征模型,不仅能够用于描述随机电磁波的极化特性,而且当利用观测样本估计电磁波极化特性时,还可用于评估对极化特征估计的性能,而极化估计的准确性通常直接影响极化滤波器能否有效抑制干扰等后续极化应用效果。此外,极化统计模型在极化检测器设计方面具有指导性作用,特别是基于极化参量的检测器,其性能通常需要根据极化参量分布特性获得。于是,关于极化参量统计表征的理论随之产生,并引起了越来越多研究人员的兴趣。

最早的关于雷达极化参量统计特性的报道出现于 1965 年,Long 在研究关于海面回波同极化和波长关系时,分析了极化散射矩阵元素的起伏特性[19]。然而,由于仅是针对散射矩阵中单个元素的讨论,因此还不能称为真正意义上的极化参量统计表征。直到 1969 年,以 Ecker 和 Cofer 基于圆极化雷达建立了回波中左旋和右旋圆极化分量功率比的统计模型为标志[13],真正开启了极化统计表征理论研究的先河。出于不同的研究目的,研究者往往针对某一类甚至仅仅某一个极化描述参量开展统计特性研究,造成目前电磁波极化统计理论研究看起来凌乱而不成体系。下面将按照极化表征量类型的不同加以划分,梳理极化统计特性分析的研究现状。

1) 极化比参量统计特性

极化比参量包含极化幅度比和相位差两个子参量。极化幅度比在气象雷达领域又称为去极化率,其值可以用来估计雨滴尺寸[20,21],Bringi 等在研究去极化率的估计问题时[22],建立了极化幅度比的统计模型。人们在对极化合成孔径雷达(SAR)数据的研究中发现场景中散射目标轮廓的曲率与正交极化通道中的相位差具有紧密关系[23],因此 Eom 等分析了极化相位差的统计特性[12]。上述极化比参量的模型均是用来表征单一样本的瞬时极化统计特性。然而在极化或干涉 SAR领域,为抑制相干斑干扰,往往需要开展多视平均处理,于是 Lee 等为分析该处理模式下雷达回波极化的统计特性,建立了多视极化 SAR 图像的极化比统计模型[24],并将其应用于极化 SAR 图像特征分类研究中[25,26]。上述统计特性研究都基于极化矢量服从零均值复高斯分布假设,Lee 等进一步基于极化信号幅度服从 $K$ 分布假设,建立了 $K$ 分布条件下电磁波极化比的统计模型[27]。国内方面,文献[28]基于非零均值复高斯假设,建立了瞬时极化幅度的联合分布模型,但没有进一步给出该假设下极化幅度比和相位差的统计表征模型。近年来的研究表明,极化比参量还可以用于海面风速以及风向的估计[29,30],因此对不同环境下电磁波极化比统计特性的深入研究仍具有广阔的应用前景。

2）极化椭圆描述子

在空间固定一点,电场矢量的端点描绘出的轨迹可以利用椭圆来描述,极化椭圆描述子由三个参数组成,即两个正交极化分量电场幅度的平方和用以表征椭圆的尺寸、椭圆短轴与长轴的比值所代表的椭圆率以及椭圆长轴与参考坐标的夹角表示的椭圆倾角[6]。1985 年,Barakat 在光的极化统计特性研究中,基于零均值复高斯分布假设,将上述三个变量作为极化度参量的函数,建立了极化椭圆各参量的联合及边缘概率密度函数,同时分析了它们的相关数字特征,包括均值和方差等[8]。在随后的几十年间,很少有研究人员关注该极化参量的统计特性,而更多的是将其作为能够遍历任意极化的自变量函数,从而讨论极化多样性所能带来的信息得益[31]。直到近年来,Schreier 开展了基于非平稳随机信号的极化椭圆统计特性的研究[32],提出了新的理论框架。即便如此,由于极化椭圆描述子很难通过极化观测样本直接测量或估计,在实际应用中会造成使用上的诸多不便,因此对于该参量统计特性的研究价值,还有待进一步挖掘。

3）极化 Stokes 矢量

Stokes 矢量由四个子参量构成[33],不仅能够用于描述部分极化电磁波,而且与 Poincare 球上的点一一对应,因其在表征极化时具有完整、直观以及实用等特点,多年来被广泛应用于光学、遥感、雷达等领域[34-40]。对 Stokes 矢量的统计特性研究,最早仍是出现在光学领域,Fercher 和 Steeger 等研究光学相干斑区域时,首先建立了 Stokes 各子参量的一阶统计模型,并开展了相关实验验证工作[34-36]。与此同时,Barakat 在其部分极化光极化椭圆统计表征理论的基础上同样建立了以极化度参量为自变量函数的 Stokes 矢量的统计模型[9]。为表征多视极化 SAR 数据的统计特性,和极化比参量一样,Touzi 和 Lopes 在单视统计模型的基础上建立了经样本平均处理后的多视相干斑场的 Stokes 参量统计模型[11,37]。国内方面,国防科学技术大学的王雪松和李永祯等提出了电磁波的 IPPV 的统计表征模型,并研究了各分量的数字特征,同时还拓展了非零均值条件下的 Stokes 矢量及其投影矢量的统计模型[28,38]。近年来,海军工程大学的刘涛等又在此基础上发展了基于 Weibull 分布假设的 Stokes 矢量统计模型[39,40]。由目前的研究现状不难看出,关于 Stokes 矢量统计特性的研究已经较为完备。然而,由 Stokes 矢量统计模型的推导结果来看,即使是在最基本的零均值复高斯分布假设条件下,其部分子参量的统计模型也难以获得解析的数学表达式,对于其他分布假设更是如此,这无疑严重制约着该参量在实际统计表征方面的应用。

4）其他极化参量

综上可知,对于典型极化参量的统计表征方法的研究,仍在向着非零均值、非高斯以及非平稳的方向不断拓展和深化。除了上述用于描述极化状态的参量,一些可以表征电磁波相干程度或极化纯度的极化参量也随着应用需求,引起了许多研究人员的兴趣,如极化相干系数和极化度。这里,极化相干系数定义为电磁波两极化分量互相关的归一化幅度[41],主要用于表述两极化分量间的相干性。对该极化参量的估计,已被证明能够很好地用于极化 SAR 或干涉 SAR 数据的分析和研究,特别是能够辅助开展 SAR 图像分割时的目标识别[42]。Touzi 等在研究 Stokes 参量统计表征的同时也给出了极化相干系数的统计模型[11]。

和极化相干系数一样,极化度参量也是由 Wolf 在研究光的极化特性时提出的,它是用来表征部分极化波极化纯度的物理量,定义为部分极化波中完全极化分量所占功率同波的总功率的比值[43]。长期以来,极化度参量经常被视为一种自变量函数,从而可以讨论其他极化状态参量随极化度参量的变化情况,很少有人将其作为极化特征参量加以研究。但是近年来的研究表明,将极化度作为极化特性的表征参量时,拥有其他典型极化状态参量所不具备的优势,因此极化度逐渐在雷达、光学、遥感等领域得到了越来越多的关注[44-53]。从极化度的定义来看,作为极化协方差矩阵特征值的函数,它不因雷达接收极化基变换或是极化基旋转误差等因素的影响而发生改变,始终能够维持其自身的物理属性。Galletti 等将极化度应用于气象雷达目标检测与识别研究,进一步证明了其相对于其他极化参量,在面对电磁波传播效应或天线交叉极化耦合影响时能够具有更好的鲁棒性[44-47]。实际中,极化度需通过有限量的观测样本估计得到,因此一些学者就极化度估计方法[48,49]和估计量的统计特性[50-53]开展了相关研究。

目前见诸报道的文献中,对极化度估计量的统计特性研究尚停留在零均值复高斯分布假设的基础上,然而经实际测量发现,雷达面临某些典型的多点源干扰环境时,干扰中存在确定极化分量占优的情形,会造成极化矢量呈现非零均值复高斯分布。此外,雷达在杂波环境中,特别是海杂波,在低擦地角高分辨观测条件下会呈现出非高斯分布特性(如 $K$ 分布等)[54-57]。基于上述两种分布假设开展极化度统计特性研究,不仅能够进一步完善极化统计表征理论,同时也可指导开发新的极化信息处理技术。

## 1.2.2　雷达电磁环境极化特性的测量研究现状

利用雷达系统开展对电磁环境的极化参数测量,是掌握雷达面临电磁环境极化特性最直接和最有效的途径。对雷达电磁环境的测量所涵盖的内容相当宽泛，按照雷达接收信号来源的不同可将其大致分为两类：一是对能够反射雷达信号的雷达周围散射源的特性进行测量，主要对象包括人造目标、气象目标以及地海面环境等；另一类是对能够自身辐射与雷达同频电磁波的射频干扰源进行测量，根据使用意图的不同又可将其分为有意射频干扰源和无意射频干扰源。

1) 散射源环境的雷达极化测量

随着越来越多的具有极化测量能力的雷达系统研制成功并投入使用，针对不同的研究对象，已经积累了大量的极化测量数据。目前，采用极化雷达系统所开展的关于电磁环境的极化测量工作，主要出现在警戒跟踪、气象探测以及遥感成像等领域。

在警戒雷达的极化测量方面，早在 1962 年，美国海军研究实验室便利用 X 波段极化雷达系统，采用单极化发射、多种极化同时接收的方式，开展了对舰船、飞机、箔条以及海面杂波的极化特性测量，但受限于当时的雷达测量能力，仅能从功率的角度简单说明各测量对象关于极化的响应特性[58]。1984 年，意大利学者 Fossi 等在罗马利用 S 波段空中交通管制（ATC）雷达发射右旋圆极化信号，采用左旋和右旋双极化同时接收模式记录了飞机目标和典型静态地杂波回波信号，离线分析了两类信号的极化行为，说明了飞机目标在单个扫描期内具有稳定的极化状态[59]。Giuli 等在此基础上指出了短时雷达驻留期内聚集式杂波和分布式杂波在极化特性方面的差异，建立了能够表征不同类型杂波极化行为的统计参量模型[60,61]。

气象环境的极化测量方面，比较典型的如德国宇航中心的 POLDIRAD 雷达系统和荷兰代尔夫特理工大学电信与雷达国际研究中心研制的 PARSAX 雷达，如图 1.4 所示。POLDIRAD 雷达是一款工作于 C 波段的极化多普勒气象雷达，采用单一水平极化发射（其发射极化可短时切换，包括线极化、圆极化和椭圆极化），水平、垂直双极化同时接收的工作模式。应用该雷达，主要开展了包括云[62]、雨[63,64]、风暴[65,66]等气象环境的极化测量工作。PARSAX 雷达可工作于 S 和 X 波段，通过同时发射一组正交波形信号，能够实现同时全极化测量。除对一些典型气象环境进行极化测量[67]，为抑制大型风车对雷达目标回波的干扰，还开展了应用 PARSAX 雷达对风车散射电磁波的距离-慢时间、距离-多普勒、极化等特性的测量工作[68,69]。

在遥感领域的极化测量方面，主要是针对地面及海面环境的测量，通常利用极化 SAR 系统，其中比较典型的如加拿大的 RADARSAT-2 遥感卫星，如图 1.5 所

(a) POLDIRAD气象雷达　　　　　　(b) PARSAX气象雷达

图 1.4　典型极化气象雷达

示,其搭载的一部 C 波段极化 SAR,工作时采用分时发射水平、垂直线极化脉冲、两种极化同时接收模式[70]。基于该系统,目前已经开展了大量典型地形地貌的极化测量及分析工作,包括森林[71]、湿地[72]、海冰[73,74]、沙漠[75]、农田[76]、城镇[77]等。针对已有的极化测量工作总体,无论是人造目标还是自然环境,对由散射源构建的雷达电磁环境极化特性测量数据的积累及极化特性的分析都已经较为充分。然而,目前对由辐射源构建的多点源干扰环境的雷达测量,特别是关于其极化特性的测量工作少有报道。

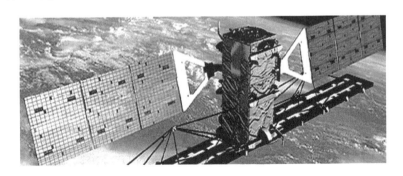

图 1.5　RADARSAT-2 极化合成孔径雷达

2) 对外辐射源环境的雷达测量

雷达所面临的有源干扰电磁环境,可能来自出于军事目的的某些有意干扰源,也可能来自其他射频系统辐射同频电磁波造成的无意干扰。

近年来,美国商务部国家电信和信息管理局利用几种具有典型代表的雷达接收机,包括远程空域搜索雷达、短程空域搜索雷达、地基气象雷达以及海上无线电导航雷达等,开展了对多种射频干扰的测量工作,干扰源包括来自其他雷达的干扰(图 1.6)、来自通信类信号的干扰等,测量结果说明了相比于来自不同雷达的干扰,待测试雷达更易于受到通信信号干扰[78,79]。国内方面,出于辅助雷达选址[80]、雷达工作频点选用[81]、无线电管理[82]以及武器装备试验与鉴定[83]等目的,同样对一些雷达设备开展过周围噪声干扰环境的测量工作。总体上,就测量内容,目前对雷达外辐射源电磁环境的测量工作仍主要集中在分析干扰信号的时-频-空域特性,因此一旦发生有源干扰事件,通常只能令雷达系统采取规避干扰源工作频段或远离干扰源覆盖空域等较为粗放的抗干扰手段。

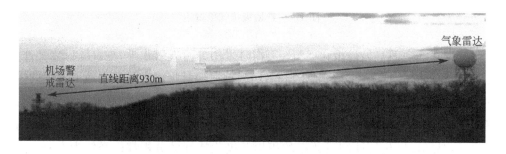

图 1.6    机场警戒雷达对气象雷达射频干扰场景

综上所述,现有雷达对电磁环境的极化测量多是针对人造目标或自然环境一类的散射源开展,而针对由外辐射源构建的干扰电磁环境的测量工作又暂时缺少对极化特性的记录。此外,随着电磁设备的迅猛增长,如何提高频谱资源利用率正逐渐引起人们的高度关注,在未来实现不同电磁设备间频谱共享是必然的发展趋势,利用电磁设备间辐射极化特性的差异,有可能成为辅助解决该问题的重要技术途径,从而开展相应电磁环境的极化测量和分析工作就显得尤为重要。

## 1.3    电磁波极化的典型应用

雷达极化在理论上可对雷达目标检测、跟踪、成像与识别以及抗干扰等各个层面的应用提供有用信息,可以全方位改善雷达的性能。从电磁波极化应用的角度来讲,最直接的是信号极化检测方面,下面着重介绍这方面的研究现状和发展趋势。

信号检测是雷达、声呐、通信和遥测等诸多领域共同关心的基础问题。在现代战争条件下,复杂多变的战场环境对各种电磁探测系统性能提出了越来越高的要求,促使人们进一步开发利用电磁信号中的有用信息,以尽可能提高系统探测性能。极化雷达通过发射和接收具有不同极化的电磁波,相比传统单极化雷达,能够获取更多、更完整的目标和环境的极化信息,因此开发极化信息将有助于从杂波或干扰中鉴别目标。

就提升杂波或干扰背景下雷达对目标的检测性能,可以认为包含两个层面的问题:一是研究对于给定极化散射矩阵的目标,通过何种收发极化方式可以提升目标回波信号同杂波加噪声的功率比;二是在一定的信杂比条件下,如何设计检测器使得虚警概率更低而检测概率更高。早期的雷达收发极化优化理论[84,85]、极化滤波以及极化增强[86]技术都可以认为主要是针对第一个层面的问题,而极化检测技术则是为了回答第二个问题。由于收发极化优化不作为本书的重点,因此本节主要针对第二个层面的问题,回顾极化检测技术的发展历程。

作为极化信息在雷达领域的一项重要应用,极化检测技术可以说是伴随着极化雷达概念的出现应运而生的,并且自提出以来一直受到广泛关注。发展至今,已开发出众多与极化相关的检测算法,基于设计理念的不同可将其分为两类:一类称为多极化通道似然比检测器,其设计思想是将目标和杂波在各极化通道内的回波构建成矢量随机过程,基于奈曼-皮尔逊(Neyman-Pearson,NP)准则,并利用似然比(likelihood ratio,LR)的假设检验方法,设计检验统计量,通过对检验统计量分布特性的研究获得检测器性能;另一类是基于极化特征量判别的检验方法,即根据目标同杂波或同干扰间极化特征的差异,设计极化判决量,通过对判决量的分布特性研究,分析检测器性能。

1) 多极化通道似然比检测器

1984 年,美国东北大学的 Barnes 在研究随机极化目标的检测问题时,基于矢量复高斯分布假设,提出了利用似然比的极化检测方法[87]。美国麻省理工学院林肯实验室的 Novak 等在研究实际极化雷达测量数据的检测方法时,将更为具体的目标及杂波协方差矩阵代入 Barnes 给出的检测模型中,提出了最优极化检测器的概念[88,89],但由于目标和杂波的真实协方差矩阵往往难以预先获得,因此该方法通常只用于理论上与其他检测方法的性能对比。

到 20 世纪末 21 世纪初,随着空时自适应处理技术在阵列雷达领域的迅速发展,掀起了极化检测在阵列雷达中应用相关理论的研究热潮,由 Kelly 提出的一种空时广义似然比检测算法[90,91]引起了极化雷达研究者的广泛兴趣,美国锡拉丘兹大学的 Park 等在此基础上发展了极化-空-时广义似然比检测算法,该算法将双正交极化通道、空间阵元通道以及慢时间采样进行联合,并基于广义似然比检验方法设计了新的检验统计量[92,93]。随后,意大利罗马大学的 Pastina 和 Lombardo 等总结并扩展了前人的工作,分别针对高斯背景和非高斯背景发展了任意多极化通道(极化通道数为1~3)的自适应广义似然比检测方法[94,95]。意大利那不勒斯大学的 de Maio 等则重点考虑距离分布式目标的极化检测问题,深化了多极化通道广义似然比检测理论体系[96-98]。

近年来,随着对杂波统计特性的认识深入,人们发现其所展现出的非均匀非平稳特性会造成参考单元与目标所在单元的杂波特性出现背离,将使得上述需要使用参考距离单元数据计算检验统计量的似然比检测方法的性能出现严重恶化[99]。鉴于此,美国圣路易斯华盛顿大学的 Hurtado 等针对非均匀杂波环境提出了一种无需利用参考距离单元数据,同时具有恒虚警特性的目标极化检测方法,并利用海杂波实际测量数据评估了该方法的检测性能[100,101]。国内方面,国防科学技术大学的王雪松教授等在研究高分辨雷达信号极化检测问题时,提出了一种横向极化滤波检测器,该检测器通过设置距离向上多个极化滤波器组,能够实现逐距离单元的极化滤波后检测[102,103],从检测器设计原理来看,该检测器同样可以应用于非均匀杂波环境。

2) 基于极化特征量的检测器

仅将极化各分量无差别地视为多通道随机过程,在某种程度上弱化了目标、杂波或干扰环境自身所具备的极化物理特征,单纯依靠多极化通道似然比检测的方法对于极化信息的挖掘尚不够充分,因此一些采用极化相关特征参量作为检验统计量的极化检测方法,在似然比极化检测器发展的同时也被不断地提出。

按照极化参量所属类别的不同,首先介绍与极化比相关的特征参量检测器。Poelman 将回波中交叉极化同共极化信噪比的比值作为检验统计量用于极化目标检测,是目前最早见诸报道的基于极化特征量的检测器[104]。Stovall 和 Long 随后分别提出了将目标回波中水平同垂直极化分量的相位差[105]和功率比[106]作为检验统计量。

其次是 Stokes 矢量相关极化参量检测器,美国斯佩里研究中心的 Vachula 等由 Stokes 矢量估计量的联合分布出发,根据 Stokes 矢量各分量同一系列具有特定物理含义的极化参量的关系,讨论了多种极化参量检测器的性能,包括最大似然比检测器、回波信号极化总功率检测器以及极化椭圆率角检测器等[14]。法国雷恩第一大学的 Pottier 等认为极化状态起伏较慢的杂波的 Stokes 矢量在极化球上的分布集中于某一区域,于是利用自回归模型对极化状态加以预测,通过比较预测值和测量值的 Stokes 矢量在极化球上的距离,判断有无目标存在,从而实现目标检测[107]。国内方面,文献[28]基于瞬态极化理论,分别提出了基于瞬态极化投影序列和基于瞬态极化 Stokes 子矢量的信号检测算法,并给出了相应的性能分析。

此外,一些其他极化相关特征参量也被用来设计检测器。例如,Novak 等提出的极化张成检测器便是利用三个极化通道信号的幅度平方和作为检验统计量[88]。Marino 等提出利用 Huynen 极化叉作为检验统计量,用于极化合成孔径雷达中的目标检测[108]。在气象极化雷达方面,Ivic 等提出利用正交极化通道样本间的相干性实现目标检测,即通过将各极化分量的功率、自相关系数以及互相关系数直接求和,构建检验统计量,并把该检测器称为一致和极化检测器[109,110]。

综合对比两种类型的极化检测器不难看出:

多极化通道似然比检测是基于统计假设检验中的 NP 准则,能够保证虚警概率一定的条件下使得检测概率最大化。然而,一方面该类极化检测器在应用时通常需要利用参考距离单元样本数据估计杂波协方差矩阵,一旦杂波环境呈现出非均匀特性,参考单元数据对杂波的估计误差会严重衰减检测器性能;另一方面,此类检测器依赖于杂波或干扰环境的分布模型,当干扰背景服从非高斯分布时,检验统计量的计算变得异常复杂,使得过低的检测效率难以满足警戒雷达等系统实时处理的需求。

基于极化特征量的检测器,其检验统计量更易计算,便于满足实时处理需求,同时一般无需利用参考距离单元数据,因此能够应对非均匀环境。但目前的基于极化状态参量的检测器,通常要求杂波背景满足高极化度假设,即杂波信号的极化状态分布较为集中,这一点在实际中并非总能满足,特别是在海杂波环境下更是如此。

近年来,极化度参量在辅助分辨目标和各类环境的后向散射电磁场特征方面,被认为具有强大的应用潜力。法国图卢兹大学的 Shirvany 等将极化度作为检验统计量用于双极化合成孔径雷达数据中人造目标的检测,分别对农田环境中的高压电线塔、海面上的油井、金属浮标以及舰船进行了检测,取得了很好的检测效果[111,112]。利用极化度作为检验统计量具有几点优势:①由于极化度能够被高效地计算和估计,因此非常有利于雷达实时检测;②极化度估计结果不会受极化基选取和极化基旋转误差的影响,这种良好的鲁棒性更有利于对目标和杂波特征进行区分;③极化度作为极化特征量同样不需要参考单元的样本,有利于应对非均匀杂波环境;④极化度的统计特性对杂波的分布模型不敏感,无论是高斯还是复合高斯杂波环境,都具有相同的极化度统计模型。

虽然极化度检测器目前正逐渐被越来越多的研究人员采纳和应用,但是关于该类检测器的研究尚缺少检测性能方面的理论分析以及同其他已有极化检测器的性能对比。因此,研究极化度检测器的理论性能,发展与极化度相关的极化检测技术已成为当前的研究热点,并且有望在实际工程当中改善多点源干扰条件下,特别是非匀质杂波背景下的极化雷达目标探测性能。

## 参 考 文 献

[1] Bartolini E. Experiments with Crystals of Iceland Spar Lime, Which Reveal a Surprising and Strange Refraction[M]. 1669.

[2] Boerner W M. Direct and inverse methods in radar polarimetry[C]//Proceedings of DIMRP' 88, Netherlands: Kluwer Academic Publishers, 1992.

[3] 王雪松. 宽带极化信息处理的研究[D]. 长沙: 国防科学技术大学, 1999.

[4] Uiuseppe P, Malus E L. The polarization of light by refraction and reflection is discovered [J]. IEEE Antennas and Propagation Magazine, 2009, 51(4): 226-228.

[5] Stokes G G. On the change of refrangibility of light[J]. Philosophical Transactions of the Royal Society of London, 1852, 142: 463-562.

[6] 庄钊文, 肖顺平, 王雪松. 雷达极化信息处理及其应用[M]. 北京: 国防工业出版社, 1999.

[7] 赵凯华, 陈曦谋. 电磁学[M]. 3 版. 北京: 高等教育出版社, 2011.

[8] Barakat R. The statistical properties of partially polarized light[J]. OPTICA ACTA, 1985, 32(3): 295-312.

[9] Barakat R. Statistics of stokes parameters[J]. Journal of the Optical Society of America A, 1987, 4(T): 1256-1263.

[10] Axellson S. Polarimetric Statistics of Electromagnetic Waves Scattered by Distributed Targets[R]. PB93-195907, 1993.

[11] Touzi R, Lopes A. Statistics of the Stokes parameters and of the complex coherence parameters in one-look and multi-look speckle fields[J]. IEEE Transactions on GRE, 1996, 34(2): 519-531.

[12] Eom H J, Boerner W M. Statistical properties of the phase difference between two orthogonally polarized SAR signals[J]. IEEE Transactions on GRS, 1991, 29(1): 182-184.

[13] Ecker H A, Jrcofer J W. Statistical characteristics of the polarization power ratio for radar return with circular polarization[J]. IEEE Transactions on AES, 1969, 5: 762-769.

[14] Vachula G M, Barrnes R M. Polarization detection of a fluctuating radar target[J]. IEEE

Transactions on AES,1983,19(2):250-257.

[15] Raghavan R S,Pulsone N,Mclaughlin D J. Adaptive estimation of the polarization of a signal [J]. IEEE Transactions on AES,1995,31(2):845-852.

[16] Lee J,Pottier E. Polarimetric Radar Imaging:From Basics to Applications[M]. Boca Raton: CRC Press,2009.

[17] IEEE Standard 149—1979:Test Procedures for Antennas,Reaffirmed[S]. New York: IEEE,1979.

[18] Touzi R,Hurley J,Vachon P W. Optimization of the degree of polarization for enhanced ship detection using polarimetric RADARSAT- 2[J]. IEEE Transactions on Geoscience and Remote Sensing,2015,53(10):5403-5424.

[19] Long M W. On polarization and the wavelength dependence of sea echo[J]. IEEE Transactions on Antennas and Propagation,1965,13:749-754.

[20] Seliga T A,Bringi V N. Potential use of radar differential reflectivity measurements at orthogonal polarizations for measuring precipitation[J]. Journal of Applied Meteorology, 1976,15:69-76.

[21] Seliga T A,Bringi V N,Al-Khatib H H. Differential reflectivity measurements in rain:First experiments[J]. IEEE Transactions on Geoscience and Remote Sensing, 1979, 17(4): 240-244.

[22] Bringi V N, Seliga T A, Cherry S M. Statistical properties of the dual- polarization differential reflectivity (ZDR) radar signal[J]. IEEE Transactions on Geoscience and Remote Sensing,1983,21(2):215-220.

[23] Boerner W M,Foo B Y,Eom H H. Interpretation of the polarimetric co- polarization phase term in radar images obtained with the JPL airborne L- band SAR system[J]. IEEE Transactions on Geoscience and Remote Sensing,1987,25:77-82.

[24] Lee J, Hoppel K W, Mango S A, et al. Intensity and phase statistics of multilook polarimetric and interferometric SAR imagery[J]. IEEE Transactions on Geoscience and Remote Sensing,1994,32(5):1017-1028.

[25] Lee J,Grunes M R,Ainsworth T L,et al. Unsupervised classification using polarimetric de-composition and the complex Wishart classifier[J]. IEEE Transactions on Geoscience and Remote Sensing,1999,37(5):2249-2258.

[26] Lee J, Grunes M R, Pottier E, et al. Unsupervised terrain classification preserving polarimetric scattering characteristics[J]. IEEE Transactions on Geoscience and Remote Sensing,2004,42(4):722-731.

[27] Lee J,Schuler D L,Lang R H,et al. $K$- distribution for multi- look processed polarimetric

SAR imagery[C]//Conference Genscience and Remote Sensing Symposium, Pasadena, 1994:2179-2181.

[28] 李永祯. 瞬态极化统计特性及处理的研究[D]. 长沙:国防科学技术大学,2004.

[29] Bergeron T, Bernier M, Chokmani K, et al. Wind speed estimation using polarimetric RADARSAT-2 images finding the best polarization and polarization ratio[J]. IEEE Journal of Selected Topics in Applied Earth Observations and Remote Sensing,2011,4(4):896-904.

[30] Liu G, Yang X, Li X, et al. A Systematiccomparison of the effect of polarization ratio models on sea surface wind retrieval from C-band Synthetic Aperture Radar[J]. IEEE Journal of Selected Topics in Applied Earth Observations and Remote Sensing, 2013,6(3): 1100-1108.

[31] Tragl K. Polarimetric radar backscattering from reciprocal random targets[J]. IEEE Transactions on Geoscience and Remote Sensing,1990,28(5):856-864.

[32] Schreier P J. Polarization ellipse analysis of nonstationary random signals[J]. IEEE Transactions on Signal Processing,2008,56(9):4330-4339.

[33] Stokes G G. On the composition and resolution of streams of polarized light from different sources[J]. Transactions of the Cambridge Philosphical Society,1852,9:399-416.

[34] Fercher A F, Steeger P F. First-order statistics of Stokes parameters in speckle fields[J]. OPTICA ACTA,1981,28(4):443-448.

[35] Fercher A F, Steeger P F. Experimental investigation of the first-order statistics of Stokes parameters in speckle fields[J]. OPTICA ACTA,1982,29(10):1395-1400.

[36] Steeger P F, Asakura T, Zoda K, et al. Statistics of the Stokes parameters in speckle fields [J]. Journal of the Optical Society of American A,1984,1(6):677-682.

[37] Touzi R, Lopes A. Distribution of the Stokes parameters and the phase difference in polarimetric SAR data [C]//IEEE International Geoscience and Remote Sensing Symposium (IGARSS),Espoo,1991:103-106.

[38] 王雪松,李永祯,刘翔,等. 时变电磁波瞬态极化投影矢量的数字特征[J]. 电波科学学报,2005,20(3):277-283.

[39] 刘涛,黄高明,肖顺平,等. Weibull 分布随机波的瞬态极化统计分析——相同形状参数情形 [J]. 物理学报,2009,58(5):3140-3153.

[40] Liu T, Huang G, Wang X, et al. Statistics of the polarimetric Weibull-distributed electromagnetic wave[J]. IEEE Transactions on Antennas and Propagation,2009,57(10): 3232-3248.

[41] Born M, Wolf E. Principles of Optics: Electromagnetic Theory of Propagation, Interference and Diffraction of Light[M]. 5th ed. New York:Pergamon,1985.

[42] Touzi R, Lopes A, Bruniquel J, et al. Coherence estimation for SAR imagery[J]. IEEE Transactions on Geoscience and Remote Sensing, 1999, 37(1): 135-149.

[43] Wolf E. Coherence properties of partially polarized electromagnetic radiation[J]. II Nuovo Cimento, 1959, 13(6): 1165-1181.

[44] Galletti M, Chandra M, Börner T, et al. Degree of polarization for weather radars[C]//IEEE International Geoscience and Remote Sensing Symposium (IGARSS), Barcelona, 2007: 4187-4190.

[45] Galletti M, Bebbington D H O, Chandra M, et al. Measurement and characterization of entropy and degree of polarization of weather radar targets[J]. IEEE Transactions on Geoscience and Remote Sensing, 2008, 46(10): 3196-3207.

[46] Galletti M, Zrnic D S. Degree of polarization at simultaneous transmit: Theoretical aspects [J]. IEEE Transactions on Geoscience and Remote Sensing Letters, 2012, 9(3): 383-387.

[47] Galletti M, Zrnic D S, Melnikov V M, et al. Degree of polarization at horizontal transmit theory and applications for weather radar[J]. IEEE Transactions on Geoscience and Remote Sensing, 2012, 50(4): 1291-1301.

[48] Roche M, Fade J, Réfrégier P. Parametric estimation of the square degree of polarization from two intensity images degraded by fully developed speckle noise[J]. Journal of the Optical Society of American A, 2007, 24(9): 2719-2727.

[49] Chatelain F, Tourneret J, Roche M, et al. Estimating the polarization degree of polarimetric images in coherent illumination using maximum likelihood methods[J]. Journal of the Optical Society of American A, 2009, 26(6): 1348-1359.

[50] Rio V S D, Mosquera J M P, Isasa M V, et al. Statistics of the degree of polarization[J]. IEEE Transactions on Antennas and Propagation, 2006, 54(7): 2173-2175.

[51] Tao L. Comments on "statistics of the degree of polarization"[J]. IEEE Transactions on Antennas and Propagation, 2008, 56(9): 3085-3086.

[52] Rio V S D, Mosquera J M P, Isasa M V, et al. Reply to comments on statistics of the degree of polarization[J]. IEEE Transactions on Antennas and Propagation, 2008, 56(9): 3086.

[53] Medkour T, Walden A T. Statisticalproperties of the estimated degree of polarization[J]. IEEE Transactions on Signal Processing, 2008, 56(1): 408-414.

[54] Baker C J. K-distributed coherent sea clutter[J]. IEE Proceedings-F, 1991, 138(2): 89-92.

[55] Farina A, Gini F, Greco M V, et al. High resolution sea clutter data: Statistical analysis of recorded live data[J]. IEE Proceedings Radar Sonar Navigation, 1997, 144(3): 121-130.

[56] Mclaughlin D J, Wu Y, Stevens W G, et al. Fully polarimetric bistatic radar scattering behavior of forested hills [ J ]. IEEE Transactions on Antennas and Propagation,

2002,50(2):101-110.

[57] Billingsley J B,Farina A,Gini F,et al. Statistical analyses of measured radar ground clutter data[J]. IEEE Transactions on Aerospace and Electronic Systems,1999,35(2):579-593.

[58] Olin I D,Queen F D. Measurements Using a Polarization Instrumentation Radar on Selected Targets[R]. Washington:U. S. Naval Research Laboratory,1962.

[59] Fossi M,Gherardelli M,Giuli D,et al. Experimental results on a double polarization radar [C]//Proceedings of Colloque International Sur le Radar,Versailles,1984:419-424.

[60] Giuli D,Fossi M,Gherardelli M. Polarisation behaviour of ground clutter during dwell time [J]. IEE Proceedings-F,1991,138(3):211-217.

[61] Giuli D, Fossi M, Facheris L. Radar target scattering matrix measurement through orthogonal signals[J]. IEE Proceedings-F,1993,140(4):233-241.

[62] Schroth A, Chandra M, Meischner P F. A C- band coherent polarimetric radar for propagation and cloud physics research[J]. Journal of Oceanic and Atmospheric Technology,1988,5:803-822.

[63] Aydin K,Girdhar V. C-band dual-polarization radar observables in rain[J]. Journal of Atmospheric and Oceanic Technology,1992,9(4):383-390.

[64] Galletti M,Bebbington D H,Chandra M,et al. Fully polarimetric analysis of weather radar signatures[C]//2008 IEEE Radar Conference,Rome,2008:1-6.

[65] Hoeller H,Laroche P,Hagen M,et al. Radar and lightning structures of thunderstorms during EULINOX [C]//The 29th International Conference on Radar Meteorology, Montreal,1999:611,612.

[66] Dotzek N,Friedrich K. Downburst-producing thunderstorms in southern Germany:Radar analysis and predictability[J]. Atmospheric Research,2009,93:457-473.

[67] He M,Nian Y,Wang X,et al. Polarimetric extraction technique of atmospheric targets based on double sLdr and morphology[C]//2011 IEEE International Geoscience and Remote Sensing Symposium,IGARSS 2011,Vacourver,2011:3245-3248.

[68] Krasnov O A,Ligthart L P,Li Z,et al. The PARSAX—Full polarimetric FMCW radar with dual-orthogonal signals [C]//Proceedings of the 5th European Radar Conference, Amesterdam,2008:84-87.

[69] Krasnov O A,Yarovoy A G. Radar micro-doppler of wind-turbines:Simulation and analysis using slowly rotating linear wired constructions [C]//The 11th European Radar Conference,EuRAD 2014,Rome,2014:73-76.

[70] Livingstone C E,Sikaneta I,Gierull C,et al. RADARSAT-2 System and Mode Description [R]. Ottawa,Ontario:Defence Research and Development,2006.

[71] Goodenough D G,Chen H,Wen C,et al. Preliminary evaluation of Radarsat-2 polarimetric SAR data for forest applications[C]//IET International Radar Conference,Guilin,2009: 1-9.

[72] Liao J,Wang Q. Wetland characterization and classification using polarimetric RADARSAT-2 data[C]//The 6th International Symposium on Digital Earth:Data Processing and Applications,Beijing,2009.

[73] Ramsay B,Flett D,Andersen H S,et al. Preparation for the operational use of RADARSAT-2 for ice monitoring[J]. Canadian Journal of Remote Sensing RADARSAT-2,2004,30(3): 415-423.

[74] Scheuchl B,Flett D,Staples G,et al. Preliminary classification results of simulated RADARSAT-2 polarimetric sea ice data[C]//Proceedings of the Workshop POLinSAR, Frascati,2003:119-124.

[75] Gaber A,Soliman F,Koch M,et al. Using full-polarimetric SAR data to characterize the surface sediments in desert areas:A case study in El-Gallaba Plain,Egypt[J]. Remote Sensing Environment,2015,162:11-28.

[76] Shang J,Mcnaim H,Charbonneau F,et al. Sensitivity analysis of compact polarimetry parameters to crop growth using simulated RADARSAT-2[C]//The 32th IEEE International Geoscience and Remote Sensing Symposium (IGARSS),Munich,2012:1825-1828.

[77] Margarit G,Mallorquí J J,Pipia L. Polarimetric characterization and temporal stability analysis of urban target scattering[J]. IEEE Transactions on Geoscience and Remote Sensing,2010,48(4):2038-2048.

[78] Sanders F H,Sole R L,Bedford B L,et al. Effects of RF Interference on Radar Receivers [R]. Washington:U. S. Department of Commerce,2006.

[79] Sanders F H,Hoffman J R,Lo Y. Resolving Interference From an Airport Surveillance Radar to a Weather Radar[R]. Washington:U. S. Department of Commerce,2006.

[80] 万玉发,吴翠红,左申正. 武汉新一代天气雷达 CINRAD/SA 的环境技术要素分析[J]. 气象科技,2004,32(4):242-246.

[81] 郁发新,李宏博,沈一鹰,等. 高频电磁环境噪声测量与分析[J]. 系统工程与电子技术, 2002,24(11):11-13.

[82] 夏跃兵. 无线电磁环境监测与分析[J]. 中国无线电,2006,(6):47-52.

[83] 王丹梅,李东海,张兴华. 雷达环境监测系统靶场应用研究[J]. 航天电子对抗,2013,29(1): 57-60.

[84] Kostinski A B,Boerner W M. Polarimetric contrast optimization[J]. IEEE Transactions on Antennas and Propagation,1987,35(8):987-991.

[85] Kostinski A B, Alexander B, James B D, et al. On the optimal reception of partially polarized waves[C]//1988 IEEE AP-S International Symposium, Syracuse, New York, 1988: 545-548.

[86] Yang J, Dong G, Peng Y, et al. Generalized optimization of polarimetric contrast enhancement[J]. IEEE Transactions on Geoscience and Remote Sensing Letters, 2004, 1(3):171-174.

[87] Barnes R M. Detection of a Randomly Polarized Target[D]. Boston: Northeastern University, 1984.

[88] Novak L M, Sechtin M B, Cardullo M J. Studies of target detection algorithms that use polarimetric radar data[J]. IEEE Transactions on Aerospace and Electronic Systems, 1989, 25(2):150-165.

[89] Chaney R D, Bud M C, Novak L M. On the performance of polarimetric target detection algorithms[J]. IEEE Aerospace and Electronic Systems Magazine, 1990, 5(11):10-15.

[90] Kelly E J. An adaptive detection algorithm[J]. IEEE Transactions on Aerospace and Electronic Systems, 1986, 22(1):115-127.

[91] Kelly E J. Performance of an adaptive detection algorithm: Rejection of unwanted signals [J]. IEEE Transactions on Aerospace and Electronic Systems, 1989, 25(2):122-133.

[92] Park H, Li J, Wang H. Polarization-space-time domain generalized likelihood ratio detection of radar targets[J]. Signal Processing, 1995, 41(1):153-164.

[93] Park H, Yang Y, Hong W. A new adaptive polarization-space-time domain radar target detection algorithm for nonhomogeneous clutter environments [C]//The Seventh International Symposium on Signal Processing and Its Applications, Paris, 2003:333-336.

[94] Pastina D, Lombardo P, Bucciarelli T. Adaptive polarimetric target detection with coherent radar part I: Detection against Gaussian background[J]. IEEE Transactions on Aerospace and Electronic Systems, 2001, 37(4):1194-1206.

[95] Lombardo P, Pastina D, Bucciarelli T. Adaptive polarimetric target detection with coherent radar. II. Detection against non-Gaussian background[J]. IEEE Transactions on Aerospace and Electronic Systems, 2001, 37(4):1207-1220.

[96] de Maio A. Polarimetric adaptive detection of range-distributed targets [J]. IEEE Transactions on Signal Processing, 2002, 50(9):2152-2159.

[97] de Maio A, Alfano G. Polarimetric adaptive detection in non-Gaussian noise[J]. Signal Processing, 2003, 83:297-306.

[98] de Maio A, Alfano G, Conte E. Polarization diversity detection in compound-Gaussian clutter [J]. IEEE Transactions on Aerospace and Electronic Systems, 2004, 40(1):114-131.

[99] Hurtado M, Jin-Jun X, Nehorai A. Target estimation, detection, and tracking[J]. IEEE Signal Processing Magazine, 2009, 26(1): 42-52.

[100] HurtadoM. Optimal Polarized Waveforms for Detecting and Tracking Targets in Clutter [D]. Missouri: Arts and Sciences of Washington University, 2007.

[101] Hurtado M, Nehorai A. polarimetric detection of targets in heavy inhomogeneous clutter [J]. IEEE Transactions on Signal Processing, 2008, 56(4): 1349-1361.

[102] 王雪松, 李永祯, 徐振海, 等. 高分辨雷达信号极化检测研究[J]. 电子学报, 2000, 28(12): 15-18.

[103] 王雪松, 徐振海, 李永祯, 等. 高分辨雷达目标极化检测仿真实验与结果分析[J]. 电子学报, 2000, 28(12): 59-63.

[104] Poelman A J. On using orthogonally polarized noncoherent receiving channels to detect target echoes in Gaussian noise[J]. IEEE Transactions on Aerospace and Electronic Systems, 1975, 11(4): 660-663.

[105] Stovall R E A. Gaussian Noise Analysis of the"Pseudo-Coherent Discriminant"[R]. M. I. T. Lincoln Laboratory, Tech. Note 1978-46, 1978.

[106] Long M W. New type land and sea clutter suppressor[C]//IEEE International Radar Conference Record, 1980: 62-66.

[107] Pottier E, Saillard J. Optimal polarimetric detection of radar target in a slowly fluctuating environment of clutter[C]//IEEE International Radar Conference, 1990: 4-9.

[108] Marino A, Cloude S R, Woodhouse I H. A polarimetric target detector using the Huynen fork[J]. IEEE Transactions on Geoscience and Remote Sensing, 2010, 48(5): 2357-2366.

[109] Ivić I R, Zrnic D S. Use of coherency to improve signal detection in dual-polarization weather radars[J]. Journal of Atmospheric and Oceanic Technology, 2009, 26(11): 2474-2487.

[110] Ivic I R, Zrnic D S, Yu T. Threshold calculation for coherent detection in dual-polarization weather radars[J]. IEEE Transactions on Aerospace and Electronic Systems, 2012, 48(3): 2198-2215.

[111] Shirvany R, Chabert M, Tourneret J. Estimation of the degree of polarization for hybrid/compact and linear dual-pol SAR intensity images principles and applications[J]. IEEE Transactions on Geoscience and Remote Sensing, 2013, 51(1): 539-551.

[112] Shirvany R, Chabert M, Tourneret J. Ship and oil-spill detection using the degree of polarization in linear and hybrid/compact dual-pol SAR[J]. IEEE Journal of Selected Topics in Applied Earth Observations and Remote Sensing, 2012, 5(3): 885-892.

# 第 2 章　零均值复高斯分布电磁波极化的统计特性

极化作为矢量波共有的一种性质,在红外、光学和电磁波等领域均受到了广泛关注[1]。正如前所述,在单色波条件下,电磁波的极化可以用其电场矢量端点运动的椭圆轨迹表示,学者们先后提出了 Jones 矢量、椭圆几何描述子、极化相位描述子、极化比及 Stokes 矢量等系列描述方法[1-7]。在非单色波条件下,电磁波的极化可以由瞬态极化表征理论方法进行刻画[8]。

然而,在大量的实际应用中,波的极化并不总是确定的。恰恰相反,在更多的场合,人们观测到的是时变、起伏的,甚至是随机的极化,如自然光、鸟群、箔条云团等分布式目标散射的雷达波等。针对极化参量的上述确定性表征方法,已难以全面刻画电磁波的这种极化起伏行为。因此,利用观测样本估计电磁波各类极化参量,并通过统计学方法表征极化起伏行为,已经在光学[9]、射电天文学[10]、雷达成像[11]等研究领域中受到了极大关注。

本章以电磁波服从零均值复高斯分布为出发点,介绍随机电磁波极化的统计特性,给出电磁波极化各类表征参量的统计分布模型。2.1 节给出零均值复高斯分布电磁波 Jones 矢量及其幅相的统计特性;2.2 节给出零均值复高斯分布电磁波极化比和椭圆描述子的统计特性;2.3 节给出零均值复高斯分布电磁波 Stokes 矢量的统计特性;2.4 节给出零均值复高斯分布电磁波 IPPV(瞬态极化投影矢量)的统计特性;2.5 节给出零均值复高斯分布电磁波平均极化状态参量的统计特性;2.6 节给出零均值复高斯分布电磁波极化度的统计特性。

## 2.1　零均值复高斯分布电磁波 Jones 矢量及其幅相的统计特性

一般地,对于中、低分辨率的雷达系统,雷达回波在每一距离分辨单元内都是由大量随机独立散射元散射相干合成的,根据切比雪夫大数定律[12],可认为散射回波近似服从正态分布;同时,正态分布也便于数学运算。因此,本节以零均值正态分布为例,重点研究零均值复高斯分布电磁波的幅度、相位的统计分布及其数字特征。

### 2.1.1　Jones 矢量的统计表征

假定电磁波是沿着指向观测方向传播的横电磁波(TEM),即电场方向始终垂直于传播方向,则在一组正交接收极化基(不妨设为水平 H、垂直 V 正交极化基)下可表征为

$$\boldsymbol{\xi}(t)=\xi_H(t)\boldsymbol{e}_H+\xi_V(t)\boldsymbol{e}_V \tag{2.1}$$

式中,$\boldsymbol{e}_H$ 和 $\boldsymbol{e}_V$ 用以表示一组正交单位极化基矢量;$\xi_H(t)$ 和 $\xi_V(t)$ 分别为两正交极化基下的解析复随机场强信号,可表示为

$$\xi_i(t)=x_i(t)+\mathrm{j}y_i(t),\quad i=H,V \tag{2.2}$$

式中,$x_i(t)$ 为场强实部;$y_i(t)$ 为场强虚部,且为 $x_i(t)$ 的希尔伯特变换,即

$$y_i(t)=\frac{1}{\pi}\int_{-\infty}^{\infty}\frac{x_i(\tau)}{\tau-t}\mathrm{d}\tau \tag{2.3}$$

假设 $x_i(t)$ 为零均值、时间上平稳的高斯实随机过程,令该随机过程的方差为 $\sigma_{ii}/2$,其希尔伯特变换 $y_i(t)$ 服从相同的统计特性,从而可知复场强信号 $\xi_i(t)$ 服从零均值、时间平稳复高斯随机过程,且方差为 $\sigma_{ii}$。

当电磁波的中心频率为 $f_0$ 时,在正交极化基下该信号的波形可表示为

$$\xi_i(t)=a_i(t)\exp\{\mathrm{j}[2\pi f_0 t+\varphi_i(t)]\},\quad i=H,V \tag{2.4}$$

式中,$a_i(t)$ 为信号的幅度;$\varphi_i(t)$ 为相位。由于 $\xi_i(t)$ 服从零均值复高斯随机过程,因此 $a_i(t)$ 服从瑞利分布,而 $\varphi_i(t)$ 服从 $[-\pi,\pi]$ 的均匀分布。这时电磁波极化的 Jones 矢量表征为

$$\boldsymbol{\xi}(t)=\begin{bmatrix}\xi_H(t)\\\xi_V(t)\end{bmatrix}=\begin{bmatrix}x_H(t)+\mathrm{j}y_H(t)\\x_V(t)+\mathrm{j}y_V(t)\end{bmatrix}=\begin{bmatrix}a_H(t)\mathrm{e}^{\mathrm{j}\varphi_H(t)}\\a_V(t)\mathrm{e}^{\mathrm{j}\varphi_V(t)}\end{bmatrix}\mathrm{e}^{\mathrm{j}2\pi f_0 t} \tag{2.5}$$

基于随机过程时间平稳的假设,即 Jones 矢量参数的分布特性不随时间而改变,任意瞬时样本都具有相同的分布,为简化起见,忽略时间变量 $t$,于是可得

$$\begin{cases}x_i:\mathbf{G}(0,\sigma_{ii}/2)\\y_i:\mathbf{G}(0,\sigma_{ii}/2)\end{cases},\quad i=H,V \tag{2.6}$$

式中,$\mathbf{G}(\cdot,\cdot)$ 表示一维实高斯分布,括号中第一项为该随机变量的均值,第二项为其方差。于是,式(2.5)中由 $x_i$ 和 $y_i(i=H,V)$ 联合构建的二维复观测 Jones 矢量 $\boldsymbol{\xi}$ 的分布将满足

$$\boldsymbol{\xi}:\mathbf{CG}_2(0,\boldsymbol{\Sigma}) \tag{2.7}$$

式中,$\mathbf{CG}_2(\cdot,\cdot)$ 表示二维复高斯分布,括号中第一项为均值矢量,第二项为 $2\times2$

的复协方差矩阵,可表示为

$$\boldsymbol{\Sigma}=\langle \boldsymbol{\xi} \cdot \boldsymbol{\xi}^{\mathrm{H}}\rangle=\begin{bmatrix}\langle \xi_{\mathrm{H}}\xi_{\mathrm{H}}^*\rangle & \langle \xi_{\mathrm{H}}\xi_{\mathrm{V}}^*\rangle \\ \langle \xi_{\mathrm{V}}\xi_{\mathrm{H}}^*\rangle & \langle \xi_{\mathrm{V}}\xi_{\mathrm{V}}^*\rangle\end{bmatrix}=\begin{bmatrix}\sigma_{\mathrm{HH}} & \sigma_{\mathrm{HV}} \\ \sigma_{\mathrm{VH}} & \sigma_{\mathrm{VV}}\end{bmatrix} \tag{2.8}$$

式中,上标 H 表示共轭转置;* 表示复数的共轭;⟨·,·⟩则为内积符号,用以计算集合平均。不难得出,$\boldsymbol{\Sigma}$ 是 Hermitian 矩阵,因此 $\sigma_{\mathrm{HV}}=\sigma_{\mathrm{VH}}^*$。根据 Goodman 的研究结果[13]可直接给出观测矢量 $\boldsymbol{\xi}$ 服从的概率密度函数为

$$f(\boldsymbol{\xi})=\frac{1}{\pi^2|\boldsymbol{\Sigma}|}\exp\left\{-\frac{\sigma_{\mathrm{VV}}|\xi_{\mathrm{H}}|^2+\sigma_{\mathrm{HH}}|\xi_{\mathrm{V}}|^2-2\mathrm{Re}(\sigma_{\mathrm{HV}}\xi_{\mathrm{H}}^*\xi_{\mathrm{V}})}{|\boldsymbol{\Sigma}|}\right\} \tag{2.9}$$

式中,$|\boldsymbol{\Sigma}|$ 为矩阵 $\boldsymbol{\Sigma}$ 的行列式。

由于 $J\left(\dfrac{x_{\mathrm{H}},y_{\mathrm{H}},x_{\mathrm{V}},y_{\mathrm{V}}}{a_{\mathrm{H}},\varphi_{\mathrm{H}},a_{\mathrm{V}},\varphi_{\mathrm{V}}}\right)=a_{\mathrm{H}}a_{\mathrm{V}}$,因此根据概率密度变换公式[12]有

$$f(a_{\mathrm{H}},a_{\mathrm{V}},\varphi_{\mathrm{H}},\varphi_{\mathrm{V}})=a_{\mathrm{H}}a_{\mathrm{V}}f(x_{\mathrm{H}},y_{\mathrm{H}},x_{\mathrm{V}},y_{\mathrm{V}}) \tag{2.10}$$

式中,$J(\cdot)$ 为雅可比行列式。

将式(2.9)代入式(2.10),整理可得

$$f(a_{\mathrm{H}},\varphi_{\mathrm{H}},a_{\mathrm{V}},\varphi_{\mathrm{V}})=\frac{a_{\mathrm{H}}a_{\mathrm{V}}}{\pi^2|\boldsymbol{\Sigma}_{\mathrm{HV}}|}\exp\left\{-\frac{\sigma_{\mathrm{VV}}a_{\mathrm{H}}^2+\sigma_{\mathrm{HH}}a_{\mathrm{V}}^2-2|\sigma_{\mathrm{HV}}|a_{\mathrm{H}}a_{\mathrm{V}}\cos(\varphi_{\mathrm{V}}-\varphi_{\mathrm{H}}+\beta_{\mathrm{HV}})}{|\boldsymbol{\Sigma}_{\mathrm{HV}}|}\right\}$$

$$\tag{2.11}$$

式中,$\beta_{\mathrm{HV}}=\arg(\sigma_{\mathrm{HV}})$,为 $\sigma_{\mathrm{HV}}$ 的相位。

为了分析方便,可做变量替换,令相位差 $\varphi=\varphi_{\mathrm{V}}-\varphi_{\mathrm{H}}$ 和 $\Delta=\varphi_{\mathrm{H}}$,则有

$$f(a_{\mathrm{H}},a_{\mathrm{H}},\varphi,\Delta)=\frac{a_{\mathrm{H}}a_{\mathrm{V}}}{\pi^2|\boldsymbol{\Sigma}_{\mathrm{HV}}|}\exp\left\{-\frac{\sigma_{\mathrm{VV}}a_{\mathrm{H}}^2+\sigma_{\mathrm{HH}}a_{\mathrm{V}}^2-2|\sigma_{\mathrm{HV}}|a_{\mathrm{H}}a_{\mathrm{V}}\cos(\varphi+\beta_{\mathrm{HV}})}{|\boldsymbol{\Sigma}_{\mathrm{HV}}|}\right\}$$

$$\tag{2.12}$$

由于式(2.12)中并未出现 $\Delta$ 项,因此 $(a_{\mathrm{H}},a_{\mathrm{V}},\varphi)$ 的边缘分布为

$$f(a_{\mathrm{H}},a_{\mathrm{V}},\varphi)=\frac{2a_{\mathrm{H}}a_{\mathrm{V}}}{\pi|\boldsymbol{\Sigma}_{\mathrm{HV}}|}\exp\left\{-\frac{\sigma_{\mathrm{VV}}a_{\mathrm{H}}^2+\sigma_{\mathrm{HH}}a_{\mathrm{V}}^2-2|\sigma_{\mathrm{HV}}|a_{\mathrm{H}}a_{\mathrm{V}}\cos(\varphi+\beta_{\mathrm{HV}})}{|\boldsymbol{\Sigma}_{\mathrm{HV}}|}\right\} \tag{2.13}$$

将 $|\boldsymbol{\Sigma}_{\mathrm{HV}}|=\sigma_{\mathrm{HH}}\sigma_{\mathrm{VV}}-|\sigma_{\mathrm{HV}}|^2$ 代入式(2.13),整理可得

$$f(a_{\mathrm{H}},a_{\mathrm{V}},\varphi)=\frac{2a_{\mathrm{H}}a_{\mathrm{V}}}{\pi(\sigma_{\mathrm{HH}}\sigma_{\mathrm{VV}}-|\sigma_{\mathrm{HV}}|^2)}\exp\left\{-\frac{\sigma_{\mathrm{VV}}a_{\mathrm{H}}^2+\sigma_{\mathrm{HH}}a_{\mathrm{V}}^2-2|\sigma_{\mathrm{HV}}|a_{\mathrm{H}}a_{\mathrm{V}}\cos(\varphi+\beta_{\mathrm{HV}})}{\sigma_{\mathrm{HH}}\sigma_{\mathrm{VV}}-|\sigma_{\mathrm{HV}}|^2}\right\}$$

$$\tag{2.14}$$

### 2.1.2　幅度的概率密度分布及其数字特征

由式(2.14)可得水平、垂直分量幅度的联合分布为

$$f(a_H, a_V) = \int_0^{2\pi} f(a_H, a_V, \varphi) \mathrm{d}\varphi$$

$$= \frac{2a_H a_V}{\pi |\varSigma_{HV}|} \exp\left\{-\frac{\sigma_{VV} a_H^2 + \sigma_{HH} a_V^2}{|\varSigma_{HV}|}\right\} \int_0^{2\pi} \exp\left\{\frac{2|\sigma_{HV}| a_H a_V}{|\varSigma_{HV}|} \cos\delta\right\} \mathrm{d}\delta$$

$$(2.15)$$

式中，$\delta = \varphi + \beta_{HV}$。由零阶贝塞尔函数的定义易得

$$f(a_H, a_V) = \frac{4a_H a_V}{|\varSigma_{HV}|} \exp\left\{-\frac{\sigma_{VV} a_H^2 + \sigma_{HH} a_V^2}{|\varSigma_{HV}|}\right\} I_0\left[\frac{2|\sigma_{HV}| a_H a_V}{|\varSigma_{HV}|}\right] \qquad (2.16)$$

式中，$I_0(\cdot)$ 表示零阶贝塞尔函数。

1) 单个极化通道幅度的概率密度分布

由式(2.16)可知，水平极化分量幅度的统计分布为

$$f(a_H) = \int_0^\infty f(a_H, a_V) \mathrm{d}a_V = \frac{2a_H}{\sigma_{HH}} \mathrm{e}^{-\frac{a_H^2}{\sigma_{HH}}} \qquad (2.17)$$

同理，可得垂直极化分量幅度的统计分布为

$$f(a_V) = \frac{2a_V}{\sigma_{VV}} \mathrm{e}^{-\frac{a_V^2}{\sigma_{VV}}} \qquad (2.18)$$

式(2.17)和式(2.18)证明了零均值复高斯分布电磁波两正交极化分量的幅度服从瑞利分布。下面就水平和垂直极化通道之间相互无关的情况进行具体讨论。

此时有 $\sigma_{HV} = \sigma_{VH} = 0$。为便于讨论，记 $\sigma_{VV} = \lambda\sigma_{HH}$，$\lambda \geqslant 0$，即有 $|\varSigma_{HV}| = \lambda\sigma_{HH}^2$。进而可得，电磁波的水平、垂直极化分量幅度的联合分布为

$$f(a_H, a_V) = \frac{4a_H a_V}{\lambda\sigma_{HH}^2} \exp\left\{-\frac{\lambda a_H^2 + a_V^2}{\lambda\sigma_{HH}}\right\} \qquad (2.19)$$

而此时电磁波的水平、垂直极化分量幅度的概率密度函数仍如式(2.17)和式(2.18)所示。

2) 单个极化通道幅度的一、二阶矩

在水平、垂直极化基下，根据水平极化或垂直极化分量幅度的概率密度分布可得其一阶矩和二阶矩分别为

$$E[a_i] = \int_0^\infty a_i f(a_i) \mathrm{d}a_i = \frac{\sqrt{\pi\sigma_{ii}}}{2}, \quad i = H, V \qquad (2.20)$$

和

$$E[a_i^2] = \sigma_{ii}, \quad i = H, V \qquad (2.21)$$

那么，单个极化通道幅度的方差为

$$\mathrm{var}[a_i] = \frac{4-\pi}{4}\sigma_{ii}, \quad i = H, V \qquad (2.22)$$

3）水平和垂直极化分量的联合二阶矩

下面分水平、垂直极化通道之间相互无关和存在相关性两种情况讨论。

在水平、垂直极化通道之间相互无关的情况下，根据式（2.19）不难得出，零均值复高斯分布电磁波的水平和垂直极化分量的联合二阶矩为

$$E[a_H, a_V] = \int_0^\infty \int_0^\infty a_H a_V f(a_H, a_V) \mathrm{d}a_H \mathrm{d}a_V = \frac{\pi \sigma_{HH}}{4\sqrt{\lambda}} \tag{2.23}$$

当水平、垂直极化通道之间存在相关性时，由式（2.16）经过烦琐的推导，并结合超几何函数的性质，可得此时随机电磁波的水平和垂直极化分量的联合二阶矩为

$$E[a_H, a_V] = \frac{|\Sigma_{HV}|^2}{\sqrt{2m}} \left[ \frac{2}{m} \cdot {}_2F_1\left(\frac{3}{4}, \frac{5}{4}, 1, \frac{|\sigma_{HV}|^4}{m^2}\right) \right.$$

$$\left. + \frac{3|\sigma_{HV}|^2}{m^2} \cdot {}_2F_1\left(\frac{5}{4}, \frac{7}{4}, 1, \frac{|\sigma_{HV}|^4}{m^2}\right) + \frac{15|\sigma_{HV}|^2}{4m^3} \cdot {}_2F_1\left(\frac{7}{4}, \frac{9}{4}, 2, \frac{|\sigma_{HV}|^4}{m^2}\right) \right]$$

$$\tag{2.24}$$

式中，$m = 2\sigma_{HH}\sigma_{VV} - |\sigma_{HV}|^2$；${}_2F_1(a, b, c, z)$ 是超几何函数。

### 2.1.3　功率的统计分布

若电场在水平、垂直正交极化基下的功率记为 $A_H = a_H^2$ 与 $A_V = a_V^2$，那么易得 $A_H$ 与 $A_V$ 的联合概率密度函数为

$$f(A_H, A_V) = \left| J\left(\frac{a_H, a_V}{A_H, A_V}\right) \right| f(a_H, a_V) = \frac{1}{4\sqrt{A_H A_V}} f(\sqrt{A_H}, \sqrt{A_V}) \tag{2.25}$$

将式（2.16）代入式（2.25），整理可得

$$f(A_H, A_V) = \frac{1}{|\Sigma_{HV}|} \exp\left\{ -\frac{\sigma_{VV} A_H + \sigma_{HH} A_V}{|\Sigma_{HV}|} \right\} I_0\left[ \frac{2|\sigma_{HV}|\sqrt{A_H A_V}}{|\Sigma_{HV}|} \right] \tag{2.26}$$

那么由式（2.26）可知，水平极化分量功率的统计分布为

$$f(A_H) = \int_0^\infty f(A_H, A_V) \mathrm{d}A_V = \frac{1}{\sigma_{HH}} \exp\left(-\frac{A_H}{\sigma_{HH}}\right) \tag{2.27}$$

同理，可得垂直极化分量功率的概率密度函数为

$$f(A_V) = \int_0^\infty f(A_H, A_V) \mathrm{d}A_H = \frac{1}{\sigma_{VV}} \exp\left(-\frac{A_V}{\sigma_{VV}}\right) \tag{2.28}$$

由式（2.27）和式（2.28）可知，随机电磁波两正交极化分量的幅度服从指数分布，进而易求得其数字特征，这里不再赘述。

## 2.2　零均值复高斯分布电磁波极化比和椭圆描述子的统计特性

电磁波的极化比和极化椭圆描述子是工程中常用的表征方法,下面具体分析电磁波服从零均值复高斯分布情况下极化比和极化椭圆描述子的统计分布。

### 2.2.1　极化比的统计特性

由极化比的定义可知,极化比由两部分组成,即极化幅度比和相位差,在忽略时间关系后,令 $m=|\rho_{\mathrm{HV}}|=\dfrac{a_{\mathrm{V}}}{a_{\mathrm{H}}}$ 为极化幅度比,$n=a_{\mathrm{H}}$,则 $(a_{\mathrm{H}},a_{\mathrm{V}},\varphi)$ 和 $(m,n,\varphi)$ 之间的雅可比变换为

$$J\left(\frac{a_{\mathrm{H}},a_{\mathrm{V}},\varphi}{m,n,\varphi}\right)=a_{\mathrm{H}}=n$$

进而根据式(2.14)可得,$(m,n,\varphi)$ 的联合分布为

$$f(m,n,\varphi)=\frac{2mn^2}{\pi(\sigma_{\mathrm{HH}}\sigma_{\mathrm{VV}}-|\sigma_{\mathrm{HV}}|^2)}\exp\left\{-\frac{\sigma_{\mathrm{VV}}n^2+\sigma_{\mathrm{HH}}m^2n^2-2|\sigma_{\mathrm{HV}}|mn^2\cos(\varphi+\beta_{\mathrm{HV}})}{\sigma_{\mathrm{HH}}\sigma_{\mathrm{VV}}-|\sigma_{\mathrm{HV}}|^2}\right\}$$

$$(2.29)$$

因此,$f(m,\varphi)$ 的联合分布为

$$f(m,\varphi)=\int_0^\infty f(m,n,\varphi)\mathrm{d}n=\frac{m(\sigma_{\mathrm{HH}}\sigma_{\mathrm{VV}}-|\sigma_{\mathrm{HV}}|^2)}{\pi[\sigma_{\mathrm{VV}}+\sigma_{\mathrm{HH}}m^2-2m|\sigma_{\mathrm{HV}}|\cos(\varphi+\beta_{\mathrm{HV}})]^2}$$

$$(2.30)$$

那么,电磁波的极化幅度比即为垂直极化分量与水平极化分量的幅度比,其概率密度函数为

$$f(m)=\frac{2m|\Sigma_{\mathrm{HV}}|(\sigma_{\mathrm{VV}}+\sigma_{\mathrm{HH}}m^2)}{[(\sigma_{\mathrm{VV}}+\sigma_{\mathrm{HH}}m^2)^2-4m^2|\sigma_{\mathrm{HV}}|^2]^{\frac{3}{2}}}$$

$$(2.31)$$

由式(2.30)可得,水平、垂直分量相位差 $\varphi=\varphi_{\mathrm{V}}-\varphi_{\mathrm{H}}$ 的概率密度函数为

$$f(\varphi)=\frac{|\Sigma_{\mathrm{HV}}|}{\pi\sigma_{\mathrm{HH}}^2}\int_0^\infty\frac{m}{(m^2-am+\lambda)^2}\mathrm{d}m$$

式中,$a=\dfrac{2|\sigma_{\mathrm{HV}}|\cos(\varphi+\beta_{\mathrm{HV}})}{\sigma_{\mathrm{HH}}}$;$\lambda=\dfrac{\sigma_{\mathrm{VV}}}{\sigma_{\mathrm{HH}}}$。根据积分变换公式[12-14]可推得

$$f(\varphi)=\frac{|\Sigma_{\mathrm{HV}}|}{2\pi[\sigma_{\mathrm{HH}}\sigma_{\mathrm{VV}}-|\sigma_{\mathrm{HV}}|^2\cos^2(\varphi+\beta_{\mathrm{HV}})]}\left[1-\frac{P_\theta}{\sqrt{1-P_\theta^2}}\left(\frac{\pi}{2}+\arctan\frac{P_\theta}{\sqrt{1-P_\theta^2}}\right)\right]$$

$$(2.32)$$

式中，$P_\theta = \dfrac{|\sigma_{HV}|}{\sqrt{\sigma_{HH}\sigma_{VV}}}\cos(\varphi + \beta_{HV})$。

由极化比 $\rho_{HV} = \rho_R + j\rho_I = me^{j\varphi}$ 及概率密度函数变换公式可知

$$f(\rho_{HV}) = f(\rho_R, \rho_I) = \left| J\left(\frac{m, \varphi}{\rho_R, \rho_I}\right) \right| f(m, \varphi) = \frac{1}{\sqrt{\rho_R^2 + \rho_I^2}} f\left(\sqrt{\rho_R^2 + \rho_I^2}, \arctan\frac{\rho_R}{\rho_I}\right)$$

$$(2.33)$$

将式(2.30)代入式(2.33)，整理可得极化比 $\rho_{HV}$ 的概率密度函数为

$$f(\rho_{HV}) = \frac{\sigma_{HH}\sigma_{VV} - |\sigma_{HV}|^2}{\pi\left[\sigma_{VV} + \sigma_{HH}(\rho_R^2 + \rho_I^2) - 2|\sigma_{HV}|\sqrt{\rho_R^2 + \rho_I^2}\cos\left(\arctan\frac{\rho_R}{\rho_I} + \beta_{HV}\right)\right]^2}$$

$$(2.34)$$

下面针对部分典型情况进行具体讨论。

1) 完全未极化波的情况

此时有 $\sigma_{HH} = \sigma_{VV}$，$\sigma_{HV} = \sigma_{VH} = 0$，将其代入式(2.31)和式(2.32)，整理可得

$$f(m) = \begin{cases} 2m(m^2 + 1)^{-2}, & m \geqslant 0 \\ 0, & m < 0 \end{cases}$$

$$(2.35)$$

和

$$f(\varphi) = \frac{1}{2\pi}$$

$$(2.36)$$

2) 水平、垂直极化通道之间相互无关(相互独立)的情况

此时有 $\sigma_{HV} = \sigma_{VH} = 0$。为便于讨论，记 $\sigma_{VV} = \lambda\sigma_{HH}$，$\lambda \geqslant 0$，即有 $|\Sigma_{HV}| = \lambda\sigma_{HH}^2$。进而可得，电磁波极化幅度比的统计分布为

$$f(m) = \begin{cases} \dfrac{2\lambda m}{(m^2 + \lambda)^2}, & m \geqslant 0 \\ 0, & m < 0 \end{cases}$$

$$(2.37)$$

而其相位差的统计分布认为服从 $[0, 2\pi]$ 的均匀分布。

3) 电磁波在 $45°$、$135°$ 正交极化基 $(\hat{\boldsymbol{m}}, \hat{\boldsymbol{n}})$ 上线极化分量之间相互无关(独立)的情况

此时有 $\Sigma_{MN} = \begin{bmatrix} \sigma_{MM} & 0 \\ 0 & \sigma_{NN} \end{bmatrix}$，并记 $\sigma_{NN} = \lambda\sigma_{MM}$。在水平、垂直极化基下，电磁波的

协方差矩阵为

$$\Sigma_{HV} = \frac{\sigma_{MM}}{2}\begin{bmatrix} 1+\lambda & 1-\lambda \\ 1-\lambda & 1+\lambda \end{bmatrix}$$

将此式代入式(2.31)可得，电磁波极化幅度比的统计分布为

$$f(m) = \begin{cases} \dfrac{8m\lambda(\lambda+1)(m^2+1)}{\left[(m^2+1)^2(1+\lambda)^2-4m^2(1-\lambda)^2\right]^{\frac{3}{2}}}, & m\geqslant 0 \\ 0, & m<0 \end{cases} \tag{2.38}$$

由式(2.32)可得,水平和垂直分量相位差的概率密度函数为

$$f(\varphi) = \frac{2\lambda}{\pi\left[(1+\lambda)^2-(1-\lambda)^2\cos^2\varphi\right]}\left[1-K_\varphi\left(\frac{\pi}{2}+\arctan K_\varphi\right)\right] \tag{2.39}$$

式中,$K_\varphi = \dfrac{|1-\lambda|\cos\varphi}{\sqrt{(1+\lambda)^2-(1-\lambda)^2\cos^2\varphi}}$。

4) 电磁波的左右旋圆极化分量之间的相互无关(独立)的情况

此时有 $\Sigma_{LR} = \begin{bmatrix} \sigma_{LL} & 0 \\ 0 & \sigma_{RR} \end{bmatrix}$,并记 $\sigma_{RR} = \lambda\sigma_{LL}$。在水平、垂直极化基下,电磁波的

协方差矩阵为

$$\Sigma_{HV} = \frac{\sigma_{LL}}{2}\begin{bmatrix} 1+\lambda & -j(1-\lambda) \\ j(1-\lambda) & 1+\lambda \end{bmatrix}$$

将此式代入式(2.31)可得,电磁波极化幅度比的统计分布为

$$f(m) = \begin{cases} \dfrac{8m\lambda(\lambda+1)(m^2+1)}{\left[(m^2+1)^2(1+\lambda)^2-4m^2(1-\lambda)^2\right]^{\frac{3}{2}}}, & m\geqslant 0 \\ 0, & m<0 \end{cases} \tag{2.40}$$

由式(2.32)可得,水平和垂直分量相位差的概率密度函数为

$$f(\varphi) = \frac{2\lambda}{\pi\left[(1+\lambda)^2-(1-\lambda)^2\sin^2\varphi\right]}\left[1-P_\varphi\left(\frac{\pi}{2}+\arctan P_\varphi\right)\right] \tag{2.41}$$

式中,$P_\varphi = \dfrac{|1-\lambda|\sin\varphi}{\sqrt{(1+\lambda)^2-(1-\lambda)^2\sin^2\varphi}}$。

由此可见,在正交极化基 $(\hat{m},\hat{n})$ 上线极化分量之间相互无关(独立)和左右旋圆极化分量之间相互无关(独立)的情况下,电磁波正交极化分量的幅度比和相位差的概率密度函数具有类似的形式。

图 2.1 给出了水平和垂直极化通道之间相互无关的情况下电磁波正交极化分量幅度比和相位差的概率密度函数曲线,图 2.2 给出了在 $45°$、$135°$ 正交极化基 $(\hat{m},\hat{n})$ 上线极化分量之间相互无关的情况下电磁波幅度比和相位差的概率密度函数曲线。

由图 2.1 和图 2.2 可见,当水平、垂直极化通道之间相互无关时,电磁波的相位差服从 $[0,2\pi]$ 的均匀分布。

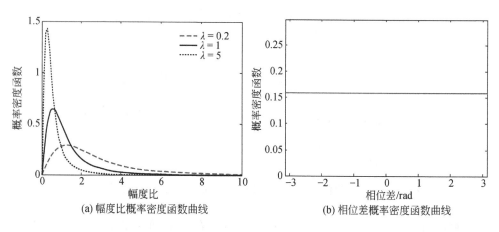

(a) 幅度比概率密度函数曲线　　　　　(b) 相位差概率密度函数曲线

图 2.1　水平和垂直极化通道之间相互无关的情况下电磁波幅度比和相位差的概率密度函数曲线

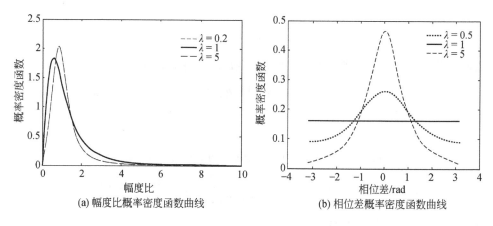

(a) 幅度比概率密度函数曲线　　　　　(b) 相位差概率密度函数曲线

图 2.2　正交极化基 $(\hat{\boldsymbol{m}},\hat{\boldsymbol{n}})$ 上线极化分量之间相互无关的
情况下电磁波幅度比和相位差的概率密度函数曲线

### 2.2.2　极化椭圆描述子的统计特性

电磁波的信号模型可用式(2.4)表示,通过对水平、垂直极化基下的信号分别取其实部可得

$$\begin{cases} E_H = a_H\cos(\eta+\varphi_H) \\ E_V = a_V\cos(\eta+\varphi_V) \end{cases} \tag{2.42}$$

式中, $\eta=2\pi f_0 t$ ,通过消除上面两式中的变量 $\eta$ 可得

$$\left(\frac{E_H}{a_H}\right)^2 + \left(\frac{E_V}{a_V}\right)^2 - 2\left(\frac{E_H E_V}{a_H a_V}\right)\cos\varphi = \sin^2\varphi \tag{2.43}$$

式中，$\varphi$ 为相位差，可以看出式(2.43)可以由变量 $a_H$、$a_V$ 和 $\varphi$ 确定一个标准椭圆曲线，且该椭圆内接于长为 $2a_H$、宽为 $2a_V$ 的长方形中。

假设椭圆的长轴和短轴分别为 $m$ 和 $n$，根据椭圆的性质可以定义描述极化椭圆强度的变量 $I$

$$I \equiv a_H^2 + a_V^2 = m^2 + n^2 \tag{2.44}$$

椭圆主轴与 $+x$ 轴的夹角为椭圆倾角 $\tau \in \left[-\frac{1}{2}\pi, \frac{1}{2}\pi\right)$，其满足

$$\tan 2\tau = \tan 2\gamma \cos\varphi \tag{2.45}$$

这里，$\tau$ 和 $\varphi$ 为极化相位描述子，其中 $\gamma$ 为极化关系角且

$$\tan\gamma = \rho = \frac{a_V}{a_H}, \quad \gamma \in \left[0, \frac{1}{2}\pi\right] \tag{2.46}$$

利用椭圆率角 $\varepsilon$ 描述椭圆的形状和旋向，其定义为椭圆短轴与长轴的比

$$\tan\varepsilon \equiv \pm\frac{n}{m}, \quad \varepsilon \in \left[-\frac{1}{4}\pi, \frac{1}{4}\pi\right) \tag{2.47}$$

且满足

$$\sin 2\varepsilon = \sin 2\gamma \sin\varphi \tag{2.48}$$

于是由三个随机变量 $I$、$\tau$ 和 $\varepsilon$ 共同构成了椭圆极化描述子。为获取其概率密度函数，首先应给出上述三个随机变量的联合概率密度函数。令 $\chi = \sin 2\varepsilon$，回到式(2.14)，按照如下变量替换过程获取 $(I, \tau, \chi)$ 的联合概率密度函数

$$f(a_H, a_V, \varphi) \rightarrow f(I, \gamma, \varphi) \rightarrow f(I, \tau, \chi) \tag{2.49}$$

进行由 $(a_H, a_V, \varphi)$ 到 $(I, \gamma, \varphi)$ 的变量替换，根据关系式(2.44)和式(2.46)不难得出，该变量替换对应的雅可比系数为

$$J\left(\frac{a_H, a_V, \varphi}{I, \gamma, \varphi}\right) = \frac{1}{2} \tag{2.50}$$

代入式(2.14)后可得

$$f(I, \gamma, \varphi) = \frac{I \sin 2\gamma}{2\pi |\boldsymbol{\Sigma}|} \exp\left(-\frac{I}{2|\boldsymbol{\Sigma}|}\Phi\right) \tag{2.51}$$

式中

$$\Phi = (\sigma_{HH} + \sigma_{VV}) - (\sigma_{HH} - \sigma_{VV})\cos 2\gamma - 2|\sigma_{HV}|\sin 2\gamma \cos\varphi \tag{2.52}$$

接着由 $(I, \gamma, \varphi)$ 到 $(I, \tau, \chi)$ 进行变量替换再根据关系式(2.45)和式(2.48)得到对应的雅可比系数为

$$J\left(\frac{a_{\mathrm{H}},a_{\mathrm{V}},\varphi}{I,\tau,\chi}\right)=\frac{1}{\sqrt{\chi^2\cos^2 2\tau+\sin^2 2\tau}} \tag{2.53}$$

将该雅可比系数及式(2.45)和式(2.48)代入式(2.51)可得

$$f(I,\tau,\chi)=\frac{I}{2\pi|\boldsymbol{\Sigma}|}\exp\left(-\frac{I}{2|\boldsymbol{\Sigma}|}X\right) \tag{2.54}$$

式中

$$X=(\sigma_{\mathrm{HH}}+\sigma_{\mathrm{VV}})-(\sigma_{\mathrm{HH}}-\sigma_{\mathrm{VV}})\cos 2\tau\sqrt{1-\chi^2}-2|\sigma_{\mathrm{HV}}|\sin 2\tau\sqrt{1-\chi^2} \tag{2.55}$$

对该联合概率密度函数分别求取边缘概率密度函数,即可得到每个椭圆极化描述子参量的密度函数为

$$f(\chi)=\frac{(\sigma_{\mathrm{HH}}+\sigma_{\mathrm{VV}})}{2\left\{(\sigma_{\mathrm{HH}}+\sigma_{\mathrm{VV}})^2-(1-\chi^2)\left[(\sigma_{\mathrm{HH}}-\sigma_{\mathrm{VV}})+4|\sigma_{\mathrm{HV}}|^2\right]\right\}^{\frac{3}{2}}},\quad -1\leqslant\chi\leqslant 1 \tag{2.56}$$

$$f(I)=\frac{2}{\sqrt{(\sigma_{\mathrm{HH}}-\sigma_{\mathrm{VV}})^2+4|\sigma_{\mathrm{HV}}|^2}}\sinh\left[\frac{\sqrt{(\sigma_{\mathrm{HH}}-\sigma_{\mathrm{VV}})^2+4|\sigma_{\mathrm{HV}}|^2}}{2|\boldsymbol{\Sigma}|}\right]\exp\left(-\frac{\sigma_{\mathrm{HH}}+\sigma_{\mathrm{VV}}}{2|\boldsymbol{\Sigma}|}\right) \tag{2.57}$$

$$f(\tau)=\frac{2|\boldsymbol{\Sigma}|}{\pi(A^2-B^2)}\left[1-\frac{2B}{\sqrt{A^2-B^2}}\arctan\left(\frac{A-B}{\sqrt{A^2-B^2}}\right)\right] \tag{2.58}$$

式中

$$A=\sigma_{\mathrm{HH}}+\sigma_{\mathrm{VV}}$$

$$B=-(\sigma_{\mathrm{HH}}-\sigma_{\mathrm{VV}})\cos 2\tau-2|\sigma_{\mathrm{HV}}|\sin 2\tau$$

式(2.56)~式(2.58)给出了零均值复高斯电磁波极化椭圆相关参量的统计表征模型。然而,由于极化椭圆描述子在实际极化测量中难以直接获取,且不便于应用和处理,因此下面介绍一种更适用于实际测量和表征极化统计特性的参数。

## 2.3　零均值复高斯分布电磁波 Stokes 矢量的统计特性

本节重点介绍零均值复高斯分布电磁波极化的 Stokes 矢量的概率密度函数及其联合概率密度函数的解析表达式,并给出其对应参量的数字特征。

在经典雷达极化理论中,Stokes 矢量是由四个实参数组成的矢量[15],可表示为

$$\boldsymbol{G} = \begin{bmatrix} G_0 \\ G_1 \\ G_2 \\ G_3 \end{bmatrix} = \begin{bmatrix} \langle a_H^2 \rangle + \langle a_V^2 \rangle \\ \langle a_H^2 \rangle - \langle a_V^2 \rangle \\ 2\langle a_H a_V \cos\varphi \rangle \\ 2\langle a_H a_V \sin\varphi \rangle \end{bmatrix} \tag{2.59}$$

式中，$\langle \cdot \rangle$ 代表集平均。根据瞬态极化理论[8]，在任意时刻 $t$，电磁波的瞬时 Stokes 矢量在水平、垂直极化基下可以表示为

$$\boldsymbol{g}(t) = \begin{bmatrix} g_{HV0}(t) \\ g_{HV1}(t) \\ g_{HV2}(t) \\ g_{HV3}(t) \end{bmatrix} = \begin{bmatrix} a_H^2(t) + a_V^2(t) \\ a_H^2(t) - a_V^2(t) \\ 2a_H(t)a_V(t)\cos\varphi(t) \\ 2a_H(t)a_V(t)\sin\varphi(t) \end{bmatrix} \tag{2.60}$$

　　下面将获取瞬时 Stokes 参量的统计模型，仍然基于 Jones 矢量服从零均值平稳复高斯分布假设，由于 Stokes 矢量的随机性在任意观测时刻都是一致的，因此可以省略式（2.60）中的时间标识。

### 2.3.1　瞬时 Stokes 矢量各分量的统计分布

　　在忽略时间关系后，下面在水平、垂直极化基下讨论零均值复高斯分布电磁波极化 Stokes 矢量各分量的统计特性。

1. Stokes 矢量各分量的概率密度分布

1）$g_{HV0}$ 的概率密度分布

　　由 Stokes 矢量的定义可知，$g_{HV0} = A_H + A_V$，$g_{HV1} = A_H - A_V$，那么 $g_{HV0}$ 和 $g_{HV1}$ 的概率密度函数分别为

$$f_{G_0}(g_0) = \int_0^\infty f(A_H, g_0 - A_H)\mathrm{d}A_H = \int_0^{g_0} f(A_H, g_0 - A_H)\mathrm{d}A_H$$
$$f_{G_1}(g_1) = \int_0^\infty f(A_H, A_H - g_1)\mathrm{d}A_H \tag{2.61}$$

因此，根据式（2.26）和式（2.61）可得 $g_{HV0}$ 的概率密度函数为

$$f_{G_{HV0}}(g_{HV0}) = \frac{1}{|\Sigma_{HV}|} \exp\left\{ -\frac{g_{HV0}\sigma_{HH}}{|\Sigma_{HV}|} \right\}$$
$$\cdot \int_0^{g_{HV0}} \exp\left\{ -\frac{\sigma_{VV} - \sigma_{HH}}{|\Sigma_{HV}|} A_H \right\} I_0 \left[ \frac{2|\sigma_{HV}|\sqrt{A_H(g_{HV0} - A_H)}}{|\Sigma_{HV}|} \right] \mathrm{d}A_H$$
$$\tag{2.62}$$

令 $A_H = \dfrac{g_0}{2}x$，整理可得

$$f_{G_{HV0}}(g_{HV0}) = \frac{g_{HV0}}{2|\Sigma_{HV}|}\exp\left\{-\frac{g_{HV0}\sigma_{HH}}{|\Sigma_{HV}|}\right\}\int_0^2 \exp\{-px\}\,\mathrm{I}_0(d\sqrt{2x-x^2})\,\mathrm{d}x \tag{2.63}$$

式中，$p = \dfrac{g_{HV0}(\sigma_{VV}-\sigma_{HH})}{2|\Sigma_{HV}|}$，$d = \dfrac{g_{HV0}|\sigma_{HV}|}{|\Sigma_{HV}|}$。

由文献[16]可知

$$\int_0^2 \exp\{-px\}\,\mathrm{I}_0(d\sqrt{2x-x^2})\,\mathrm{d}x = \frac{2}{\sqrt{p^2+d^2}}\mathrm{e}^{-p}\mathrm{sh}(\sqrt{p^2+d^2})$$

式中，$\mathrm{sh}(x) = \dfrac{1}{2}(\mathrm{e}^x - \mathrm{e}^{-x})$。进而有

$$f_{G_{HV0}}(g_{HV0}) = \frac{2}{A}\exp\left\{-\frac{\sigma_{VV}+\sigma_{HH}}{2|\Sigma_{HV}|}g_{HV0}\right\}\mathrm{sh}\left\{\frac{A}{2|\Sigma_{HV}|}g_{HV0}\right\} \tag{2.64}$$

式中，$A = \sqrt{(\sigma_{VV}-\sigma_{HH})^2 + 4|\sigma_{HV}|^2}$。

2) $g_{HV1}$ 的概率密度分布

由于 $A_H = A_V + g_{HV1}$，$A_H \geqslant 0$ 和 $A_V \geqslant 0$，进而由式(2.61)可知：

(1) 若 $g_{HV1} \geqslant 0$，则有

$$f_{G_{HV1}}(g_{HV1}) = \int_0^\infty f(A_H, A_H - g_{HV1})\mathrm{d}A_H = \int_{g_{HV1}}^\infty f(A_H, A_H - g_{HV1})\mathrm{d}A_H \tag{2.65}$$

将式(2.26)代入式(2.65)，即有

$$f_{G_{HV1}}(g_{HV1}) = \int_{g_{HV1}}^\infty \frac{1}{|\Sigma_0|}\exp\left\{-\frac{\sigma_{VV}A_H + \sigma_{HH}(A_H - g_{HV1})}{|\Sigma_{HV}|}\right\}\mathrm{I}_0$$

$$\cdot \left[\frac{2|\sigma_{HV}|\sqrt{A_H(A_H - g_{HV1})}}{|\Sigma_{HV}|}\right]\mathrm{d}A_H$$

令 $A_H - g_{HV1} = x$，整理可得

$$f_{G_{HV1}}(g_{HV1})$$

$$= \int_0^\infty \frac{1}{|\Sigma_{HV}|}\exp\left\{-\frac{\sigma_{VV}(g_{HV1}+x)+\sigma_{HH}x}{|\Sigma_{HV}|}\right\}\mathrm{I}_0\left[\frac{2|\sigma_{HV}|\sqrt{(g_{HV1}+x)x}}{|\Sigma_{HV}|}\right]\mathrm{d}x$$

$$= \frac{1}{|\Sigma_{HV}|}\exp\left\{-\frac{\sigma_{VV}g_{HV1}}{|\Sigma_{HV}|}\right\}\int_0^\infty \exp\left\{-\frac{(\sigma_{VV}+\sigma_{HH})x}{|\Sigma_{HV}|}\right\}\mathrm{I}_0\left[\frac{2|\sigma_{HV}|\sqrt{(g_{HV1}+x)x}}{|\Sigma_{HV}|}\right]\mathrm{d}x \tag{2.66}$$

由文献[16]可知

$$\int_0^\infty e^{-pt} I_0 \left\{ a\sqrt{t^2 + g_1 t} \right\} dt = \frac{1}{\sqrt{p^2 - a^2}} e^{\frac{p - \sqrt{p^2 - a^2}}{2} g_1}$$

令 $p = \dfrac{\sigma_{VV} + \sigma_{HH}}{|\Sigma_{HV}|}$，$a = \dfrac{2|\sigma_{HV}|}{|\Sigma_{HV}|}$，将其代入式(2.66)，整理可得

$$f_{G_{HV1}}(g_{HV1}) = \frac{1}{Q} \exp\left\{ \frac{\sigma_{HH} - \sigma_{VV} - Q}{2|\Sigma_{HV}|} g_{HV1} \right\}, \quad g_{HV1} \geq 0 \tag{2.67}$$

式中，$Q = \sqrt{(\sigma_{VV} + \sigma_{HH})^2 - 4|\sigma_{HV}|^2}$。

（2）若 $g_{HV1} < 0$，则

$$f_{G_{HV1}}(g_{HV1}) = \int_0^\infty \frac{1}{|\Sigma_{HV}|} \exp\left\{ -\frac{\sigma_{VV} A_H + \sigma_{HH}(A_H - g_{HV1})}{|\Sigma_{HV}|} \right\}$$

$$\cdot I_0 \left[ \frac{2|\sigma_{HV}|\sqrt{A_H(A_H - g_{HV1})}}{|\Sigma_{HV}|} \right] dA_H \tag{2.68}$$

类似地，利用上述推导方法可得

$$f_{G_{HV1}}(g_{HV1}) = \frac{1}{Q} \exp\left\{ \frac{\sigma_{HH} - \sigma_{VV} + Q}{2|\Sigma_{HV}|} g_{HV1} \right\}, \quad g_{HV1} < 0 \tag{2.69}$$

综合式(2.67)和式(2.69)，则 $g_{HV1}$ 的概率密度函数为

$$f_{G_{HV1}}(g_{HV1}) = \begin{cases} \dfrac{1}{Q_{HV}} \exp\left\{ \dfrac{\sigma_{HH} - \sigma_{VV} - Q_{HV}}{2|\Sigma_{HV}|} g_{HV1} \right\}, & g_{HV1} \geq 0 \\[3mm] \dfrac{1}{Q_{HV}} \exp\left\{ \dfrac{\sigma_{HH} - \sigma_{VV} + Q_{HV}}{2|\Sigma_{HV}|} g_{HV1} \right\}, & g_{HV1} < 0 \end{cases} \tag{2.70}$$

式中，$Q_{HV} = \sqrt{(\sigma_{VV} + \sigma_{HH})^2 - 4|\sigma_{HV}|^2}$。

3）$g_{HV2}$ 的概率密度分布

将电磁波 $e_{HV}$ 变换到 $45°$ 和 $135°$ 正交极化基下表示为 $e_{MN}$，由极化基变换的线性性质可知，$e_{MN}$ 仍服从正态分布，且有[9]

$$e_{MN} : N(0, \Sigma_{MN}) \tag{2.71}$$

式中，$\Sigma_{MN} = \begin{bmatrix} \sigma_{MM} & \sigma_{MN} \\ \sigma_{NM} & \sigma_{NN} \end{bmatrix} = \dfrac{1}{2} \begin{bmatrix} \sigma_{HH} + \sigma_{HV} + \sigma_{VH} + \sigma_{VV} & \sigma_{HH} + \sigma_{HV} - \sigma_{VH} - \sigma_{VV} \\ \sigma_{HH} + \sigma_{HV} - \sigma_{VH} - \sigma_{VV} & \sigma_{HH} - \sigma_{HV} - \sigma_{VH} + \sigma_{VV} \end{bmatrix}$。

按照在水平、垂直极化基下求取 $g_{HV}$ 的概率密度函数的方法，可以求得在 $45°$ 和 $135°$ 极化基下 $g_{MN1}$ 的概率密度函数为

$$f_{MN}(g_{MN1}) = \begin{cases} \dfrac{1}{Q_{MN}} \exp\left\{ \dfrac{\sigma_{MM} - \sigma_{NN} - Q_{MN}}{2|\Sigma_{MN}|} g_{MN1} \right\}, & g_{MN1} \geq 0 \\[3mm] \dfrac{1}{Q_{MN}} \exp\left\{ \dfrac{\sigma_{MM} - \sigma_{NN} + Q_{MN}}{2|\Sigma_{MN}|} g_{MN1} \right\}, & g_{MN1} < 0 \end{cases} \tag{2.72}$$

式中,$Q_{MN} = \sqrt{(\sigma_{NN} + \sigma_{MM})^2 - 4|\sigma_{MN}|^2}$ 。

由于 $g_{HV2} = g_{MN1}$,因此 $g_{HV2}$ 的概率密度函数为

$$f_{G_{HV2}}(g_{HV2}) = \begin{cases} \dfrac{1}{Q_{MN}} \exp\left\{ \dfrac{\sigma_{MM} - \sigma_{NN} - Q_{MN}}{2|\Sigma_{MN}|} g_{HV2} \right\}, & g_{HV2} \geqslant 0 \\ \dfrac{1}{Q_{MN}} \exp\left\{ \dfrac{\sigma_{MM} - \sigma_{NN} + Q_{MN}}{2|\Sigma_{MN}|} g_{HV2} \right\}, & g_{HV2} < 0 \end{cases} \tag{2.73}$$

4)$g_{HV3}$ 的概率密度分布

将电磁波 $e_{HV}$ 变换到左右旋圆极化基下表示,采用上述方法,可得 $g_{HV3}$ 的概率密度函数为

$$f_{G_{HV3}}(g_{HV3}) = \begin{cases} \dfrac{1}{Q_{LR}} \exp\left\{ \dfrac{\sigma_{LL} - \sigma_{RR} - Q_{LR}}{2|\Sigma_{LR}|} g_{HV3} \right\}, & g_{HV3} \geqslant 0 \\ \dfrac{1}{Q_{LR}} \exp\left\{ \dfrac{\sigma_{LL} - \sigma_{RR} + Q_{LR}}{2|\Sigma_{LR}|} g_{HV3} \right\}, & g_{HV3} < 0 \end{cases} \tag{2.74}$$

式中

$$Q_{LR} = \sqrt{(\sigma_{LL} + \sigma_{RR})^2 - 4|\sigma_{LR}|^2}$$

$$\Sigma_{LR} = \begin{bmatrix} \sigma_{LL} & \sigma_{RL} \\ \sigma_{LR} & \sigma_{RR} \end{bmatrix} = \frac{1}{2} \begin{bmatrix} \sigma_{HH} + \sigma_{VV} - 2\mathrm{Im}(\sigma_{HV}) & \sigma_{HH} - \sigma_{VV} - 2\mathrm{Re}(\sigma_{HV}) \\ \sigma_{HH} - \sigma_{VV} + 2\mathrm{Re}(\sigma_{HV}) & \sigma_{HH} + \sigma_{VV} + 2\mathrm{Im}(\sigma_{HV}) \end{bmatrix}$$

## 2. Stokes 矢量各分量的数字特征

下面在零均值复高斯电磁波极化 Stokes 矢量各分量概率密度函数的基础上,给出其对应的一阶矩、二阶矩和混合矩等数字特征。

1)$g_{HV0}$ 的数字特征

由式(2.64)可知,$g_{HV0}$ 的一阶矩和二阶矩分别为

$$E[g_{HV0}] = \frac{1}{\sqrt{(\sigma_{VV} - \sigma_{HH})^2 + 4|\sigma_{HV}|^2}}$$

$$\cdot \left\{ \int_0^\infty x e^{-\frac{\sigma_{VV} + \sigma_{HH} - \sqrt{(\sigma_{VV} - \sigma_{HH})^2 + 4|\sigma_{HV}|^2}}{2|\Sigma_{HV}|} x} \mathrm{d}x - \int_0^\infty x e^{-\frac{\sqrt{(\sigma_{VV} - \sigma_{HH})^2 + 4|\sigma_{HV}|^2} + \sigma_{VV} + \sigma_{HH}}{2|\Sigma_{HV}|} x} \mathrm{d}x \right\}$$

由于 $\sigma_{VV} + \sigma_{HH} - \sqrt{(\sigma_{VV} - \sigma_{HH})^2 + 4|\sigma_{HV}|^2} \geqslant 0$,因此该式可简化为

$$E[g_{HV0}] = \sigma_{VV} + \sigma_{HH} \tag{2.75}$$

和

$$E[g_{HV0}^2] = 2(\sigma_{HH}^2 + \sigma_{VV}^2 + \sigma_{VV}\sigma_{HH} + |\sigma_{HV}|^2) \tag{2.76}$$

由此易得，$g_{HV0}$ 分量的二阶中心矩为

$$\text{var}(g_{HV0}) = \sigma_{HH}^2 + \sigma_{VV}^2 + 2|\sigma_{HV}|^2$$

2）$g_{HV1}$ 的数字特征

由式（2.70）可知，$g_{HV1}$ 的一阶矩为

$$E[g_{HV1}] = \frac{1}{Q} \int_0^\infty x \left[ \exp\left(-\frac{Q-(\sigma_{VV}-\sigma_{HH})}{2|\Sigma_{HV}|}x\right) - \exp\left(-\frac{Q+(\sigma_{VV}-\sigma_{HH})}{2|\Sigma_{HV}|}x\right) \right] dx \tag{2.77}$$

式中，$Q = \sqrt{(\sigma_{VV}+\sigma_{HH})^2 - 4|\sigma_{HV}|^2}$。

由于 $Q^2 - (\sigma_{VV}-\sigma_{HH})^2 = 4|\Sigma_{HV}| \geqslant 0$，因此有

$$Q \pm (\sigma_{VV}-\sigma_{HH}) \geqslant 0$$

进而，式（2.77）可简化为

$$E[g_{HV1}] = \sigma_{HH} - \sigma_{VV} \tag{2.78}$$

那么，$g_{HV1}$ 的二阶矩为

$$E[g_{HV1}^2] = \frac{(\sigma_{VV}-\sigma_{HH})[3(\sigma_{VV}+\sigma_{HH})^2 - 12|\sigma_{HV}|^2 + (\sigma_{VV}-\sigma_{HH})^2]}{2\sqrt{(\sigma_{VV}+\sigma_{HH})^2 - 4|\sigma_{HV}|^2}} \tag{2.79}$$

3）$g_{HV2}$ 和 $g_{HV3}$ 的数字特征

类似地，由式（2.73）可知，$g_{HV2}$ 的一阶矩和二阶矩分别为

$$E[g_{HV2}] = \sigma_{MM} - \sigma_{NN} \tag{2.80}$$

和

$$E[g_{HV2}^2] = \frac{(\sigma_{NN}-\sigma_{MM})[3Q_{NM}^2 + (\sigma_{NN}-\sigma_{MM})^2]}{2Q_{NM}} \tag{2.81}$$

式中，$Q_{MN} = \sqrt{(\sigma_{NN}+\sigma_{MM})^2 - 4|\sigma_{MN}|^2}$。

由式（2.74）可知，$g_{HV3}$ 的一阶矩和二阶矩分别为

$$E[g_{HV3}] = \sigma_{LL} - \sigma_{RR} \tag{2.82}$$

和

$$E[g_{HV3}^2] = \frac{(\sigma_{RR}-\sigma_{LL})[3Q_{LR}^2 + (\sigma_{RR}-\sigma_{LL})^2]}{2Q_{LR}} \tag{2.83}$$

式中，$Q_{LR} = \sqrt{(\sigma_{LL}+\sigma_{RR})^2 - 4|\sigma_{LR}|^2}$。

3. 典型情况下电磁波 Stokes 矢量的统计分布

现代电子战中为了能够同时干扰不同极化的探测系统或对抗具有极化测量能力的探测系统，常使用随机极化干扰，也就是说，电磁波在正交极化基（如水平、垂

直极化基或左右旋圆极化基)下两正交分量之间相互独立。下面就以水平和垂直极化分量相互独立的情况为例进行说明。

此时有 $\sigma_{HV} = \sigma_{VH} = 0$，仍记 $\sigma_{VV} = \lambda\sigma_{HH}$。根据式(2.64)、式(2.70)、式(2.73)和式(2.74)，不难推得此时 Stokes 矢量的概率密度函数为

$$f_{G_{HV0}}(g_{HV0}) = \begin{cases} \dfrac{1}{(\lambda-1)\sigma_{HH}}\left\{\exp\left(-\dfrac{g_{HV0}}{\lambda\sigma_{HH}}\right) - \exp\left(-\dfrac{g_{HV0}}{\sigma_{HH}}\right)\right\}, & \lambda \neq 1 \\[3mm] \dfrac{g_{HV0}}{\sigma_{HH}^2}\exp\left\{-\dfrac{g_{HV0}}{\sigma_{HH}}\right\}, & \lambda = 1 \end{cases} \tag{2.84}$$

$$f_{G_{HV1}}(g_{HV1}) = \begin{cases} \dfrac{1}{(\lambda+1)\sigma_{HH}}\exp\left\{-\dfrac{g_{HV1}}{\sigma_{HH}}\right\}, & g_{HV1} \geqslant 0 \\[3mm] \dfrac{1}{(\lambda+1)\sigma_{HH}}\exp\left\{\dfrac{g_{HV1}}{\lambda\sigma_{HH}}\right\}, & g_{HV1} < 0 \end{cases} \tag{2.85}$$

$$f_{G_{HV2}}(g_{HV2}) = \dfrac{1}{2\sqrt{\lambda}\sigma_{HH}}\exp\left\{-\dfrac{|g_{HV2}|}{\sqrt{\lambda}\sigma_{HH}}\right\} \tag{2.86}$$

$$f_{G_{HV3}}(g_{HV3}) = \dfrac{1}{2\sqrt{\lambda}\sigma_{HH}}\exp\left\{-\dfrac{|g_{HV3}|}{\sqrt{\lambda}\sigma_{HH}}\right\} \tag{2.87}$$

可见，当电磁波的水平和垂直极化分量彼此独立时，其 $g_{HV2}$ 和 $g_{HV3}$ 具有相同的概率密度函数。根据式(2.84)～式(2.87)可以得出，零均值复高斯分布电磁波在水平和垂直极化分量彼此独立的情况下，$g_{HV0}$、$g_{HV1}$、$g_{HV2}$ 和 $g_{HV3}$ 分量的均值和方差分别为

$$E[g_{HV0}] = \sigma_{HH}(1+\lambda), \quad E[g_{HV1}] = \sigma_{HH}(\lambda-1), \quad E[g_{HV2}] = E[g_{HV3}] = 0$$

和

$$\mathrm{var}[g_{HV0}] = \mathrm{var}[g_{HV1}] = \sigma_{HH}^2(\lambda^2+1), \quad \mathrm{var}[g_{HV2}] = \mathrm{var}[g_{HV3}] = 2\lambda\sigma_{HH}^2$$

图 2.3 给出了随机极化在水平和垂直极化分量彼此独立的情况下，当样本数为 $10^4$、$\sigma_{HH} = 1$、$\lambda = 5$ 时，$g_{HV0}$ 分量的统计直方图及其概率密度函数曲线，横坐标为 $g_{HV0}$ 值，纵坐标为概率值。图 2.4～图 2.6 分别给出了 $g_{HV1}$、$g_{HV2}$ 和 $g_{HV3}$ 分量的统计直方图及其概率密度函数曲线，图例中标注的含义与图 2.3 相同。

由图 2.3～图 2.6 可见，随机电磁波 Stokes 矢量各分量的概率密度函数曲线与其统计直方图是一致的。

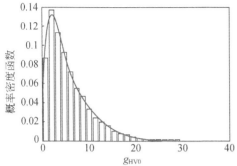

图 2.3 $g_{HV0}$ 的统计直方图及其
概率密度函数曲线

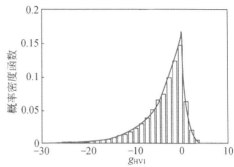

图 2.4 $g_{HV1}$ 的统计直方图及其
概率密度函数曲线

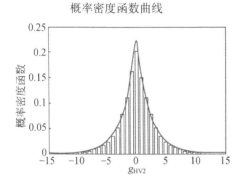

图 2.5 $g_{HV2}$ 的统计直方图及其
概率密度函数曲线

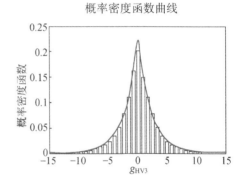

图 2.6 $g_{HV3}$ 的统计直方图及其
概率密度函数曲线

## 2.3.2 Stokes 子矢量的统计分布

Stokes 子矢量 $\boldsymbol{g}_{HV} = (g_{HV1}, g_{HV2}, g_{HV3})$ 的逆变换为[1]

$$a_H^2 = \frac{1}{2}(g_{HV0} + g_{HV1})$$

$$a_V^2 = \frac{1}{2}(g_{HV0} - g_{HV1}) \tag{2.88}$$

$$\varphi = \arg(g_{HV2} + jg_{HV3})$$

式中,$\arg(g_{HV2} + jg_{HV3})$ 为 $g_{HV2} + jg_{HV3}$ 的相位。那么,零均值复高斯电磁波 Stokes 子矢量 $\boldsymbol{g}_{HV}$ 与 $(a_H, a_V, \varphi)$ 之间的雅可比变换为

$$J\left(\frac{g_{HV1}, g_{HV2}, g_{HV3}}{a_H, a_V, \varphi}\right) = 4g_{HV0}\sqrt{g_{HV2}^2 + g_{HV3}^2} \tag{2.89}$$

故 Stokes 子矢量 $\boldsymbol{g}_{HV}$ 的联合概率密度函数为

$$f(\boldsymbol{g}_{HV}) = \frac{f(a_H, a_V, \varphi)}{4g_{HV0}\sqrt{g_{HV2}^2 + g_{HV3}^2}} \tag{2.90}$$

将式(2.14)代入式(2.90)中,并简化可得

$$f(\boldsymbol{g}_{HV}) = \frac{1}{4\pi g_{HV0}|\Sigma_{HV}|}$$

$$\cdot \exp\left\{-\frac{\sigma_{VV}(g_{HV0} + g_{HV1}) + \sigma_{HH}(g_{HV0} - g_{HV1}) - 2|\sigma_{HV}|(g_{HV2}\cos\beta_{HV} - g_{HV3}\sin\beta_{HV})}{2|\Sigma_{HV}|}\right\}$$

$$\tag{2.91}$$

若将 $\Sigma_{HV}$ 展开为列矢量,并记为

$$\boldsymbol{l}_{HV} = [\sigma_{VV}, \sigma_{VH}, \sigma_{HV}, \sigma_{HH}]^T \tag{2.92}$$

则 Stokes 子矢量 $\boldsymbol{g}_{HV}$ 的联合概率密度函数表达式可以写成如下的简化形式:

$$f(\boldsymbol{g}_{HV}) = \frac{1}{4\pi g_{HV0}|\Sigma_{HV}|}\exp\left\{-\frac{(\boldsymbol{R}_m\boldsymbol{l}_{HV})^T\boldsymbol{j}_{HV}}{2|\Sigma_{HV}|}\right\} = \frac{1}{4\pi g_{HV0}|\Sigma_{HV}|}\exp\left\{-\frac{(\boldsymbol{L}_{HV})^T\boldsymbol{j}_{HV}}{2|\Sigma_{HV}|}\right\}$$

$$\tag{2.93}$$

式中

$$\boldsymbol{j}_{HV} = [g_{HV0}, \boldsymbol{g}_{HV}^T]^T, \quad \boldsymbol{R}_m = \begin{bmatrix} 1 & 0 & 0 & 1 \\ 1 & 0 & 0 & -1 \\ 0 & -1 & -1 & 0 \\ 0 & j & -j & 0 \end{bmatrix}, \quad \boldsymbol{L}_{HV} = \begin{bmatrix} L_0 \\ L_1 \\ L_2 \\ L_3 \end{bmatrix} = \begin{bmatrix} \sigma_{VV} + \sigma_{HH} \\ \sigma_{VV} - \sigma_{HH} \\ -2\mathrm{Re}(\sigma_{HV}) \\ 2\mathrm{Im}(\sigma_{HV}) \end{bmatrix}$$

下面就一些典型情况讨论 $\boldsymbol{L}_{HV}$ 的形式和 Stokes 子矢量的统计分布。

1) 电磁波的水平和垂直极化分量彼此无关(独立)的情况

由于 $\Sigma_{HV} = \begin{bmatrix} \sigma_{HH} & 0 \\ 0 & \sigma_{VV} \end{bmatrix}$,即有 $\boldsymbol{L}_{HV} = [\sigma_{VV} + \sigma_{HH}, \sigma_{VV} - \sigma_{HH}, 0, 0]^T$,因此,电磁波

Stokes 子矢量 $\boldsymbol{g}_{HV}$ 的概率密度函数为

$$f_G(\boldsymbol{g}_{HV}) = \frac{1}{4\pi g_{HV0}|\Sigma_{HV}|}\exp\left\{-\frac{\boldsymbol{L}_{HV}^T\boldsymbol{j}}{2|\Sigma_{HV}|}\right\} \tag{2.94}$$

即

$$f_G(\boldsymbol{g}_{HV}) = \frac{1}{4\pi g_{HV0}|\Sigma_{HV}|}\exp\left\{-\frac{(\sigma_{VV} + \sigma_{HH})g_{HV0} + (\sigma_{VV} - \sigma_{HH})g_{HV1}}{2|\Sigma_{HV}|}\right\} \tag{2.95}$$

特别地,当 $\sigma_{VV} = \sigma_{HH}$ 时,电磁波的 Stokes 子矢量 $\boldsymbol{g}_{HV}$ 的概率密度函数为

$$f_G(\boldsymbol{g}_{HV}) = \frac{1}{4\pi g_{HV0}\sigma_{HH}^2}\exp\left\{-\frac{g_{HV0}}{\sigma_{HH}}\right\}$$

2)电磁波的 $45°$、$135°$线极化分量彼此无关(独立)的情况

由于 $\Sigma_{MN} = \begin{bmatrix} \sigma_{MM} & 0 \\ 0 & \sigma_{NN} \end{bmatrix}$,因此由极化基变换公式[8]易得

$$L_{HV} = [\sigma_{MM} + \sigma_{NN}, 0, \sigma_{NN} - \sigma_{MM}, 0]^T$$

那么电磁波 Stokes 子矢量 $g_{HV}$ 的概率密度函数为

$$f_G(g_{HV}) = \frac{1}{4\pi g_{HV0}\sigma_{MM}\sigma_{NN}} \exp\left\{ -\frac{(\sigma_{MM} + \sigma_{NN})g_{HV0} + (\sigma_{NN} - \sigma_{MM})g_{HV2}}{2\sigma_{MM}\sigma_{NN}} \right\} \quad (2.96)$$

特别地,当 $\sigma_{MM} = \sigma_{NN}$ 时,电磁波的 Stokes 子矢量 $g_{HV}$ 的概率密度函数为

$$f_G(g_{HV}) = \frac{1}{4\pi g_{HV0}\sigma_{MM}^2} \exp\left\{ -\frac{g_{HV0}}{\sigma_{MM}} \right\}$$

3)电磁波的左、右旋圆极化分量彼此无关(独立)的情况

由于 $\Sigma_{LR} = \begin{bmatrix} \sigma_{LL} & 0 \\ 0 & \sigma_{RR} \end{bmatrix}$,因此电磁波 Stokes 子矢量 $g_{HV}$ 的概率密度函数为

$$f_G(g_{HV}) = \frac{1}{4\pi g_{HV0}\sigma_{RR}\sigma_{LL}} \exp\left\{ -\frac{(\sigma_{LL} + \sigma_{RR})g_{HV0} + (\sigma_{RR} - \sigma_{LL})g_{HV3}}{2\sigma_{RR}\sigma_{LL}} \right\} \quad (2.97)$$

### 2.3.3 $(g_{HV0}, g_{HV1}, g_{HV2})$ 的联合统计分布

为求 $(g_{HV0}, g_{HV1}, g_{HV2})$ 的联合分布,首先做如下的变换,令

$$\psi \triangleq \begin{bmatrix} x \\ y \\ z \end{bmatrix} = \varphi(g_{HV}) = \begin{bmatrix} g_{HV0} \\ g_{HV1} \\ g_{HV2} \end{bmatrix} = \begin{bmatrix} \sqrt{g_{HV1}^2 + g_{HV2}^2 + g_{HV3}^2} \\ g_{HV1} \\ g_{HV2} \end{bmatrix} \quad (2.98)$$

由式(2.98)可知,$\psi = \varphi(g_{HV})$ 的逆函数存在两组逆变换,记为 $g_{HV}^{(i)} = h^{(i)}(\psi)$,$i = 1, 2$。对于第一组逆变换,有

$$g_{HV} = \begin{bmatrix} g_{HV1} \\ g_{HV2} \\ g_{HV3} \end{bmatrix} = \begin{bmatrix} x \\ y \\ \sqrt{x^2 - y^2 - z^2} \end{bmatrix}$$

其对应的雅可比行列式为

$$J_1\left( \frac{g_{HV1}, g_{HV2}, g_{HV3}}{x, y, z} \right) = \frac{x}{\sqrt{x^2 - y^2 - z^2}}$$

第二组逆变换则为

$$g_{HV} = [x, y, -\sqrt{x^2 - y^2 - z^2}]^T$$

其对应的雅可比行列式为

$$J_2\left(\frac{g_{HV1},g_{HV2},g_{HV3}}{x,y,z}\right)=-\frac{x}{\sqrt{x^2-y^2-z^2}}$$

则 $\boldsymbol{\psi}$ 的概率密度函数为

$$f_\psi(\boldsymbol{\psi})=f_{G_{HV}}(y,z,\sqrt{x^2-y^2-z^2})\left|\frac{x}{\sqrt{x^2-y^2-z^2}}\right|$$

$$+f_{G_{HV}}(y,z,-\sqrt{x^2-y^2-z^2})\left|\frac{-x}{\sqrt{x^2-y^2-z^2}}\right| \tag{2.99}$$

将式(2.93)代入式(2.99),整理可得

$$f_\psi(\boldsymbol{\psi})=\frac{e^{-\frac{L_0x+L_1y+L_2z}{2|\Sigma_{HV}|}}}{4\pi|\Sigma_{HV}|\sqrt{x^2-y^2-z^2}}\left[\exp\left(-\frac{L_3\sqrt{x^2-y^2-z^2}}{2|\Sigma_{HV}|}\right)+\exp\left(\frac{L_3\sqrt{x^2-y^2-z^2}}{2|\Sigma_{HV}|}\right)\right] \tag{2.100}$$

由式(2.98)进而可得 $(g_{HV0},g_{HV1},g_{HV2})$ 的联合概率密度函数为

$$f_{G_{HV}}(g_{HV0},g_{HV1},g_{HV2})=\frac{1}{4\pi|\Sigma_{HV}|\sqrt{g_{HV0}^2-g_{HV1}^2-g_{HV2}^2}}$$

$$\cdot\exp\left(-\frac{L_0g_{HV0}+L_1g_{HV1}+L_2g_{HV2}}{2|\Sigma_{HV}|}\right)$$

$$\cdot\left[\begin{array}{c}\exp\left(-\dfrac{L_3\sqrt{g_{HV0}^2-g_{HV1}^2-g_{HV2}^2}}{2|\Sigma_{HV}|}\right)\\[3mm]+\exp\left(\dfrac{L_3\sqrt{g_{HV0}^2-g_{HV1}^2-g_{HV2}^2}}{2|\Sigma_{HV}|}\right)\end{array}\right] \tag{2.101}$$

由 $(g_{HV0},g_{HV1},g_{HV2})$ 的联合概率密度函数的求解过程不难看出,若将 $(g_{HV1},g_{HV2})$ 代之以 $(g_{HVi},g_{HVj})$,$i,j=1,2,3$ 且 $i\neq j$,那么整个求解过程丝毫不会受到影响,仅需将最终结果中 $g_{HVi}$ 和 $g_{HVj}$ 的下标作相应替换即可。据此,可以写出 $(g_{HV0},g_{HVi},g_{HVj})$ 的联合概率密度函数表达式为

$$f_{G_{HV}}(g_{HV0},g_{HVi},g_{HVj})=\frac{1}{4\pi|\Sigma_{HV}|\sqrt{g_{HV0}^2-g_{HVi}^2-g_{HVj}^2}}$$

$$\cdot\left\{\exp\left[-\frac{(L_0g_{HV0}+L_ig_{HVi}+L_jg_{HVj})}{2|\Sigma_{HV}|}\right]\right\}$$

$$\cdot\left[\begin{array}{c}\exp\left(-\dfrac{L_k\sqrt{g_{HV0}^2-g_{HVi}^2-g_{HVj}^2}}{2|\Sigma_{HV}|}\right)\\[3mm]+\exp\left(\dfrac{L_k\sqrt{g_{HV0}^2-g_{HVi}^2-g_{HVj}^2}}{2|\Sigma_{HV}|}\right)\end{array}\right] \tag{2.102}$$

式中,$i,j\in\{1,2,3\}$,$i\neq j$,$k=\{1,2,3\}\backslash\{i,j\}$。

### 2.3.4　仿真实验与结果分析

关于零均值复高斯假设下极化状态参量的概率密度函数在不同情形下的理论曲线,文献[9]和[17]分别予以了绘制,然而如何验证推导得出的理论模型是否正确却少有报道。因此,为证明得到的极化状态参量统计模型的推导结果无误,下面将通过仿真实验,模拟零均值复高斯分布电磁波信号,估计每组瞬时极化样本的极化状态,统计并绘制极化比、极化 Stokes 相关参量的统计直方图;同时将仿真时设定参数代入本节获取的理论极化状态参量的概率密度分布模型,绘制理论曲线;最后将理论曲线与仿真数据相应极化参量的统计直方图进行对比分析,从而达到验证理论模型正确性的目的。

首先考虑电磁波信号在正交极化基下互不相关的情形,即

$$\sigma_{HV}=0$$

引入极化功率比参数 $\mu=\sigma_{VV}/\sigma_{HH}$,代入式(2.8),则协方差矩阵可简化为

$$\boldsymbol{\Sigma}=\langle\boldsymbol{\xi},\boldsymbol{\xi}^{H}\rangle=\sigma_{HH}\begin{bmatrix}1 & 0\\ 0 & \mu\end{bmatrix}\tag{2.103}$$

由于在两正交极化基下信号互不相关,因此可分别独立产生两组复高斯分布的随机序列,用以构建电磁波极化 Jones 矢量,每组复随机序列又由两组实高斯分布的随机序列分别构成实部和虚部,仿真中利用 MATLAB 语言 $\xi_i=\sqrt{\sigma_{ii}}(\mathrm{randn}(1,K)+j\mathrm{randn}(1,K))$ 产生复高斯分布随机序列,$K$ 为每次统计实验使用的样本数量,这里取值为 $10^5$。设定系数 $\mu$ 分别取 1、3 和 6;同时为便于统计,不妨设定电磁波在正交极化基下水平分量的方差 $\sigma_{HH}=1$。

利用仿真数据,首先计算每个随机 Jones 矢量样本的幅度比和相位差,绘制相应的统计直方图(如图 2.7 中圆圈符号所示),然后将设定的仿真参数代入式(2.40)和式(2.41),绘制出对应的理论曲线(如图 2.7 中实线所示)。由对比结果不难

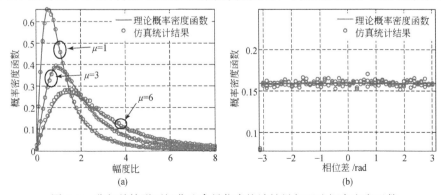

图 2.7　非相关情形下极化比参量仿真统计结果与理论概率密度函数

看出,极化幅度比的分布会随着 $\mu$ 值的变化而改变,而相位差则始终为均匀分布,这与理论结果相一致。此外,理论曲线与仿真统计直方图始终保持良好的拟合效果,因此验证了在两正交极化分量非相关情形下统计模型的正确性。

　　直接利用前面产生的随机 Jones 矢量样本,计算每个样本矢量对应的瞬时 Stokes 矢量,并对每个 Stokes 分量绘制统计直方图。同时将设定的方差和强度比参数 $\mu$ 值代入式(2.84)~式(2.87)中,得到理论模型曲线。于是非相关情形下,Stokes 参量仿真与理论统计模型的对比结果如图 2.8 所示,图 2.8(a)~(d)分别对应 Stokes 矢量的四个分量。和极化比参量相同,图中实线代表理论模型,圆圈代表仿真统计结果。综合四幅子图可以看出,理论概率密度函数曲线始终能与仿真数据的统计直方图很好地匹配,从而验证了公式的正确性,此外还可以看出,由于两正交极化基下分量互不相关,因此 $g_2$ 和 $g_3$ 具有相同的分布特性,这一点与式(2.86)和式(2.87)给出的理论结果相一致。

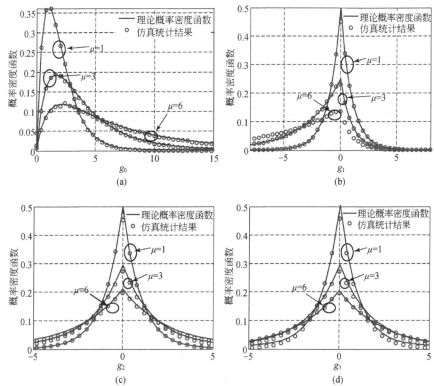

图 2.8　非相关情形下 Stokes 参量仿真统计结果与理论概率密度函数

　　再考虑更一般的情形,即正交极化基下两信号分量相关($\sigma_{HV} \neq 0$)时,开展仿真数据与理论模型的对比。这里针对该情形设定了三种不同的协方差矩阵,为方便对比,令 $\sigma_{HH} = \sigma_{VV}$,则有

$$\boldsymbol{\Sigma}_1 = \begin{bmatrix} 10 & 1-j \\ 1+j & 10 \end{bmatrix}$$

$$\boldsymbol{\Sigma}_2 = \begin{bmatrix} 10 & -3+4j \\ -3-4j & 10 \end{bmatrix} \qquad (2.104)$$

$$\boldsymbol{\Sigma}_3 = \begin{bmatrix} 10 & -8+j \\ -8-j & 10 \end{bmatrix}$$

式中,j 代表虚部,为产生满足上述任意协方差矩阵的二维复高斯随机矢量样本,这里采用文献[18]给出的一种仿真方法。当协方差矩阵 $\boldsymbol{\Sigma}$ 已知时,随机矢量 $\boldsymbol{\xi}$ 的实部和虚部 $[x_H, y_H, x_V, y_V]^T$ 服从零均值四维实高斯分布,对应实协方差矩阵为

$$C = \frac{\begin{bmatrix} \mathrm{Re}(\boldsymbol{\Sigma}) & -\mathrm{Im}(\boldsymbol{\Sigma}) \\ \mathrm{Im}(\boldsymbol{\Sigma}) & \mathrm{Re}(\boldsymbol{\Sigma}) \end{bmatrix}}{2} \qquad (2.105)$$

由于 $C$ 是实对称矩阵,因此根据矩阵谱分解理论可以得到 $C = Q\boldsymbol{\Lambda}Q^T$,其中 $Q$ 由矩阵 $C$ 的特征矢量构成,$\boldsymbol{\Lambda}$ 为其特征值组成的对角矩阵。令 $T = Q\boldsymbol{\Lambda}^{1/2}Q^T$,则可知 $TT^T = C$。假设 $M = [M_1, M_2, M_3, M_4]^T : G_4(0, I_4)$,则 $A = TM = [A_1, A_2, A_3, A_4]^T$。由矢量 $A$ 的元素组合可以得到 $\xi_H = A_1 + jA_3$,$\xi_V = A_2 + jA_4$,这样就得到了二维复矢量样本 $\boldsymbol{\xi} = [\xi_H, \xi_V]^T : CG_2(0, \boldsymbol{\Sigma})$。

按照上述仿真方法,首先独立产生 $10^5$ 个随机样本矢量用以模拟随机电磁波的雷达接收极化。统计 Jones 矢量样本的幅度比和相位差的直方图,将仿真参数的设定值代入式(2.40)和式(2.41)并绘制出对应理论曲线,对比结果如图 2.9(a)和(b)所示,与非相关情形一样,无论幅度比或是相位差理论模型都能够很好地拟合各种条件下仿真数据的统计结果。不同的是,随着协方差矩阵元素 $\sigma_{HV}$ 的模值增大($\boldsymbol{\Sigma}_1 < \boldsymbol{\Sigma}_2 < \boldsymbol{\Sigma}_3$),图 2.9(b)所示的极化相位差的分布会逐渐背离均匀分布。此外,图 2.9(a)和(b)分别显示的极化幅度比和相位差的分布均会随着 $\sigma_{HV}$ 模值的增大而变得更为集中,这是因为该值的增大会使得信号极化度增大,极化状态更趋于完全极化。

仍然利用上面产生的具有不同协方差矩阵的每组随机矢量样本计算 Stokes 参量,各 Stokes 参量的统计直方图与理论概率密度函数的对比结果绘制在图 2.10 中。为便于对比,图中横轴为各 Stokes 子参量关于强度的归一化值,良好的拟合结果再次证明了理论概率密度函数模型的正确性。此外,与非相干情形不同,图 2.10(c)和(d)对应的子参量 $g_2$ 和 $g_3$ 的分布特性不再相同。$g_1$ 和 $g_3$ 的分布关于 0 对称,如图 2.10(b)和(d)所示,且随着 $\sigma_{HV}$ 模值的增大分布更为集中,这一点与极化比参量类似。综合来看,无论是极化比还是 Stokes 参量,其统计分布的特性主要由协方差矩阵决定,特别是矩阵中的元素 $\sigma_{HV}$ 对各极化参量分布影响最为明显。

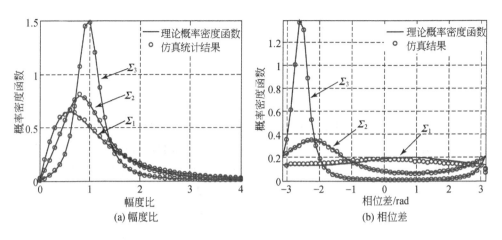

图 2.9　相关情形下极化比参量仿真与理论模型对比结果

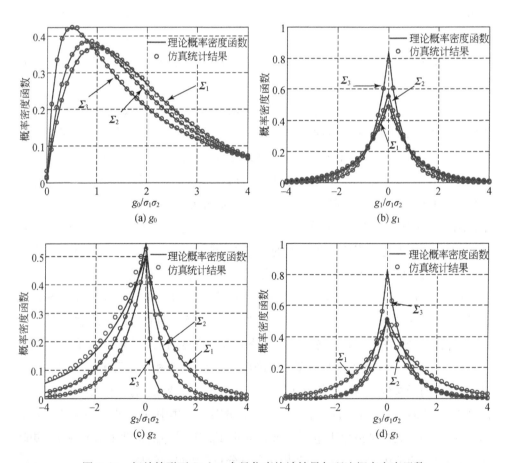

图 2.10　相关情形下 Stokes 参量仿真统计结果与理论概率密度函数

# 2.4　零均值复高斯分布电磁波 IPPV 的统计特性

本节介绍随机电磁波 IPPV 的统计分布,首先给出 IPPV 的概率密度函数及其联合概率密度函数的解析表达式,然后探讨其对应参量的数字特征。

### 2.4.1　IPPV 各分量的概率密度分布

在忽略时间关系后,下面给出在水平、垂直极化基下零均值复高斯分布电磁波 IPPV 各分量的概率密度函数。

1. $\tilde{g}_{HV1}$ 的概率密度分布

由式(2.26)以及 $(g_{HV0}, g_{HV1})$ 与 $(A_H, A_V)$ 之间的关系易知,$g_{HV0}$ 和 $g_{HV1}$ 的联合概率密度函数为

$$f(g_{HV0}, g_{HV1}) = \frac{1}{2|\boldsymbol{\Sigma}_{HV}|} \exp\left\{ -\frac{(\sigma_{VV}+\sigma_{HH})g_{HV0} + (\sigma_{VV}-\sigma_{HH})g_{HV1}}{2|\boldsymbol{\Sigma}_{HV}|} \right\}$$
$$\cdot\ I_0\left[ \frac{|\sigma_{HV}|\sqrt{g_{HV0}^2 - g_{HV1}^2}}{|\boldsymbol{\Sigma}_{HV}|} \right] \tag{2.106}$$

令 $a = g_{HV0}$ 和 $b = g_{HV1}/g_{HV0}$,那么有

$$f_{AB}(a, b) = g_{HV0} f(g_{HV0}, g_{HV1}) = a f(a, ab)$$

将式(2.106)代入此式,可得 $b$ 的边缘概率密度函数为

$$f_B(b) = \int_0^\infty \frac{a}{2|\boldsymbol{\Sigma}_{HV}|} \exp\left\{ -\frac{(\sigma_{HH}+\sigma_{VV}) + b(\sigma_{VV}-\sigma_{HH})}{2|\boldsymbol{\Sigma}_{HV}|} a \right\}$$
$$\cdot\ I_0\left[ \frac{|\sigma_{HV}|(1-b^2)^{1/2} a}{|\boldsymbol{\Sigma}_{HV}|} \right] da \tag{2.107}$$

由零阶修正贝塞尔函数的性质易得

$$f_B(b) = \frac{1}{2\pi|\boldsymbol{\Sigma}_{HV}|} \int_0^\infty \int_0^\pi a e^{-sa} da d\theta \tag{2.108}$$

式中,$s = \dfrac{(\sigma_{HH}+\sigma_{VV}) + b(\sigma_{VV}-\sigma_{HH}) - 2|\sigma_{HV}|(1-b^2)^{1/2}\cos\theta}{2|\boldsymbol{\Sigma}_{HV}|}$。

注意到 $\displaystyle\int_0^\infty a e^{-sa} da = \frac{1}{s^2}$,则式(2.108)可简化为

$$f_B(b) = \frac{1}{2\pi|\boldsymbol{\Sigma}_{HV}|} \int_0^\pi \frac{1}{s^2} d\theta = \frac{2|\boldsymbol{\Sigma}_{HV}|}{\pi} \int_0^\pi \frac{d\theta}{(A - B\cos\theta)^2} \tag{2.109}$$

式中，$A=(\sigma_{HH}+\sigma_{VV})+b(\sigma_{VV}-\sigma_{HH})$，$B=2|\sigma_{HV}|(1-b^2)^{1/2}$。

显然 $A\gg B$，则式(2.109)进一步简化为

$$f_B(b)=\frac{2|\boldsymbol{\Sigma}_{HV}|}{\pi A^2}\int_0^{\pi}\frac{\mathrm{d}\theta}{(1-m\cos\theta)^2}=\frac{2|\boldsymbol{\Sigma}_{HV}|}{\pi A^2}\frac{\pi}{(1-m^2)^{3/2}}=\frac{2|\boldsymbol{\Sigma}_{HV}|A^2}{(A^2-B^2)^2}$$

式中，$m=\dfrac{B}{A}$。故随机电磁波 IPPV 的 $\widetilde{g}_{HV1}$ 分量的概率密度函数为

$$f_{\widetilde{G}_1}(\widetilde{g}_{HV1})=\frac{2|\boldsymbol{\Sigma}_{HV}|A_{HV}}{(A_{HV}^2-B_{HV}^2)^{\frac{3}{2}}},\quad \widetilde{g}_{HV1}\in[-1,1]\tag{2.110}$$

式中，$A_{HV}=(\sigma_{HH}+\sigma_{VV})+\widetilde{g}_{HV1}(\sigma_{VV}-\sigma_{HH})$，$B_{HV}=2|\sigma_{HV}|(1-\widetilde{g}_{HV1}^2)^{1/2}$。

为方便起见，这里引入极化度，该参数有助于公式表达的简洁性，其定义为

$$P=\frac{\sqrt{\langle g_1\rangle^2+\langle g_2\rangle^2+\langle g_3\rangle^2}}{\langle g_0\rangle}\tag{2.111}$$

式中，$0\leqslant P\leqslant 1$，$p=\dfrac{\sqrt{(\sigma_{HH}-\sigma_{VV})^2+4|\sigma_{HV}|^2}}{\sigma_{HH}+\sigma_{VV}}$。

这里定义另一个重要的物理量，即极化权量，它是随极化基的变化而发生变化的

$$\omega_i=\frac{\langle g_{HV[i]}\rangle}{\langle g_{HV0}\rangle},\quad i=1,2,3\tag{2.112}$$

式中，$|\omega_i|\leqslant P$，且 $P=\sqrt{\omega_1^2+\omega_2^2+\omega_3^2}$。

已知 IPPV 的第一分量的概率密度函数为[18]

$$f_{\widetilde{G}_1}(\widetilde{g}_{HV1})=\frac{1-P^2}{2}\left\{\frac{1-\omega_1\widetilde{g}_{HV[1]}}{(1+\omega_1^2-P^2-2\omega_1\widetilde{g}_{HV[1]}+P^2\widetilde{g}_{HV[1]}^2)^{\frac{3}{2}}}\right\},\quad \widetilde{g}_{HV1}\in[-1,1]$$

$$\tag{2.113}$$

为了方便求解 IPPV 其他两个分量的概率密度函数，设电磁波在 45°和 135°正交极化基下的瞬态 Stokes 矢量为 $j_{MN}=[g_{MN0},g_{MN1},g_{MN2},g_{MN3}]^T$，在左、右旋圆极化基下的瞬态 Stokes 矢量为 $j_{LR}=[g_{LR0},g_{LR1},g_{LR2},g_{LR3}]^T$，则由文献[9]可知

$$g_{HV0}=g_{MN0}=g_{LR0},\quad g_{HV2}=g_{MN1},\quad g_{HV3}=g_{LR1}$$

即有

$$\widetilde{g}_{HV2}=\widetilde{g}_{MN1},\quad \widetilde{g}_{HV3}=\widetilde{g}_{LR1}\tag{2.114}$$

因此，欲求 $\widetilde{g}_{HV2}$ 的概率密度函数，实际上只需利用上述方法求解 $\widetilde{g}_{MN1}$ 的概率密度函数，即可得到 $\widetilde{g}_{HV2}$ 的概率密度函数。同理，求得 $\widetilde{g}_{LR1}$ 的概率密度函数，即相当于求出了 $\widetilde{g}_{HV3}$，下面给出具体的求解过程。

2. $\widetilde{g}_{HV2}$ 的概率密度分布

将电磁波 $e_{HV}$ 变换到 $45°$ 和 $135°$ 正交极化基下表示,记为 $e_{MN}$。按照在水平、垂直极化基下求取 $\widetilde{g}_{HV1}$ 概率密度函数的方法,可以求得 $\widetilde{g}_{MN1}$ 的概率密度函数为

$$f_{\widetilde{G}_{MN1}}(\widetilde{g}_{MN1}) = \frac{2|\boldsymbol{\Sigma}_{MN}|A_{MN}}{(A_{MN}^2 - B_{MN}^2)^{\frac{3}{2}}}, \quad \widetilde{g}_{MN1} \in [-1,1] \qquad (2.115)$$

式中,$A_{MN} = \sigma_{MM} + \sigma_{NN} + \widetilde{g}_{MN1}(\sigma_{NN} - \sigma_{MM})$,$B_{MN} = 2|\sigma_{MN}|(1 - \widetilde{g}_{MN1}^2)^{1/2}$。

由式(2.71)、式(2.114)和式(2.115)可知,$\widetilde{g}_{HV2}$ 的概率密度函数为

$$f_{\widetilde{G}_{HV2}}(\widetilde{g}_{HV2}) = \frac{2|\boldsymbol{\Sigma}_{HV}|A_{MN}}{(A_{MN}^2 - B_{MN}^2)^{\frac{3}{2}}}, \quad \widetilde{g}_{HV2} \in [-1,1] \qquad (2.116)$$

式中,$A_{MN} = \sigma_{HH} + \sigma_{VV} - \widetilde{g}_{HV2}(\sigma_{HV} + \sigma_{VH})$,$B_{MN} = |-\sigma_{HH} + \sigma_{HV} - \sigma_{VH} + \sigma_{VV}|(1 - \widetilde{g}_{HV2}^2)^{1/2}$。

3. $\widetilde{g}_{HV3}$ 的概率密度分布

若将电磁波 $e_{HV}$ 变换到左、右旋圆极化基下表示,基于前述方法易得 $\widetilde{g}_{HV3}$ 的概率密度函数为

$$f_{\widetilde{G}_{HV3}}(\widetilde{g}_{HV3}) = \frac{2|\boldsymbol{\Sigma}_{HV}|A_{LR}}{(A_{LR}^2 - B_{LR}^2)^{\frac{3}{2}}}, \quad \widetilde{g}_{HV3} \in [-1,1] \qquad (2.117)$$

式中,$A_{LR} = \sigma_{HH} + \sigma_{VV} + 2\mathrm{Im}(\sigma_{HV})\widetilde{g}_{HV3}$,$B_{LR} = \sqrt{(1 - \widetilde{g}_{HV3}^2)[(\sigma_{HH} - \sigma_{VV})^2 + 4\mathrm{Re}(\sigma_{HV})^2]}$。

事实上,经由极化基变换公式[18]也可以推导得到 IPPV 的三个分量的概率密度函数,可以统一写为

$$f_{\widetilde{G}[i]}(\widetilde{g}_{HV[i]}) = \frac{1 - P^2}{2}\left\{\frac{1 - \omega_i \widetilde{g}_{HV[i]}}{(1 + \omega_i^2 - P^2 - 2\omega_i \widetilde{g}_{HV[i]} + P^2 \widetilde{g}_{HV[i]1}^2)^{\frac{3}{2}}}\right\} \qquad (2.118)$$

式中,$\widetilde{g}_{HV[i]} \in [-1,1]$,$i = 1,2,3$。如果 $P = 0$,那么 $f_{\widetilde{G}[i]}(\widetilde{g}_{HV[i]}) = \dfrac{1}{2}$。

4. 典型情况下随机电磁波 IPPV 各分量的概率密度分布

下面就一些典型情况具体讨论随机电磁波 IPPV 的统计分布。

1) 完全未极化波的情况

将 $\sigma_{HH} = \sigma_{VV}$ 和 $\sigma_{HV} = \sigma_{VH} = 0$ 代入式(2.110)~式(2.117),整理可得

$$f_{\widetilde{G}_{HVi}}(\widetilde{g}_{HVi}) = \frac{1}{2}, \quad \widetilde{g}_{HVi} \in [-1,1], \quad i = 1,2,3 \qquad (2.119)$$

式(2.119)表明,对于完全未极化波,其 IPPV 的每个分量均服从[−1,1]区间上的均匀分布。

2) 电磁波的水平和垂直极化通道之间相互无关(相互独立)的情况

此时,$\sigma_{HV} = \sigma_{VH} = 0$,仍记 $\sigma_{VV} = \lambda\sigma_{HH}$,代入式(2.110)~式(2.117),整理可得随机电磁波 IPPV 各分量的概率密度函数分别为

$$f_{\widetilde{G}_{HV1}}(\widetilde{g}_{HV1}) = \frac{2|\boldsymbol{\Sigma}_{HV}|}{A_{HV}^2} = \frac{2\lambda}{[1+\lambda+\widetilde{g}_{HV1}(\lambda-1)]^2}, \quad \widetilde{g}_{HV1} \in [-1,1] \quad (2.120)$$

和

$$f_{\widetilde{G}_{HVj}}(\widetilde{g}_{HVj}) = \frac{2\lambda(1+\lambda)}{[4\lambda+\widetilde{g}_{HVj}^2(\lambda-1)^2]^{\frac{3}{2}}}, \quad \widetilde{g}_{HVj} \in [-1,1], \quad j=2,3 \quad (2.121)$$

可见,$\widetilde{g}_{HV2}$ 和 $\widetilde{g}_{HV3}$ 具有相同的概率密度函数。

3) 电磁波的 45° 和 135° 线极化分量之间相互无关(独立)的情况

此时,$\boldsymbol{\Sigma}_{MN} = \begin{bmatrix} \sigma_{MM} & 0 \\ 0 & \sigma_{NN} \end{bmatrix}$,若仍记 $\lambda_{MN} = \sigma_{NN}/\sigma_{MM}$,则由极化基变换公式和式(2.110)~式(2.117),可求得随机电磁波 IPPV 各分量的概率密度函数分别为

$$f_{\widetilde{G}_{HVj}}(\widetilde{g}_{HVj}) = \frac{2\lambda_{MN}(1+\lambda_{MN})}{[4\lambda_{MN}+(1-\lambda_{MN})^2\widetilde{g}_{HVj}^2]^{\frac{3}{2}}}, \quad \widetilde{g}_{HVj} \in [-1,1], \quad j=1,3$$

$$(2.122)$$

和

$$f_{\widetilde{G}_{HV2}}(\widetilde{g}_{HV2}) = \frac{2\lambda_{MN}}{[1+\lambda_{MN}+(\lambda_{MN}-1)\widetilde{g}_{HV2}]^2}, \quad \widetilde{g}_{HV2} \in [-1,1] \quad (2.123)$$

可见,$\widetilde{g}_{HV1}$ 和 $\widetilde{g}_{HV3}$ 具有相同的概率密度函数。

4) 电磁波的左右旋圆极化分量之间相互无关(独立)的情况

此时,$\boldsymbol{\Sigma}_{LR} = \begin{bmatrix} \sigma_{LL} & 0 \\ 0 & \sigma_{RR} \end{bmatrix}$,并记 $\lambda_{LR} = \sigma_{RR}/\sigma_{LL}$,由极化基变换公式和式(2.110)~式(2.117),可求得随机电磁波 IPPV 各分量的概率密度函数分别为

$$f_{\widetilde{G}_{HVj}}(\widetilde{g}_{HVj}) = \frac{2\lambda_{LR}(1+\lambda_{LR})}{[4\lambda_{LR}+(1-\lambda_{LR})^2\widetilde{g}_{HVj}^2]^{\frac{3}{2}}}, \quad \widetilde{g}_{HVj} \in [-1,1], \quad j=1,2 \quad (2.124)$$

和

$$f_{\widetilde{G}_{HV3}}(\widetilde{g}_{HV3}) = \frac{2\lambda_{LR}}{[1+\lambda_{LR}+(\lambda_{LR}-1)\widetilde{g}_{HV3}]^2}, \quad \widetilde{g}_{HV3} \in [-1,1] \quad (2.125)$$

可见,当电磁波的左右旋圆极化分量彼此独立时,其 $\widetilde{g}_{HV1}$ 和 $\widetilde{g}_{HV2}$ 具有相同的概

率密度函数。

　　图 2.11 给出了随机电磁波在水平和垂直极化通道之间独立的情况下,在样本数为 $10^5$、$\sigma_{HH}=1$、$\lambda=5$ 时,电磁波 IPPV 各分量的统计直方图及其概率密度函数曲线,横坐标表示 $\tilde{g}_{HVi}(i=1,2,3)$,纵坐标为概率值。由图 2.11 可知,随机电磁波 IPPV 各分量的概率密度函数的理论曲线与其统计结果是一致的。

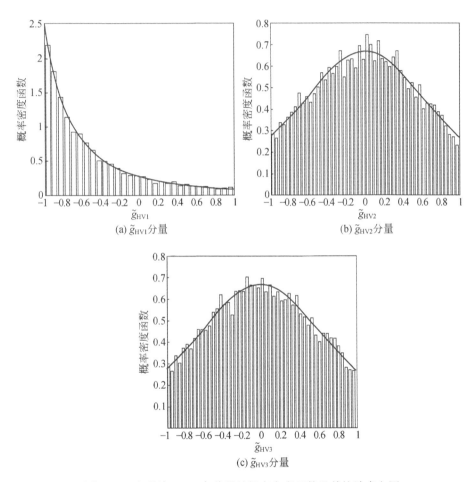

图 2.11　电磁波 IPPV 各分量的概率密度函数及其统计直方图

　　图 2.12 给出了电磁波在水平和垂直极化通道之间独立的情况下,不同 $\lambda$ 值情况下 $\tilde{g}_{HV1}$ 的概率密度函数曲线,横坐标为 $\tilde{g}_{HV1}$,纵坐标为概率值。图 2.13 给出了电磁波在水平和垂直极化通道之间独立的情况、不同 $\lambda$ 值情况下 $\tilde{g}_{HV2}$ 的概率密度函数曲线,横坐标表示 $\tilde{g}_{HV2}$,纵坐标为概率值。

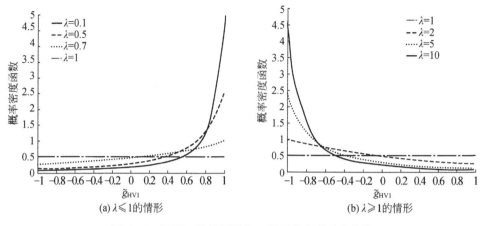

(a) λ≤1的情形　　　　　　　　　(b) λ≥1的情形

图 2.12　不同 λ 值情况下 $\tilde{g}_{HV1}$ 的概率密度函数曲线

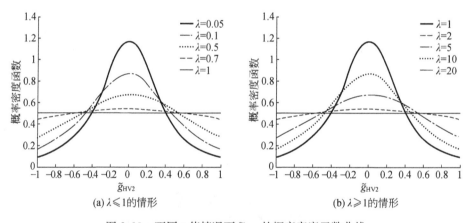

(a) λ≤1的情形　　　　　　　　　(b) λ≥1的情形

图 2.13　不同 λ 值情况下 $\tilde{g}_{HV2}$ 的概率密度函数曲线

由图 2.12 可知，λ＝1 时，$\tilde{g}_{HV1}$ 退化为[−1,1]区间上的均匀分布；λ≤1 时，λ 越小，$\tilde{g}_{HV1}$ 分布越趋向集中于 1；λ≥1 时，λ 越大，$\tilde{g}_{HV1}$ 分布越趋向集中于−1。由图 2.13可知，λ＝1 时，$\tilde{g}_{HV2}$ 退化为[−1,1]区间上的均匀分布；λ≤1 时，λ 越小，$\tilde{g}_{HV2}$ 分布越趋向集中于 0；λ≥1 时，λ 越大，$\tilde{g}_{HV2}$ 分布也越趋向集中于 0。同理，可以推出 $\tilde{g}_{HV3}$ 与 λ 的关系，仿真结果与 $\tilde{g}_{HV2}$ 的情况相同，此处不再赘述。同时，由图 2.12 和图 2.13 可见，当参数为 λ 和 1/λ 时，其概率密度曲线关于零点呈现偶对称关系。事实上，由式(2.120)和式(2.121)容易看出，参数为 λ 和 1/λ 的两个 $\tilde{g}_{HV1}$ 概率密度函数为偶对称关系，而 $\tilde{g}_{HV2}$ 与 $\tilde{g}_{HV3}$ 的概率密度本身是偶函数，因而对于互为倒数的参数 λ 和 1/λ，它们的函数形式不变。

### 2.4.2　IPPV 各分量的联合统计分布

在水平、垂直极化基下，首先求 $\widetilde{g}_{HV1}$ 和 $\widetilde{g}_{HV2}$ 的联合概率密度。令 $x=g_{HV0}$，则 $g_{HV1}=\widetilde{g}_{HV1}x$，$g_{HV2}=\widetilde{g}_{HV2}x$，由于 $(x,\widetilde{g}_{HV1},\widetilde{g}_{HV2})$ 与 $(g_{HV0},g_{HV1},g_{HV2})$ 之间是一一对应的关系，因此由式（2.101）可知，$(x,\widetilde{g}_{HV1},\widetilde{g}_{HV2})$ 的联合概率密度函数为

$$f_{X\widetilde{G}_1\widetilde{G}_2}(x,\widetilde{g}_{HV1},\widetilde{g}_{HV2})=\frac{x}{4\pi\,|\,\boldsymbol{\Sigma}_{HV}\,|\sqrt{1-\widetilde{g}_{HV1}^2-\widetilde{g}_{HV2}^2}}\exp\left(-\frac{L_0+L_1\widetilde{g}_{HV1}+L_2\widetilde{g}_{HV2}}{2\,|\,\boldsymbol{\Sigma}_{HV}\,|}x\right)$$

$$\cdot\left[\exp\left(-\frac{L_3\sqrt{1-\widetilde{g}_{HV1}^2-\widetilde{g}_{HV2}^2}}{2\,|\,\boldsymbol{\Sigma}_{HV}\,|}x\right)+\exp\left(\frac{L_3\sqrt{1-\widetilde{g}_{HV1}^2-\widetilde{g}_{HV2}^2}}{2\,|\,\boldsymbol{\Sigma}_{HV}\,|}x\right)\right]$$

$$(2.126)$$

因而，$\widetilde{g}_{HV1}$ 和 $\widetilde{g}_{HV2}$ 的联合概率密度函数为

$$f_{\widetilde{G}_{HV1}\widetilde{G}_{HV2}}(\widetilde{g}_{HV1},\widetilde{g}_{HV2})=\int_0^\infty f_{X\widetilde{G}_{HV1}\widetilde{G}_{HV2}}(x,\widetilde{g}_{HV1},\widetilde{g}_{HV2})\mathrm{d}x=\frac{1}{QP_1^2}+\frac{1}{QP_2^2}\quad(2.127)$$

式中

$$P_1=\frac{L_0+L_1\widetilde{g}_{HV1}+L_2\widetilde{g}_{HV2}+L_3\sqrt{1-\widetilde{g}_{HV1}^2-\widetilde{g}_{HV2}^2}}{2\,|\,\boldsymbol{\Sigma}_{HV}\,|}$$

$$Q=4\pi\,|\,\boldsymbol{\Sigma}_{HV}\,|\sqrt{1-\widetilde{g}_{HV1}^2-\widetilde{g}_{HV2}^2}$$

$$P_2=\frac{L_0+L_1\widetilde{g}_{HV1}+L_2\widetilde{g}_{HV2}-L_3\sqrt{1-\widetilde{g}_{HV1}^2-\widetilde{g}_{HV2}^2}}{2\,|\,\boldsymbol{\Sigma}_{HV}\,|}$$

将 $P_1$、$P_2$ 以及 $Q$ 的表达式代入式（2.127），整理可得

$$f_{\widetilde{G}_{HV1}\widetilde{G}_{HV2}}(\widetilde{g}_{HV1},\widetilde{g}_{HV2})=\frac{2\,|\,\boldsymbol{\Sigma}_{HV}\,|}{\pi\sqrt{1-\widetilde{g}_{HV1}^2-\widetilde{g}_{HV2}^2}}$$

$$\cdot\frac{(L_0+L_1\widetilde{g}_{HV1}+L_2\widetilde{g}_{HV2})^2+L_3^2(1-\widetilde{g}_{HV1}^2-\widetilde{g}_{HV2}^2)}{[(L_0+L_1\widetilde{g}_{HV1}+L_2\widetilde{g}_{HV2})^2-L_3^2(1-\widetilde{g}_{HV1}^2-\widetilde{g}_{HV2}^2)]^2}$$

$$(2.128)$$

式中

$$\begin{bmatrix}L_0\\L_1\\L_2\\L_3\end{bmatrix}=\boldsymbol{L}_{HV}=\begin{bmatrix}\sigma_{VV}+\sigma_{HH}\\\sigma_{VV}-\sigma_{HH}\\-2\mathrm{Re}(\sigma_{HV})\\2\mathrm{Im}(\sigma_{HV})\end{bmatrix}$$

遵循上述求解思路,可得 IPPV 任意两个分量$(\widetilde{g}_{\mathrm{HV}i},\widetilde{g}_{\mathrm{HV}j})$之间的联合概率密度函数为

$$f_{\widetilde{G}_{\mathrm{HV}i}\widetilde{G}_{\mathrm{HV}j}}(\widetilde{g}_{\mathrm{HV}i},\widetilde{g}_{\mathrm{HV}j})=\frac{2|\boldsymbol{\Sigma}_{\mathrm{HV}}|}{\pi\sqrt{1-\widetilde{g}_{\mathrm{HV}i}^2-\widetilde{g}_{\mathrm{HV}j}^2}}\frac{(L_0+L_i\widetilde{g}_{\mathrm{HV}i}+L_j\widetilde{g}_{\mathrm{HV}j})^2+L_k^2(1-\widetilde{g}_{\mathrm{HV}i}^2-\widetilde{g}_{\mathrm{HV}j}^2)}{[(L_0+L_i\widetilde{g}_{\mathrm{HV}i}+L_j\widetilde{g}_{\mathrm{HV}j})^2-L_k^2(1-\widetilde{g}_{\mathrm{HV}i}^2-\widetilde{g}_{\mathrm{HV}j}^2)]^2}$$

$$(2.129)$$

式中,$i,j\in\{1,2,3\},i\neq j,k=\{1,2,3\}\backslash\{i,j\}$。

特别地,在电磁波的水平和垂直极化通道之间相互无关(相互独立)的情况下,$\sigma_{\mathrm{HV}}=\sigma_{\mathrm{VH}}=0,\sigma_{\mathrm{VV}}=\lambda\sigma_{\mathrm{HH}}$。由式(2.129)可推出随机电磁波 IPPV 各分量的联合概率密度函数分别为

$$f_{\widetilde{G}_1\widetilde{G}_2}(\widetilde{g}_{\mathrm{HV}1},\widetilde{g}_{\mathrm{HV}2})=\frac{2\lambda}{\pi\sqrt{1-\widetilde{g}_{\mathrm{HV}1}^2-\widetilde{g}_{\mathrm{HV}2}^2}\,[\lambda+1+(\lambda-1)\widetilde{g}_{\mathrm{HV}1}]^2}\qquad(2.130)$$

$$f_{\widetilde{G}_1\widetilde{G}_3}(\widetilde{g}_{\mathrm{HV}1},\widetilde{g}_{\mathrm{HV}3})=\frac{2\lambda}{\pi\sqrt{1-\widetilde{g}_{\mathrm{HV}1}^2-\widetilde{g}_{\mathrm{HV}3}^2}\,[\lambda+1+(\lambda-1)\widetilde{g}_{\mathrm{HV}1}]^2}\qquad(2.131)$$

$$f_{\widetilde{G}_2\widetilde{G}_3}(\widetilde{g}_{\mathrm{HV}2},\widetilde{g}_{\mathrm{HV}3})=\frac{2\lambda[(\lambda+1)^2+(\lambda-1)^2(1-\widetilde{g}_{\mathrm{HV}2}^2-\widetilde{g}_{\mathrm{HV}3}^2)]}{\pi\sqrt{1-\widetilde{g}_{\mathrm{HV}2}^2-\widetilde{g}_{\mathrm{HV}3}^2}\,[(\lambda+1)^2-(\lambda-1)^2(1-\widetilde{g}_{\mathrm{HV}2}^2-\widetilde{g}_{\mathrm{HV}3}^2)]^2}$$

$$(2.132)$$

图 2.14 给出了电磁波在水平和垂直极化通道之间相互无关(相互独立)的情况下,$\widetilde{g}_{\mathrm{HV}1}$ 和 $\widetilde{g}_{\mathrm{HV}2}$ 的联合概率密度函数曲线,其中,横坐标为 $\widetilde{g}_{\mathrm{HV}1}$,纵坐标为 $\widetilde{g}_{\mathrm{HV}2}$,而其概率密度则以等高线的形式绘出。图 2.15 给出了电磁波在水平和垂直极化通道之间相互无关(相互独立)的情况下,$\widetilde{g}_{\mathrm{HV}2}$ 和 $\widetilde{g}_{\mathrm{HV}3}$ 的联合概率密度函数曲线,其中,横坐标为 $\widetilde{g}_{\mathrm{HV}2}$,纵坐标为 $\widetilde{g}_{\mathrm{HV}3}$,而其概率密度也以等高线的形式绘出。至于 $\widetilde{g}_{\mathrm{HV}1}$ 和 $\widetilde{g}_{\mathrm{HV}3}$ 的联合概率密度曲线,则与 $\widetilde{g}_{\mathrm{HV}1}$ 和 $\widetilde{g}_{\mathrm{HV}2}$ 的联合概率密度相同。

### 2.4.3　IPPV 的数字特征

为了能够给出电磁波 IPPV 的基本统计特性,又便于进行运算和实际测量,下面将在 IPPV 各分量的概率密度函数及其联合概率密度函数的基础上,计算零均值复高斯电磁波 IPPV 的数字特征。

#### 1. 特征极化基下 IPPV 的数字特征

在水平、垂直极化基下,$\boldsymbol{\Sigma}_{\mathrm{HV}}$ 为 Hermitian 矩阵。由矩阵理论可知[19],存在酉

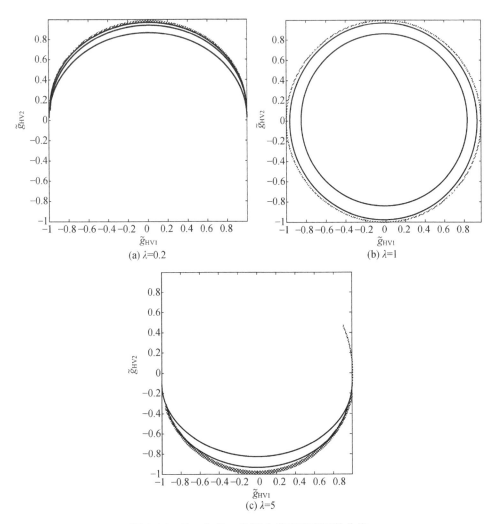

图 2.14　$\tilde{g}_{HV1}$ 和 $\tilde{g}_{HV2}$ 的联合概率密度函数曲线

矩阵 $U$，使得

$$\boldsymbol{\Sigma}_{HV} = \boldsymbol{U} \boldsymbol{\Lambda} \boldsymbol{U}^{H} \tag{2.133}$$

式中，$\boldsymbol{\Lambda} = \mathrm{diag}(u_1, u_2)$ 为对角阵，$u_1$ 和 $u_2$ 为非负实数。以 $U$ 为极化基过渡矩阵，可得一组新的正交极化基 $(\hat{\boldsymbol{a}}, \hat{\boldsymbol{b}})$，即 $(\hat{\boldsymbol{a}}, \hat{\boldsymbol{b}}) = (\hat{\boldsymbol{h}}, \hat{\boldsymbol{v}}) \boldsymbol{U}$。在新正交极化基下电磁波记为 $\boldsymbol{e}_{AB}$，且有

$$\boldsymbol{e}_{HV} = \boldsymbol{U} \boldsymbol{e}_{AB}$$

其协方差矩阵变为

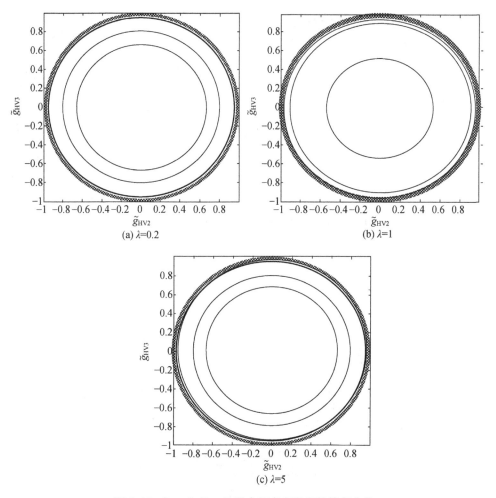

图 2.15　$\widetilde{g}_{HV2}$ 和 $\widetilde{g}_{HV3}$ 的联合概率密度函数等高曲线

$$\boldsymbol{\Sigma}_{AB}=\boldsymbol{U}^{\mathrm{H}}\boldsymbol{\Sigma}_{\mathrm{HV}}\boldsymbol{U}=\boldsymbol{\Lambda}=\begin{bmatrix}\sigma_{AA} & 0 \\ 0 & \sigma_{BB}\end{bmatrix}=\sigma_{AA}\begin{bmatrix}1 & 0 \\ 0 & \lambda\end{bmatrix} \tag{2.134}$$

$\boldsymbol{\Sigma}_{AB}$ 为对角阵,因此称 $(\hat{\boldsymbol{a}},\hat{\boldsymbol{b}})$ 为随机电磁波的特征极化基,式中 $\lambda$ 为非负实数。令特征极化基下电磁波的 IPPV 简记为 $(\widetilde{g}_1,\widetilde{g}_2,\widetilde{g}_3)$,那么由式(2.110)、式(2.116)、式(2.117)和式(2.129)可得,在特征极化基下 IPPV 各分量的概率密度函数和联合概率密度函数分别为

$$f_{\widetilde{g}_1}(\widetilde{g}_1)=\frac{2\lambda}{[1+\lambda+\widetilde{g}_1(\lambda-1)]^2}, \quad \widetilde{g}_1\in[-1,1]$$

$$f_{\widetilde{G}_2}(\widetilde{g}_2) = \frac{2\lambda(1+\lambda)}{[4\lambda+\widetilde{g}_2^2(\lambda-1)^2]^{3/2}}, \quad \widetilde{g}_2 \in [-1,1] \tag{2.135}$$

$$f_{\widetilde{G}_3}(\widetilde{g}_3) = \frac{2\lambda(1+\lambda)}{[4\lambda+\widetilde{g}_3^2(\lambda-1)^2]^{3/2}}, \quad \widetilde{g}_3 \in [-1,1]$$

和

$$f_{\widetilde{G}_1\widetilde{G}_2}(\widetilde{g}_1,\widetilde{g}_2) = \frac{2\lambda}{\pi\sqrt{1-\widetilde{g}_1^2-\widetilde{g}_2^2}\,[\lambda+1+(\lambda-1)\widetilde{g}_1]^2}$$

$$f_{\widetilde{G}_1\widetilde{G}_3}(\widetilde{g}_1,\widetilde{g}_3) = \frac{2\lambda}{\pi\sqrt{1-\widetilde{g}_1^2-\widetilde{g}_3^2}\,[\lambda+1+(\lambda-1)\widetilde{g}_1]^2} \tag{2.136}$$

$$f_{\widetilde{G}_2\widetilde{G}_3}(\widetilde{g}_2,\widetilde{g}_3) = \frac{2\lambda[(\lambda+1)^2+(\lambda-1)^2(1-\widetilde{g}_2^2-\widetilde{g}_3^2)]}{\pi\sqrt{1-\widetilde{g}_2^2-\widetilde{g}_3^2}\,[(\lambda+1)^2-(\lambda-1)^2(1-\widetilde{g}_2^2-\widetilde{g}_3^2)]^2}$$

1) IPPV 各分量的均值和方差

根据式(2.135)给出的 $\widetilde{g}_1$ 的概率密度函数,易得 $\widetilde{g}_1$ 的均值和方差分别为

$$\langle\widetilde{g}_1\rangle = \begin{cases} \dfrac{2\lambda}{(\lambda-1)^2}\ln\lambda - \dfrac{\lambda+1}{\lambda-1}, & \lambda\neq1 \\ 0, & \lambda=1 \end{cases} \tag{2.137}$$

和

$$\mathrm{var}(\widetilde{g}_1) = \begin{cases} \dfrac{4\lambda}{(\lambda-1)^2}\left[1-\dfrac{\lambda(\ln\lambda)^2}{(\lambda-1)^2}\right], & \lambda\neq1 \\ \dfrac{1}{3}, & \lambda=1 \end{cases} \tag{2.138}$$

同理,$\widetilde{g}_2$ 和 $\widetilde{g}_3$ 的均值和方差分别为

$$\langle\widetilde{g}_2\rangle = \langle\widetilde{g}_3\rangle = 0 \tag{2.139}$$

和

$$\mathrm{var}(\widetilde{g}_3) = \mathrm{var}(\widetilde{g}_2) = \begin{cases} \dfrac{-4\lambda}{(\lambda-1)^2} + \dfrac{2\lambda(\lambda+1)\ln\lambda}{(\lambda-1)^3}, & \lambda\neq1 \\ \dfrac{1}{3}, & \lambda=1 \end{cases} \tag{2.140}$$

2) IPPV 各分量的混合二阶矩

首先求 $\widetilde{g}_1$ 和 $\widetilde{g}_2$ 的混合二阶矩。依定义有

$$\langle\widetilde{g}_1\widetilde{g}_2\rangle = \iint\limits_{\widetilde{g}_1^2+\widetilde{g}_2^2\leqslant1} \widetilde{g}_1\widetilde{g}_2 f(\widetilde{g}_1,\widetilde{g}_2)\mathrm{d}\widetilde{g}_1\mathrm{d}\widetilde{g}_2 = \iint\limits_{x^2+y^2\leqslant1} \frac{2u_1u_2}{\pi}\frac{xy}{\sqrt{1-x^2-y^2}(L_0+L_1x)^2}\mathrm{d}x\mathrm{d}y$$

$$\tag{2.141}$$

式中，$L_0 = u_1 + u_2$，$L_1 = u_2 - u_1$。对上述二重积分进行极坐标变换可得

$$\langle \tilde{g}_1, \tilde{g}_2 \rangle = \frac{2u_1 u_2}{\pi} \int_0^1 \frac{r^3}{\sqrt{1-r^2}} \int_0^{2\pi} \frac{\sin\theta\cos\theta}{(L_0 + L_1 r\cos\theta)^2} \mathrm{d}\theta \mathrm{d}r$$

考察此式中的第二个积分项，可得

$$\int_0^{2\pi} \frac{\sin\theta\cos\theta}{(L_0 + L_1 r\cos\theta)^2} \mathrm{d}\theta = 0 \tag{2.142}$$

因而有

$$\langle \tilde{g}_1, \tilde{g}_2 \rangle = 0 \tag{2.143}$$

由此可知 $\tilde{g}_1$ 和 $\tilde{g}_2$ 互不相关。

由于 $\tilde{g}_1$ 和 $\tilde{g}_3$ 的联合概率密度与 $\tilde{g}_1$ 和 $\tilde{g}_2$ 的联合概率密度表达式完全相同，因此可知 $\tilde{g}_1$ 和 $\tilde{g}_3$ 也互不相关。最后求 $\tilde{g}_2$ 和 $\tilde{g}_3$ 的混合二阶矩。根据式(2.136)有

$$\langle \tilde{g}_2 \tilde{g}_3 \rangle = \iint\limits_{y^2 + z^2 \leqslant 1} yz \frac{2u_1 u_2}{\pi \sqrt{1 - y^2 - z^2}} \frac{L_0^2 + L_1^2(1 - y^2 - z^2)}{[L_0^2 - L_1^2(1 - y^2 - z^2)]^2} \mathrm{d}y\mathrm{d}z \tag{2.144}$$

进行极坐标变换，可得

$$\langle \tilde{g}_2 \tilde{g}_3 \rangle = \int_0^{2\pi} \int_0^1 \frac{2u_1 u_2}{\pi} \frac{r^2 \sin\theta\cos\theta}{\sqrt{1 - r^2}} \frac{L_0^2 + L_1^2(1 - r^2)}{[L_0^2 - L_1^2(1 - r^2)]^2} r\mathrm{d}r\mathrm{d}\theta = 0 \tag{2.145}$$

这表明，对于服从零均值复高斯分布的随机电磁波，在特征极化基下其 IPPV 的各分量是互不相关的。

2. 一般极化基下随机电磁波 IPPV 的数字特征

不妨以水平、垂直极化基 $(\hat{\boldsymbol{h}}, \hat{\boldsymbol{v}})$ 作为一般极化基。水平、垂直极化基 $(\hat{\boldsymbol{h}}, \hat{\boldsymbol{v}})$ 与特征极化基下电磁波 IPPV 具有如下关系[8,9]

$$\tilde{g}_{\mathrm{HV}i} = \boldsymbol{Q}_3 \tilde{\boldsymbol{g}}_{AB} = \sum_{k=1}^3 q_{ik} \tilde{g}_{ABk}, \quad i = 1, 2, 3 \tag{2.146}$$

这表明 $(\hat{\boldsymbol{h}}, \hat{\boldsymbol{v}})$ 极化基下 IPPV 的每个分量 $\tilde{g}_{\mathrm{HV}i}$ 都是特征极化基 $(\hat{\boldsymbol{a}}, \hat{\boldsymbol{b}})$ 下 IPPV 三个分量 $\tilde{g}_{AB1}$、$\tilde{g}_{AB2}$、$\tilde{g}_{AB3}$ 的线性组合。

电磁波在特征极化基下 IPPV 矢量 $\tilde{\boldsymbol{g}}_{AB} = [\tilde{g}_{AB1}, \tilde{g}_{AB2}, \tilde{g}_{AB3}]^{\mathrm{T}}$ 的均值矢量为

$$\langle \tilde{\boldsymbol{g}}_{AB} \rangle = \langle \tilde{g}_{AB1}, \tilde{g}_{AB2}, \tilde{g}_{AB3} \rangle^{\mathrm{T}}$$

则电磁波在 $(\hat{\boldsymbol{h}}, \hat{\boldsymbol{v}})$ 极化基下 IPPV 的均值矢量为

$$\langle \tilde{\boldsymbol{g}}_{\mathrm{HV}} \rangle = \langle \boldsymbol{Q}_3 \tilde{\boldsymbol{g}}_{AB} \rangle = \boldsymbol{Q}_3 \langle \tilde{\boldsymbol{g}}_{AB} \rangle \tag{2.147}$$

由此可知 $\tilde{g}_{\mathrm{HV}i}$ 的均值为

$$\langle \widetilde{g}_{HVi} \rangle = \sum_{k=1}^{3} q_{ik} \langle \widetilde{g}_{ABk} \rangle, \quad i=1,2,3 \tag{2.148}$$

由前面分析可知,在特征极化基下,电磁波的 IPPV 矢量 $\widetilde{g}_{AB}$ 的相关矩阵为对角阵,即

$$\Psi_{AB} = \langle \boldsymbol{g}_{AB} \boldsymbol{g}_{AB}^{T} \rangle = \mathrm{diag}(\sigma_{AB1}, \sigma_{AB3}, \sigma_{AB3})$$

式中,$\sigma_{ABi}(i=1,2,3)$ 为 $\widetilde{g}_{AB}$ 各分量的方差。

根据式(2.146)可得电磁波在一般极化基上的 IPPV 的相关矩阵为

$$\Psi_{HV} = \langle \boldsymbol{g}_{HV} \boldsymbol{g}_{HV}^{T} \rangle = \langle Q_3 \boldsymbol{g}_{HV} \boldsymbol{g}_{HV}^{T} Q_3^{T} \rangle = Q_3 \Psi_{AB} Q_3^{T} \tag{2.149}$$

因此,$\widetilde{g}_{HVi}$ 的二阶原点矩以及 $\widetilde{g}_{HVi}$ 与 $\widetilde{g}_{HVj}$ 的混合二阶矩为

$$\langle \widetilde{g}_{HVi}^{2} \rangle = \langle \big( \sum_{k=1}^{3} q_{ik} \widetilde{g}_{ABk} \big)^{2} \rangle = \sum_{k=1}^{3} \sum_{m=1}^{3} q_{ik} q_{im} \langle \widetilde{g}_{ABk} \widetilde{g}_{ABm} \rangle = \sum_{k=1}^{3} q_{ik}^{2} \langle \widetilde{g}_{ABk}^{2} \rangle$$

$$\tag{2.150}$$

和

$$\langle \widetilde{g}_{HVi} \widetilde{g}_{HVj} \rangle = \sum_{k=1}^{3} q_{ik} q_{jk} \langle \widetilde{g}_{ABk}^{2} \rangle \tag{2.151}$$

式中,$i,j=1,2,3$。

可以看出,若 $\langle \widetilde{g}_{ABk}^{2} \rangle$ 的数值与 $k$ 有关,则 $\langle \widetilde{g}_{HVi} \widetilde{g}_{HVj} \rangle$ 通常不为 0,即在非特征极化基下 IPPV 的三个分量通常是相关的。

下面接着分析其高阶矩特征。均值由 Brosseau 给出的表达式为[18]

$$\langle \widetilde{g}_{HV[i]} \rangle = \frac{1-P^2}{2} \int_{-1}^{1} \frac{x(1-\omega_i x)}{\Omega_i^{3/2}} \mathrm{d}x = \frac{1-P^2}{2} (I_{i1} - \omega_i I_{i2})$$

二阶矩为

$$\langle \widetilde{g}_{HV[i]}^{2} \rangle = \frac{1-P^2}{2} (I_{i2} - \omega_i I_{i3}) \tag{2.152}$$

同样可知 $n$ 阶矩可以记为

$$\langle \widetilde{g}_{HV[i]}^{n} \rangle = \frac{1-P^2}{2} (I_{in} - \omega_i I_{i(n+1)}) \tag{2.153}$$

式中

$$I_{in} = \int_{-1}^{1} \frac{x^n}{\Omega_i^{3/2}} \mathrm{d}x, \quad \Omega_i = 1 + \omega_i^2 - P^2 - 2\omega_i \widetilde{g}_{HV[i]} + P^2 \widetilde{g}_{HV[i]}^{2}$$

计算 $I_{in}$ 得

$$I_{i1} = \frac{2\omega_i}{(1-P^2)(1-\omega_i^2)}, \quad I_{i2} = -\frac{2(1-P^2-\omega_i^2)}{P^2(1-P^2)(1-\omega_i^2)} + \frac{\Delta}{P^3}$$

$$I_{i3} = \frac{2\omega_i(3\omega_i^2 - 2\omega_i^2 P^2 + P^4 + 2P^2 - 3)}{P^4(1-P^2)(1-\omega_i^2)} + \frac{3\omega_i\Delta}{P^5}$$

$$I_{i4} = \frac{2P^6 - 5P^4(1-\omega_i^2) - 15\omega_i^2(1-\omega_i^2) + P^2(3+10\omega_i^2 - 13\omega_i^4)}{P^6(1-P^2)(1-\omega_i^2)} + \frac{3(P^4 + 5\omega_i^2 - P^2(1+\omega_i^2))\Delta}{2P^7}$$

$$I_{i5} = \frac{\omega_i[6P^8 + 24P^6(1-\omega_i^2) - 105\omega_i^2(1-\omega_i^2) + P^2(45+70\omega_i^2 - 115\omega_i^4) + P^4(-75+59\omega_i^2 + 16\omega_i^4)]}{3P^8(1-P^2)(1-\omega_i^2)}$$

$$+ \frac{5\omega_i(3P^4 + 7\omega_i^2 - 3P^2(1+\omega_i^2))}{2P^9}\Delta$$

式中,$\Delta = \ln\left(\dfrac{1+P}{1-P}\right)$,$\ln(\cdot)$为自然对数。

这样可得其一阶矩~四阶矩特征为

$$\langle \widetilde{g}_{\mathrm{HV}[i]} \rangle = \frac{\omega_i}{P^2} - \frac{\omega_i(1-P^2)}{2P^3}\Delta$$

$$\langle \widetilde{g}_{\mathrm{HV}[i]}^2 \rangle = 1 - \frac{1}{P^2} + \frac{\omega_i^2(3-2P^2)}{P^4} + \frac{(P^2 - 3\omega_i^2)(1-P^2)}{2P^5}\Delta$$

$$D[\widetilde{g}_{\mathrm{HV}[i]}] = \frac{(1-P^2)}{4P^6}[2P(P^2 - \omega_i^2)\Delta - \omega_i^2(1-P^2)\Delta^2 + 8\omega_i^2 P^2 - 4P^4]$$

$$\langle \widetilde{g}_{\mathrm{HV}[i]}^3 \rangle = \frac{\omega_i[18P^5 + 30P\omega_i^2 - 2P^3(9+13\omega_i^2)]}{4P^7} - \frac{3\omega_i(1-P^2)(P^4 + 5\omega_i^2 - P^2(3+\omega_i^2))}{4P^7}\Delta$$

$$\langle \widetilde{g}_{\mathrm{HV}[i]}^4 \rangle = \frac{2P[6P^8 + 105\omega_i^4 - 3P^6(5+8\omega_i^2) - 5P^2\omega_i^2(18+23\omega_i^2) + P^4(9+114\omega_i^2 + 16\omega_i^4)]}{12P^9}$$

$$+ \frac{3(1-P^2)(3P^6 - 35\omega_i^4 + 15P^2\omega_i^2(2+\omega_i^2) - 3P^4(1+6\omega_i^2))}{12P^9}\Delta$$

$$(2.154)$$

如果电磁波两正交通道协方差矩阵为对角阵,即 $\boldsymbol{\Sigma}_{\mathrm{HV}} = \begin{bmatrix} 1 & 0 \\ 0 & \lambda \end{bmatrix}\sigma_{\mathrm{HH}}$,那么其 $n$ 阶矩为

$$\langle g_{\mathrm{HV}[1]}^n \rangle = \frac{1-P^2}{2}(I_{1n} - \omega_1 I_{1(n+1)})$$

$$= \frac{2\lambda}{(\lambda+1)^3}\left\{ \frac{(\lambda-1)\left[-(-1)^n {}_2F_1\left(3,n+2,n+3,\frac{\lambda-1}{\lambda+1}\right) + {}_2F_1\left(3,n+2,n+3,\frac{1-\lambda}{\lambda+1}\right)\right]}{(n+2)} \right.$$

$$\left. + \frac{(\lambda+1)\left[(-1)^n {}_2F_1\left(3,n+1,n+2,\frac{\lambda-1}{\lambda+1}\right) + {}_2F_1\left(3,n+1,n+2,\frac{1-\lambda}{\lambda+1}\right)\right]}{(n+1)} \right\}$$

同样可以得到其他分量的高阶矩为

$$\langle g_{\mathrm{HV}[i]}^{n}\rangle=\frac{[1+(-1)^n]\,_2\mathrm{F}_1\left(\dfrac{3}{2},\dfrac{1+n}{2},\dfrac{3+n}{2},\dfrac{P^2}{P^2-1}\right)}{2(1+n)\sqrt{1-P^2}}$$

$$=\frac{[1+(-1)^n](1+\lambda)\,_2\mathrm{F}_1\left[\dfrac{3}{2},\dfrac{1+n}{2},\dfrac{3+n}{2},-\dfrac{(1-\lambda)^2}{4\lambda}\right]}{4(1+n)\sqrt{\lambda}},\quad i=2,3$$

可知,若 $n$ 为奇数,则此式恒为零。当 $n=1,2$ 时, 此时其对应的一阶矩和二阶矩分别为

$$\langle\widetilde{g}_{\mathrm{HV}[1]}\rangle=\begin{cases}\dfrac{2\lambda}{(\lambda-1)^2}\ln\lambda-\dfrac{\lambda+1}{\lambda-1}, & \lambda\neq1\\[2mm]0, & \lambda=1\end{cases},\quad D(\widetilde{g}_{\mathrm{HV}[1]})=\begin{cases}\dfrac{4\lambda}{(\lambda-1)^2}\left[1-\dfrac{\lambda\,(\ln\lambda)^2}{(\lambda-1)^2}\right], & \lambda\neq1\\[2mm]\dfrac{1}{3}, & \lambda=1\end{cases}$$

和

$$\langle\widetilde{g}_{\mathrm{HV}[2]}\rangle=\langle\widetilde{g}_{\mathrm{HV}[3]}\rangle=0,\quad D(\widetilde{g}_{\mathrm{HV}[3]})=D(\widetilde{g}_{\mathrm{HV}[2]})=\begin{cases}\dfrac{-4\lambda}{(\lambda-1)^2}+\dfrac{2\lambda(\lambda+1)\ln\lambda}{(\lambda-1)^3}, & \lambda\neq1\\[2mm]\dfrac{1}{3}, & \lambda=1\end{cases}$$

### 2.4.4　极化散度与极化起伏度

为了描述零均值复高斯电磁波 IPPV 参数随机分布在空间的散布程度,定义第二类散度为

$$\mathrm{Div}_{[2]}[\boldsymbol{g}]=1-\parallel\widetilde{\boldsymbol{g}}\parallel=1-\sqrt{\widetilde{g}_{\mathrm{HV}[1]}^2+\widetilde{g}_{\mathrm{HV}[2]}^2+\widetilde{g}_{\mathrm{HV}[3]}^2}$$

$$=1-\frac{2P-(1-P^2)\Delta}{2P^2}=1+\frac{(1-P^2)\Delta}{2P^2}-\frac{1}{P}\tag{2.155}$$

第一类散度定义为 Stokes 参数的空间散布程度,即

$$\mathrm{Div}_{[1]}[\boldsymbol{g}]=1-P\tag{2.156}$$

经比较可以发现,$\mathrm{Div}_{[2]}[\boldsymbol{g}]-\mathrm{Div}_{[1]}[\boldsymbol{g}]=P-\dfrac{2P-(1-P^2)\Delta}{2P^2}\geqslant0,0\leqslant P\leqslant1$。这就说明第二类散度在数值上总是要比第一类散度大,但是相差并不大,这点可以从图 2.16 和图 2.17 中得出。

为了得到随机电磁波的更多起伏信息,不仅从一阶矩上来分析其起伏性,还需考虑用方差来表征其起伏特征。为了便于表示,将方差归一化,得到第二类归一化极化起伏度(NCF)的定义为

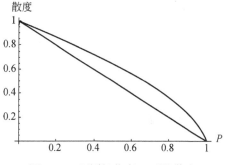

图 2.16　不同极化度 $P$ 下的散度

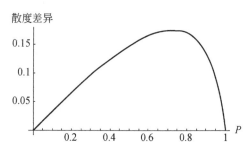

图 2.17　不同极化度 $P$ 下两类极化散度的差异

$$C_i=\frac{\langle\widetilde{g}_{\mathrm{HV}[i]}^2\rangle-\langle\widetilde{g}_{\mathrm{HV}[i]}\rangle^2}{\langle\widetilde{g}_{\mathrm{HV}[i]}^2\rangle}=1-\frac{\langle\widetilde{g}_{\mathrm{HV}[i]}\rangle^2}{\langle\widetilde{g}_{\mathrm{HV}[i]}^2\rangle},\quad i=1,2,3 \tag{2.157}$$

将 $\langle\widetilde{g}_{\mathrm{HV}[i]}\rangle$、$\langle\widetilde{g}_{\mathrm{HV}[i]}^2\rangle$ 代入式(2.157),得

$$C_i=\frac{1-P^2}{2}\frac{2(2P-\Delta)P^3-(2P\Delta-8P^2+(1-P^2)\Delta^2)\omega_i^2}{P^3(2P-\Delta)(1-P^2)-P(6P-4P^3-3(1-P^2)\Delta)\omega_i^2} \tag{2.158}$$

同样,可以得到第一类归一化极化起伏度(CF)为

$$C_i=\frac{\langle g_{\mathrm{HV}[i]}^2\rangle-\langle g_{\mathrm{HV}[i]}\rangle^2}{\langle g_{\mathrm{HV}[i]}^2\rangle}=1-\frac{\langle g_{\mathrm{HV}[i]}\rangle^2}{\langle g_{\mathrm{HV}[i]}^2\rangle},\quad i=1,2,3 \tag{2.159}$$

易得[22,23]

$$C_i=1-\frac{2\langle g_{\mathrm{HV}[i]}\rangle^2}{\langle g_{\mathrm{HV}[0]}\rangle^2(1-P^2)+4\langle g_{\mathrm{HV}[i]}\rangle^2}=1-\frac{2}{(1-P^2)/\omega_i^2+4},\quad i=1,2,3 \tag{2.160}$$

可见,极化起伏度与场的能量并不相关。

下面给出这两类归一化极化起伏度的对比图,如图 2.18 和图 2.19 所示。

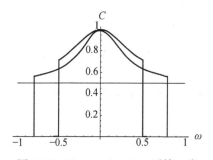

图 2.18　$P=0,0.5,0.8,1$ 时第一类
NCF 随其权量的变化

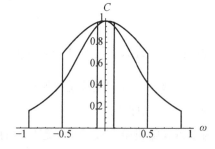

图 2.19　$P=0.1,0.5,0.9,1$ 时第二类
NCF 随其权量的变化

可见,随着极化度的增加,随机电磁波的起伏度减小,这与散度的描述是一致的。极化起伏度可以应用在小信号条件下目标检测等领域[22]。

由图 2.18 和图 2.19 可知,这两种归一化起伏度的范围分别处于区间 [0.5,1] 和 [0,1],如果不进行归一化,区间将会变成 [0,∞][22]。图 2.20 给出了这两类归一化极化起伏度随极化度及极化权量的三维变化曲面以及两者的差异,可见一般情况下两者差别不大。

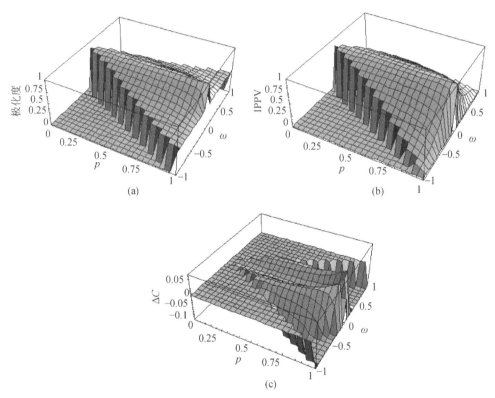

图 2.20　不同极化度和极化权量下第一类 NCF 与第二类 NCF 及其差异三维图

### 2.4.5　极化斜度与极化峰度

上面已经研究了 IPPV 参数的一阶矩和二阶矩特征,然而这些并不足够,继续引入两个物理量——极化斜度与峰度。斜度是描述随机变量分布对称性的参数;峰度是描述随机变量分布平坦性或陡峭性的参数,又称峰值系数。斜度为零时随机变量的分布是对称的,归一化峰度越小,概率分布函数曲线就越平坦[23]。这样,

第二类斜度与峰度分别定义为[23]

$$_2S_{HV[i]}=\frac{\langle(\widetilde{g}_{HV[i]}-\langle\widetilde{g}_{HV[i]}\rangle)^3\rangle}{D[\widetilde{g}_{HV[i]}]^{3/2}}, \quad _2K_{HV[i]}=\frac{\langle(\widetilde{g}_{HV[i]}-\langle\widetilde{g}_{HV[i]}\rangle)^4\rangle}{3D[\widetilde{g}_{HV[i]}]^2} \quad (2.161)$$

第一类斜度与峰度分别定义为

$$_1S_{HV[i]}=\frac{\langle(g_{HV[i]}-\langle g_{HV[i]}\rangle)^3\rangle}{D[g_{HV[i]}]^{3/2}}, \quad _1K_{HV[i]}=\frac{\langle(g_{HV[i]}-\langle g_{HV[i]}\rangle)^4\rangle}{3D[g_{HV[i]}]^2} \quad (2.162)$$

由高阶矩特征易得其与极化度与极化权量的关系为[21,22]

$$_1S_{HV[0]}=\frac{\sqrt{2}(1+3P^2)}{(1+P^2)^{3/2}}, \quad _1S_{HV[i]}=\frac{\sqrt{2}\omega_i(3-3P^2+4\omega_i^2)}{(1-P^2+2\omega_i^2)^{3/2}} \quad (2.163)$$

$$_1K_{HV[0]}=\frac{2(P^4+4P^2+1)}{(P^2+1)^2}, \quad _1K_{HV[i]}=3-\frac{(1-2P^2+P^4)}{(1-P^2+2\omega_i^2)^2} \quad (2.164)$$

$$_2S_{HV[i]}=\frac{-2\omega_i(1-P^2)(6P^5-2P^3\omega_i^2-(1-P^2)(3P(P^2-\omega_i^2)\Delta^2-(1-P^2)\omega_i^2\Delta^3+3P^2(P^2-3\omega_i^2)\Delta))}{((-1+P^2)(-(-1+P^2)\omega_i^2\Delta^2+2P(2P(P^2-2\omega_i^2)+(P^2-\omega_i^2)\Delta)))^{3/2}}$$

$$(2.165)$$

$$_2K_{HV[i]}=\frac{\left[8P^4\left[\begin{array}{l}-6P^6+15\omega_i^4+3P^4(3+8\omega_i^2)-2P^2\omega_i^2(9+8\omega_i^2)-3(-1+P^2)\\ \Delta\left(4P^3(3P^4+6P^2\omega_i^2-\omega_i^4)+3(1-P^2)\omega_i^2\Delta\left(\begin{array}{l}4P(P^2-\omega_i^2)\Delta+\\ \omega_i^2(8P^2+(-1+P^2)\Delta^2)\end{array}\right)\right)\end{array}\right]\right]}{((-1+P^2)(-(-1+P^2)\omega_i^2\Delta^2+2P(2P(P^2-2\omega_i^2)+(P^2-\omega_i^2)\Delta)))^2}$$

$$(2.166)$$

式(2.161)～式(2.166)中，$i=1,2,3$。

图2.21～图2.26给出了各类极化斜度与峰度随极化度及极化权量变化的三维曲面。

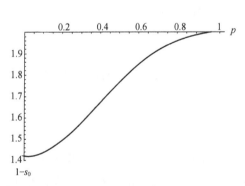

图2.21　$g_{HV[0]}$的第一类斜度

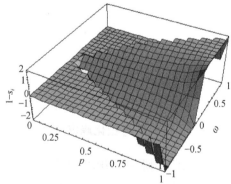

图2.22　Stokes的第一类斜度

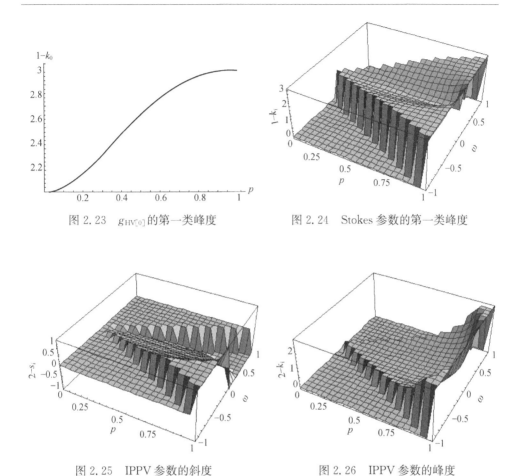

图 2.23 $g_{HV[0]}$ 的第一类峰度

图 2.24 Stokes 参数的第一类峰度

图 2.25 IPPV 参数的斜度

图 2.26 IPPV 参数的峰度

可见,随着极化度的减小,Stokes 参数和 IPPV 参数的分布斜度都变小,逐渐趋于对称,如图 2.27~图 2.29 所示。

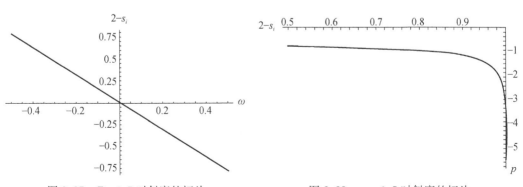

图 2.27 $P = 0.5$ 时斜度的切片

图 2.28 $\omega_i = 0.5$ 时斜度的切片

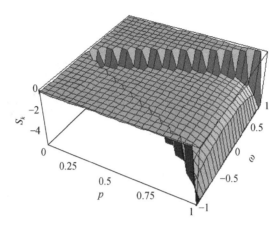

图 2.29　斜度随 $P$、$\omega_i$ 的变化率

由图 2.27～图 2.29 可见,极化斜度主要由极化权量决定,并且在极化度固定的情况下,极化斜度几乎正比于极化权量,随极化权量绝对值的增大而增大,远离对称。作为上述公式的一个实际应用,考虑与文献[18]相同的情景,即用 IPPV 参数描述复高斯分布电磁波的散射。在瑞利区(目标尺寸与电磁波波长相比很小),电磁波在经由静止球形粒子区的多重散射后会发生去极化效应,并且其散射波与入射波满足

$$\omega_1^0=\omega_1^i\,\frac{(0.7)^n}{2+(0.7)^n}, \quad \omega_2^0=\omega_2^i\,\frac{(0.7)^n}{2+(0.7)^n}, \quad \omega_3^0=\omega_3^i\,\frac{(0.5)^n}{2+(0.7)^n} \quad (2.167)$$

式中,$\{\omega_j^i, j=1,2,3\}$ 为入射波的极化权重;$\{\omega_j^0, j=1,2,3\}$ 为反射波的极化权重,并且 $n+1$ 表示散射粒子的数目。线极化度定义为[25]

$$P_{\mathrm{L}}=\sqrt{\sum_{j=1}^{2}\omega_j^2}$$

下面利用前面定义的数字特征分别对线极化入射($\omega_1^i=1,\omega_2^i=\omega_3^i=0$)与圆极化入射($\omega_3^i=1,\omega_1^i=\omega_2^i=0$)情况下 Stokes 参数起伏性进行分析。这里线极化度 $P_{\mathrm{L}}=\omega_1^0$,斜率 $k$ 如前所述,是极化不变量,仅由极化度决定。散射波的极化度、斜率、散度随粒子数目增加的变化曲线如图 2.30 所示。

实线和虚线分别表示线极化和圆极化入射时散射波的极化度、斜率、散度随粒子数目增加的变化状态。容易看出,目标对圆极化的去极化能力要比对线极化的去极化能力强。

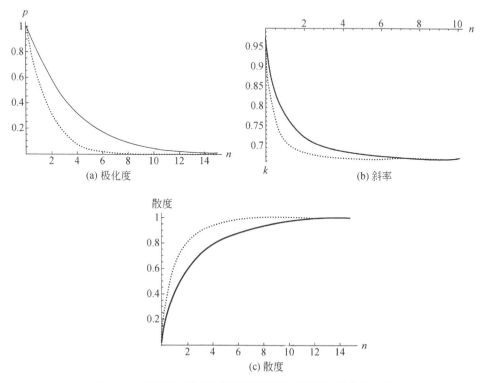

图 2.30　极化度、斜率和散度随粒子数目的增加的变化曲线

散射波的第二类归一化起伏度、极化斜度、峰度随粒子数目增加的变化规律如图 2.31 所示。

图 2.31 中实线和虚线分别表示线极化入射和圆极化入射。其中在极化起伏度图中，实线表示线极化入射 $\tilde{g}_{HV[1]}$ 的起伏度，虚线表示圆极化入射时 $\tilde{g}_{HV[3]}$ 的起伏度。在极化斜度中实线和虚线具有相同的含义。在极化峰度的比较图中，从上到下第一、三条曲线表示线极化波入射时 $\tilde{g}_{HV[1]}$ 和 $\tilde{g}_{HV[3]}$ 的峰度，第二、四条曲线表示圆极化入射 $\tilde{g}_{HV[1]}$ 和 $\tilde{g}_{HV[3]}$ 的峰度。很明显目标对圆极化的去极化能力要比线极化强，并且斜度和峰度的变化显示随着散射粒子数目的增加，概率密度函数曲线趋于对称和平坦。其变化趋势通过数字特征描述得更加精细，并且结论与文献 [19] 一致。

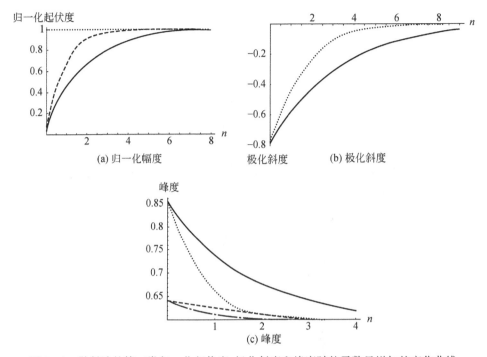

图 2.31　散射波的第二类归一化起伏度、极化斜度和峰度随粒子数目增加的变化曲线

## 2.5　零均值复高斯分布电磁波平均极化状态参量的统计特性

在缺少电磁波极化状态的先验信息情况下,若希望利用极化信息以改善雷达的检测、抗干扰与识别性能,需要首先估计电磁波的极化状态,而估计性能会受电磁波极化状态统计特性影响。前面主要针对单个观测矢量样本的极化统计特性,开展了理论建模与仿真验证,然而在实际中,仅利用单组样本对电磁波极化状态的估计难免存在较大误差,从而影响后续极化处理性能。通过对多组极化样本取平均的处理方式能够提高极化状态估计的精度。因此,本节将分析经多样本平均处理后的极化状态估计值的统计特性。

### 2.5.1　平均极化 Jones 矢量统计特性

定义复高斯分布电磁信号的第 $k$ 个样本矢量为 $\xi_k = [\xi_{H,k}\ \xi_{V,k}]^{\mathrm{T}}$,则所有样本均服从二维零均值复高斯分布,即

$$\xi_k : \mathbf{CG}_2(0, \boldsymbol{\Sigma}), \quad k=1,2,\cdots,K \tag{2.168}$$

式中，$\boldsymbol{\Sigma}$ 为协方差矩阵，其定义如式(2.8)所示；$K$ 为用于平均处理的极化矢量样本个数。经过平均处理后的极化 Jones 矢量可表示为

$$\bar{\xi} = \frac{1}{K} \sum_{k=1}^{K} \xi_k = \begin{bmatrix} \bar{\xi}_H \\ \bar{\xi}_V \end{bmatrix}$$

根据平稳随机信号理论可知，$\bar{\xi}$ 为电磁波极化真实 Jones 矢量的极大似然估计，且经过平均处理后的极化 Jones 矢量仍然服从二维复高斯分布

$$\bar{\xi} : \mathbf{CG}_2(0, \boldsymbol{\Sigma}/K)$$

相应的平均 Jones 矢量的概率密度函数可写为

$$
\begin{aligned}
f(\bar{\xi}) &= \frac{K^2}{\pi^2 |\boldsymbol{\Sigma}|} \exp(-K^2 \, \bar{\xi}^{\mathrm{H}} \, \boldsymbol{\Sigma}^{-1} \bar{\xi}) \\
&= \frac{K^2}{\pi^2 |\boldsymbol{\Sigma}|} \exp\left\{ -\frac{\sigma_{VV} |\bar{\xi}_H|^2 + \sigma_{HH} |\bar{\xi}_V|^2 - 2\mathrm{Re}(\sigma_{HV} \bar{\xi}_H^* \bar{\xi}_V)}{|\boldsymbol{\Sigma}|} \right\}
\end{aligned}
\tag{2.169}
$$

随后，Jones 矢量样本进行自相关处理，再经平均处理后可以得到对电磁波真实协方差矩阵 $\boldsymbol{\Sigma}$ 的极大似然估计，将其定义为

$$\hat{\boldsymbol{\Sigma}} \equiv \frac{1}{K} \sum_{k=1}^{K} \xi_k \, \xi_k^{\mathrm{H}} = \begin{bmatrix} \dfrac{1}{K} \sum\limits_{k=1}^{K} |\xi_{H,k}|^2 & \dfrac{1}{K} \sum\limits_{k=1}^{K} \xi_{H,k} \xi_{V,k}^* \\ \dfrac{1}{K} \sum\limits_{k=1}^{K} \xi_{H,k}^* \xi_{V,k} & \dfrac{1}{K} \sum\limits_{k=1}^{K} |\xi_{V,k}|^2 \end{bmatrix} = \begin{bmatrix} \hat{\sigma}_{HH} & \hat{\sigma}_{HV} \\ \hat{\sigma}_{HV}^* & \hat{\sigma}_{VV} \end{bmatrix} \tag{2.170}$$

由文献[13]中的定理 5.1 可知，$\boldsymbol{A} = K\hat{\boldsymbol{\Sigma}}$ 服从二维复 Wishart 分布，即

$$f(\boldsymbol{A}) = \frac{|\boldsymbol{A}|^{K-2}}{\pi \Gamma(K) \Gamma(K-1) |\boldsymbol{\Sigma}|^K} \exp[-\mathrm{tr}(\boldsymbol{\Sigma}^{-1}\boldsymbol{A})] \tag{2.171}$$

式中，$\Gamma(\cdot)$ 表示伽马函数，$\mathrm{tr}(\cdot)$ 表示矩阵的迹。矩阵 $\boldsymbol{A}$ 可表示为

$$\boldsymbol{A} = K\hat{\boldsymbol{\Sigma}} = \begin{bmatrix} A_{11} & A_{12} \\ A_{21} & A_{22} \end{bmatrix} = \begin{bmatrix} \sum\limits_{k=1}^{K} |\xi_{H,k}|^2 & \sum\limits_{k=1}^{K} \xi_{H,k} \xi_{V,k}^* \\ \sum\limits_{k=1}^{K} \xi_{H,k}^* \xi_{V,k} & \sum\limits_{k=1}^{K} |\xi_{V,k}|^2 \end{bmatrix} \tag{2.172}$$

### 2.5.2　平均极化比统计特性

由前述介绍可知，极化比参量是由极化幅度比和相位差两个分量构成的，单个样本的幅度比和相位差的统计模型已经在 2.2 节中给出，于是第 $k$ 个样本矢量的

极化幅度比和相位差可分别定义为

$$\begin{cases} \rho_k = \left| \dfrac{\xi_{\mathrm{H},k}}{\xi_{\mathrm{V},k}} \right| \\[3mm] \varphi_k = \arg(\xi_{\mathrm{H},k}\xi_{\mathrm{V},k}^{*}) \end{cases} \tag{2.173}$$

式中,arg 用于计算复数的复角,而经多样本平均处理后的极化幅度比和相位差可分别根据观测样本表示为

$$\begin{cases} \overline{\rho} = \sqrt{\dfrac{\displaystyle\sum_{k=1}^{K} |\xi_{\mathrm{H},k}|^2}{\displaystyle\sum_{k=1}^{K} |\xi_{\mathrm{V},k}|^2}} \\[6mm] \overline{\varphi} = \arg\left(\displaystyle\sum_{k=1}^{K} \xi_{\mathrm{H},k}\xi_{\mathrm{V},k}^{*}\right) \end{cases} \tag{2.174}$$

首先考虑平均极化相位差 $\overline{\varphi}$,通过观察式(2.172)不难看出,$\overline{\varphi}$ 恰好为矩阵 $\boldsymbol{A}$ 的非对角元素 $A_{12}$ 的复角;而观察式(2.171)可知,矩阵 $\boldsymbol{A}$ 的概率密度函数可写成矩阵 $\boldsymbol{A}$ 各元素的联合概率密度函数形式,即 $f(\boldsymbol{A}) = f\big[A_{11}, A_{22}, \mathrm{Re}(A_{12}), \mathrm{Im}(A_{12})\big]$,于是做如下变量替换:

$$T_1 = \frac{A_{11}}{\sigma_{\mathrm{HH}}}, \quad T_2 = \frac{A_{22}}{\sigma_{\mathrm{VV}}}, \quad \gamma = \frac{\sqrt{\mathrm{Re}(A_{12})^2 + \mathrm{Im}(A_{12})^2}}{\sqrt{\sigma_{\mathrm{HH}}\sigma_{\mathrm{VV}}}}, \quad \overline{\varphi} = \arctan\frac{\mathrm{Im}(A_{12})}{\mathrm{Re}(A_{12})} \tag{2.175}$$

不难计算出该变换对应的雅可比系数为

$$J\left(\frac{A_{11}, A_{22}, \mathrm{Re}(A_{12}), \mathrm{Im}(A_{12})}{T_1, T_2, \gamma, \overline{\varphi}}\right) = \sigma_{\mathrm{HH}}^2 \sigma_{\mathrm{VV}}^2 \gamma \tag{2.176}$$

将其代入式(2.171)可得新变量的联合概率密度函数为

$$f(T_1, T_2, \gamma, \overline{\varphi}) = \frac{(T_1 T_2 - \gamma^2)^{K-2}\gamma}{\pi \Gamma(K)\Gamma(K-1)(1-|\eta|^2)^K}\exp\left[-\frac{T_1 + T_2 - 2\gamma|\eta|\cos(\overline{\varphi}-\theta)}{(1-|\eta|^2)}\right] \tag{2.177}$$

式中,$\eta = \dfrac{\sigma_{\mathrm{HV}}}{\sqrt{\sigma_{\mathrm{HH}}\sigma_{\mathrm{VV}}}}$ 为极化相干系数;$\theta$ 为该值的复角。依次对式(2.177)中的变量 $T_1$、$T_2$、$\gamma$ 积分可得平均极化相位差 $\overline{\varphi}$ 的概率密度函数为

$$f(\overline{\varphi}) = \frac{\Gamma(K+1/2)(1-|\eta|^2)^K\beta}{2\sqrt{\pi}\,\Gamma(K)(1-\beta^2)^{K+1/2}} + \frac{(1-|\eta|^2)^K}{2\pi}\,{}_2\mathrm{F}_1(K,1;1/2;\beta^2) \tag{2.178}$$

式中,$\beta = |\eta|\cos(\overline{\varphi}-\theta)$;${}_2\mathrm{F}_1(\cdot,\cdot;\cdot;\cdot)$ 为高斯超几何函数。和单样本极化相

位差分布特性不同,经样本平均处理的相位差概率密度函数除了与真实协方差矩阵相关,还与用于平均的样本组数 $K$ 有关。

接着考虑幅度比 $\bar{\rho}$ 的分布特性,回到式(2.177),分别对 $\gamma$ 和 $\bar{\varphi}$ 积分,得到 $(T_1, T_2)$ 的联合概率密度函数为

$$f(T_1, T_2) = \frac{(T_1 T_2)^{(K-1)/2} \exp\left(-\frac{T_1 + T_2}{1 - |\eta|^2}\right)}{\Gamma(K)(1 - |\eta|^2)|\eta|^{K-1}} I_{n-1}\left[\frac{2\sqrt{T_1 T_2}|\eta|}{1 - |\eta|^2}\right] \quad (2.179)$$

根据关系式(2.172)和式(2.175),任意单个极化通道内的电磁波信号功率可表示为

$$P_i = \frac{1}{K}\sum_{k=1}^{K} |\xi_{i,k}|^2 = \frac{A_{ii}}{K} = \frac{T_i \sigma_i^2}{K}, \quad i = \text{H,V 或 } i = 1,2$$

将其代入式(2.179)可得两极化基下信号功率的联合概率密度函数为

$$f(P_1, P_2) = \frac{K^{K+1}(P_1 P_2)^{(K-1)/2} \exp\left(-K\frac{P_1/\sigma_{\text{HH}} + P_2/\sigma_{\text{VV}}}{1 - |\eta|^2}\right)}{(\sqrt{\sigma_{\text{HH}}\sigma_{\text{VV}}})^{K+1}\Gamma(K)(1 - |\eta|^2)|\eta|^{K-1}} I_{n-1}\left[\frac{2K\sqrt{P_1 P_2}|\eta|}{\sqrt{\sigma_{\text{HH}}\sigma_{\text{VV}}}(1 - |\eta|^2)}\right]$$

$$(2.180)$$

在此基础上还可以定义平均功率比变量

$$\bar{P} \equiv \frac{\frac{1}{K}\sum_{k=1}^{K}|\xi_{\text{H},k}|^2}{\frac{1}{K}\sum_{k=1}^{K}|\xi_{\text{V},k}|^2} = \frac{T_1 \sigma_{\text{HH}}}{T_2 \sigma_{\text{VV}}} = c\frac{T_1}{T_2} \quad (2.181)$$

式中,$c = \dfrac{\sigma_{\text{HH}}}{\sigma_{\text{VV}}}$。对式(2.179)进行变量替换和边缘概率密度函数积分,得到平均功率比 $\bar{P}$ 的概率密度函数为

$$f(\bar{P}) = \frac{c^K \Gamma(2K)(1 - |\eta|^2)^K (c + \bar{P})\bar{P}^{K-1}}{\Gamma(K)^2 [(c + \bar{P})^2 - 4c|\eta|^2\bar{P}]^{(2K+1)/2}} \quad (2.182)$$

进一步,根据关系式 $\bar{\rho} = \sqrt{\bar{P}}$ 能够得到平均极化幅度比 $\bar{\rho}$ 的概率密度函数,对式(2.182)进行变量替换可得

$$f(\bar{\rho}) = \frac{2c^K \Gamma(2K)(1 - |\eta|^2)^K (c + \bar{\rho}^2)\bar{\rho}^{2K-1}}{\Gamma(K)^2 [(c + \bar{\rho}^2)^2 - 4c|\eta|^2\bar{\rho}^2]^{(2K+1)/2}} \quad (2.183)$$

和相位差类似,平均极化幅度比的概率密度函数同样是协方差矩阵元素和平均样本数的函数。至此,式(2.178)和式(2.183)即给出了经多个样本平均处理后的极化比参量的概率密度函数模型。

### 2.5.3　平均 Stokes 矢量统计特性

在估计电磁波信号的极化状态时,为了提高极化估计精度,可以采用极化聚类中心的估计方法,即通过平均电磁波信号多个样本的 Stokes 矢量予以实现。为分析经多样本平均处理得到的极化状态估计性能,需要给出平均 Stokes 矢量的统计模型。根据 Stokes 矢量同 Jones 矢量之间的关系,第 $k$ 个样本的 Stokes 矢量可表示为

$$\boldsymbol{g}(k) = \begin{bmatrix} g_0(k) \\ g_1(k) \\ g_2(k) \\ g_3(k) \end{bmatrix} = \begin{bmatrix} |\xi|_{\mathrm{H},k}^2 + |\xi|_{\mathrm{V},k}^2 \\ |\xi|_{\mathrm{H},k}^2 - |\xi|_{\mathrm{V},k}^2 \\ 2\mathrm{Re}(\xi_{\mathrm{H},k}\xi_{\mathrm{V},k}^*) \\ 2\mathrm{Im}(\xi_{\mathrm{H},k}\xi_{\mathrm{V},k}^*) \end{bmatrix} \tag{2.184}$$

于是对多个样本的 Stokes 矢量的平均矢量 $\hat{\boldsymbol{g}}$ 可以写为

$$\hat{\boldsymbol{g}} = \begin{bmatrix} \hat{g}_0 \\ \hat{g}_1 \\ \hat{g}_2 \\ \hat{g}_3 \end{bmatrix} = \frac{1}{K} \sum_{k=1}^{K} \boldsymbol{g}(k) \tag{2.185}$$

通过真实协方差矩阵 $\boldsymbol{\Sigma}$ 元素同真实 Stokes 矢量之间的数学关系[1]

$$\begin{cases} G_0 = \sigma_{\mathrm{HH}} + \sigma_{\mathrm{VV}} \\ G_1 = \sigma_{\mathrm{HH}} - \sigma_{\mathrm{VV}} \\ G_2 = \sigma_{\mathrm{HV}} + \sigma_{\mathrm{VH}} \\ G_3 = \mathrm{j}(\sigma_{\mathrm{HV}} - \sigma_{\mathrm{VH}}) \end{cases} \tag{2.186}$$

可以得到协方差矩阵估计值同 Stokes 矢量估计值之间的数学关系。式中,$(G_0, G_1, G_2, G_3)$ 为式(2.59)所示的 Stokes 矢量,可以认为代表电磁波的真实极化状态,于是平均矢量 $\hat{\boldsymbol{g}}$ 可看成对真实极化状态 $\boldsymbol{G}$ 的估计。式(2.172)则给出了协方差矩阵的估计式,因此可以建立 $\hat{\boldsymbol{g}}$ 的各分量同协方差矩阵估计值 $\boldsymbol{A}$ 的各元素之间的对应关系

$$\begin{cases} \hat{g}_0 = \dfrac{1}{K}(A_{11} + A_{22}) \\[2mm] \hat{g}_1 = \dfrac{1}{K}(A_{11} - A_{22}) \\[2mm] \hat{g}_2 = \dfrac{1}{K}(A_{12} + A_{21}) \\[2mm] \hat{g}_3 = \dfrac{\mathrm{j}}{K}(A_{12} - A_{21}) \end{cases} \tag{2.187}$$

2.5.2 节中已经介绍了矩阵 $\boldsymbol{A}$ 服从二维复 Wishart 分布,如式(2.171)所示。因此,通过式(2.187)进行 $\boldsymbol{A} \rightarrow \hat{\boldsymbol{g}}$ 变量替换即可得到平均 Stokes 矢量 $\hat{\boldsymbol{g}}$ 的联合概率密度函数

$$f(\hat{\boldsymbol{g}}) = \frac{2K^{2K}}{\pi\Gamma(K)\Gamma(K-1)} \frac{(\hat{g}_0^2 - \hat{g}_1^2 - \hat{g}_2^2 - \hat{g}_3^2)^{K-2}}{(G_0^2 - G_1^2 - G_2^2 - G_3^2)^K}$$
$$\cdot \exp\left[-2K\left(\frac{G_0\hat{g}_0 - G_1\hat{g}_1 - G_2\hat{g}_2 - G_3\hat{g}_3}{G_0^2 - G_1^2 - G_2^2 - G_3^2}\right)\right] \qquad (2.188)$$

下面讨论平均 Stokes 矢量各分量的统计特性,首先来看 $\hat{g}_0$ 和 $\hat{g}_1$,由式(2.185)可知,$\hat{g}_0$ 和 $\hat{g}_1$ 分别是 $K$ 个独立同分布的瞬时 Stokes 分量 $g_0(k)$ 和 $g_1(k)$ 的平均,关于瞬时极化 Stokes 矢量各分量的概率密度函数已经在 2.3 节中给出,根据随机理论,$K$ 个相互独立随机量的特征函数可以表示成每个随机量特征函数的乘积,于是

$$\begin{cases} \Phi_{g_0^K} = (\Phi_{g_0})^K \\ \Phi_{g_1^K} = (\Phi_{g_1})^K \end{cases} \qquad (2.189)$$

式中,$g_0^K$ 表示 $K$ 个服从 $f(g_0)$ 分布的随机样本之和;$\Phi$ 代表特征函数。由式(2.64)和式(2.70)可以分别给出 $g_0$ 和 $g_1$ 的特征函数

$$\begin{cases} \Phi_{g_0}(\mathrm{j}\omega) = \int_0^\infty f(g_0)\exp(\mathrm{j}\omega g_0)\,\mathrm{d}g_0 = \dfrac{AC}{(B-C-\mathrm{j}\omega)(B+C-\mathrm{j}\omega)} \\ \Phi_{g_1}(\mathrm{j}\omega) = \int_{-\infty}^\infty f(g_1)\exp(\mathrm{j}\omega g_1)\,\mathrm{d}g_1 = \dfrac{E+F}{\mu(F+\mathrm{j}\omega)(F-\mathrm{j}\omega)} \end{cases} \qquad (2.190)$$

式中

$$\begin{cases} A = 2\left[(\sigma_{HH}+\sigma_{VV})^2 - 4\,|\boldsymbol{\Sigma}|\right]^{-1/2} \\ B = \dfrac{\sigma_{HH}+\sigma_{VV}}{2\,|\boldsymbol{\Sigma}|} \\ C = \dfrac{\left[(\sigma_{HH}+\sigma_{VV})^2 - 4\,|\boldsymbol{\Sigma}|\right]^{1/2}}{2\,|\boldsymbol{\Sigma}|} \end{cases}, \quad \begin{cases} \mu = \left[(\sigma_{HH}-\sigma_{VV})^2 + 4\,|\boldsymbol{\Sigma}|\right]^{1/2} \\ E = \dfrac{\mu - (\sigma_{HH}-\sigma_{VV})}{2\,|\boldsymbol{\Sigma}|} \\ F = \dfrac{\mu + (\sigma_{HH}-\sigma_{VV})}{2\,|\boldsymbol{\Sigma}|} \end{cases}$$

将式(2.190)代入式(2.189)后,进行特征函数的逆变换,即可得到经平均处理后的 $\hat{g}_0$ 和 $\hat{g}_1$ 的概率密度函数

$$f(\hat{g}_0) = \frac{\sqrt{\pi}\,K\,(AC)^K}{\Gamma(K)}\left(\frac{\hat{K}g_0}{2C}\right)^{K-\frac{1}{2}}\exp(-B\hat{K}g_0)\,\mathrm{I}_{K-\frac{1}{2}}(C\hat{K}g_0), \quad \hat{g}_1 > 0 \qquad (2.191)$$

$$f(\hat{g_1}) = \begin{cases} \dfrac{K\exp(-EK\hat{g_1})}{[(K-1)!]^2} H(\hat{g_1}), & \hat{g_1} \geqslant 0 \\[3mm] \dfrac{K\exp(FK\hat{g_1})}{[(K-1)!]^2} H(\hat{g_1}), & \hat{g_1} < 0 \end{cases} \qquad (2.192)$$

式中

$$H(x) = \sum_{k=0}^{K-1} \frac{C_{K-1}^k (2K-k-2)! (Kx)^k}{3^{K/2} (E+F)^{K-1-k}}$$

下面获取 $\hat{g_2}$ 和 $\hat{g_3}$ 的概率密度函数,仍采用特征函数方法计算起来较为复杂,于是可通过对式(2.188)的联合概率密度函数中的各个分量进行连续积分的方法分别求取,文献[17]中给出了积分计算过程,这里直接给出结果

$$f(\hat{g_2}) = \frac{2K^{K+1}\sqrt{\sigma_{HH}\sigma_{VV}}}{\pi\Gamma(K)\Gamma(K-1)|\boldsymbol{\Sigma}|} \exp\left[\frac{K|\sigma_{HV}|\cos\beta}{|\boldsymbol{\Sigma}|}\hat{g_2}\right]$$

$$\cdot \int_0^\infty \left[x^2 + \frac{\hat{g_2}^2}{\sigma_{HH}\sigma_{VV}}\right]^{(K-1)/2} K_{K-1}\left\{\frac{2K\sigma_{HH}\sigma_{VV}}{|\boldsymbol{\Sigma}|}\left[x^2 + \frac{\hat{g_2}^2}{\sigma_{HH}\sigma_{VV}}\right]^{1/2}\right\} \quad (2.193)$$

$$\cdot \cosh\left(\frac{2K\sqrt{\sigma_{HH}\sigma_{VV}}|\sigma_{HV}|}{|\boldsymbol{\Sigma}|}x\right) \mathrm{d}x$$

和

$$f(\hat{g_3}) = \frac{2K^{2K+1}\sqrt{\sigma_{HH}\sigma_{VV}}}{\pi\Gamma(K)|\boldsymbol{\Sigma}|} \exp\left[\frac{K|\sigma_{HV}|\sin\beta}{|\boldsymbol{\Sigma}|}\hat{g_3}\right]$$

$$\cdot \int_0^\infty \left[x^2 + \left(\frac{\hat{g_3}}{2\sqrt{\sigma_{HH}\sigma_{VV}}}\right)^2\right]^{(K-1)/2} \cosh\left(\frac{2K\sigma_{HH}\sigma_{VV}|\sigma_{HV}|\cos\beta}{|\boldsymbol{\Sigma}|}x\right) \quad (2.194)$$

$$\cdot K_{L-1}\left\{\frac{2K\sigma_{HH}\sigma_{VV}}{|\boldsymbol{\Sigma}|}\left[x^2 + \left(\frac{\hat{g_3}}{2\sqrt{\sigma_{HH}\sigma_{VV}}}\right)^2\right]^{1/2}\right\} \mathrm{d}x$$

综合上述结果不难看出,当样本数 $K=1$ 时,式(2.191)～式(2.194)恰好退化为 2.3 节获取的瞬时极化 Stokes 矢量中 $g_0$、$g_1$、$g_2$ 和 $g_3$ 的概率密度函数。因此,一方面可以证明本节给出的经多个样本平均估计得到的极化 Stokes 矢量统计模型的正确性;另一方面可以认为瞬时极化参量的统计特性是多样本平均统计模型的特例,且后者更具有一般性。

### 2.5.4　仿真实验与结果分析

本节将针对经平均处理后的极化参量统计特性开展仿真对比实验,以验证该

情形下获取的理论概率密度函数模型的正确性。仍采用 2.3 节给出的电磁波信号仿真数据生成方法,产生具有特定协方差矩阵的随机极化样本,仿真参数采用 2.3 节中的 $\boldsymbol{\Sigma}_2 = \begin{bmatrix} 10 & -3+4j \\ -3-4j & 10 \end{bmatrix}$ 作为真实电磁信号协方差矩阵,此外设定用于平均处理的样本数分别为 $K=8,32,64$。按照设定的样本数每 $K$ 个样本划为一组,根据式(2.174)计算每组样本的平均极化比,随后统计各参量的分布直方图,其中包括幅度比和相位差。与此同时,将真实协方差矩阵 $\boldsymbol{\Sigma}_2$ 和设定样本数 $K$ 代入式(2.178)和式(2.183)获得极化比参量的理论概率密度函数。图 2.32 给出了理论概率密度函数(如图中实线所示)和仿真数据经平均处理后极化比参量统计直方图(如图中圆圈符号所示)的对比结果。

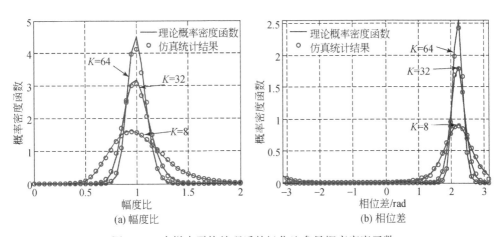

图 2.32　多样本平均处理后的极化比参量概率密度函数

由图 2.32 可知,理论模型始终能够与仿真数据的统计结果相匹配,足以证明理论模型推导的正确性。由于经过了样本平均处理,因此比较关心样本数对统计特性的影响,由图 2.32 不难看出,无论幅度比还是相位差,随着样本数的增加,分布都会变得更为尖锐,说明平均处理可以提高极化估计精度。

接着给出平均 Stokes 矢量的仿真数据与理论模型对比结果,仿真数据仍然利用协方差矩阵 $\boldsymbol{\Sigma}_2$ 设定下产生的极化 Jones 矢量样本,对每个 Jones 矢量样本按照式(2.184)估计瞬时极化 Stokes 矢量,再将每 $K$ 个 Stokes 矢量划为一组,按式(2.185)计算平均 Stokes 矢量,对平均后的 Stokes 矢量各分量可以分别绘制统计直方图。再将 $\boldsymbol{\Sigma}_2$ 中各参数值连同所选取的 $K$ 值代入各分量的理论统计模型,得到理论概率密度函数曲线,统计直方图和理论曲线的对比结果如图 2.33 所示。

图 2.33(a)~(d)分别对应 Stokes 矢量的四个分量,图中纵轴为概率密度函数,横轴为各分量关于真实电磁信号方差的归一化值。理论概率密度函数对仿真数据良好的拟合结果同样验证了所建立的平均 Stokes 各分量统计模型的正确性。此外,同极化比参量类似,随着平均样本数的增加,分布曲线变得更加尖锐,说明估计精度得到提高。

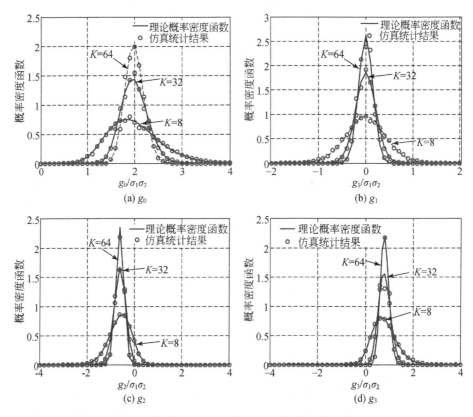

图 2.33　多样本平均处理后极化 Stokes 各分量的概率密度函数

由于已知真实 Stokes 矢量同协方差矩阵具有一一对应的关系,如式(2.186)所示,因此根据设定的协方差矩阵 $\boldsymbol{\Sigma}_2$ 的各元素,计算出电磁波信号真实 Stokes 矢量为 $\boldsymbol{G}_2=[2,0,-0.6,0.8]^{\mathrm{T}}$。由图 2.33 中的结果可以进一步统计出各 Stokes 分量在不同样本数条件下的数字特征,包括理论均值 $E(\hat{g_i})$ 和理论标准差 $\sigma(\hat{g_i})$,以及各参量仿真数据统计结果的均值 $\overline{g_i}$ 和标准差 $s(\hat{g_i})$,其中角标 $i=0,1,2,3$。

$g_0$ 和 $g_1$ 的相关数字特征列在表 2.1 中,表 2.2 则给出了 $g_2$ 和 $g_3$ 的数字特征。通过观察首先可以发现,当用于平均的样本数相同时,理论概率密度函数数字特征与仿真数据的数字特征具有非常高的一致性,因此能从另一个侧面说明所建立的理论模型确实能够表征电磁信号经样本平均处理后的极化统计行为;其次,通过对比统计均值和设定的真实 Stokes 矢量值$G_2$还可以看出,多样本平均处理后的 Stokes 矢量估计值是对真实电磁波信号极化状态的无偏估计;最后,观察各分量的标准偏差还可以看出,该值会随着样本数的增加而逐渐减小,再次说明了估计精度同样本数 $K$ 取值之间的关系。

表 2.1　平均 Stokes 参量仿真结果的数字特征($\hat{g}_0$ 和 $\hat{g}_1$)

| 样本数 | $E(\hat{g}_0)$ | $\overline{g}_0$ | $\sigma(\hat{g}_0)$ | $s(\hat{g}_0)$ | $E(\hat{g}_1)$ | $\overline{g}_1$ | $\sigma(\hat{g}_1)$ | $s(\hat{g}_1)$ |
|---|---|---|---|---|---|---|---|---|
| 8 | 1.99 | 1.99 | 0.56 | 0.55 | $2.3\times10^{-16}$ | $1.6\times10^{-3}$ | 0.43 | 0.44 |
| 32 | 2 | 2 | 0.28 | 0.28 | $1.3\times10^{-16}$ | $2.5\times10^{-4}$ | 0.22 | 0.22 |
| 64 | 2 | 2 | 0.20 | 0.20 | $1.9\times10^{-16}$ | $1\times10^{-3}$ | 0.15 | 0.16 |

表 2.2　平均 Stokes 参量仿真结果的数字特征($\hat{g}_2$ 和 $\hat{g}_3$)

| 样本数 | $E(\hat{g}_2)$ | $\overline{g}_2$ | $\sigma(\hat{g}_2)$ | $s(\hat{g}_2)$ | $E(\hat{g}_3)$ | $\overline{g}_3$ | $\sigma(\hat{g}_3)$ | $s(\hat{g}_3)$ |
|---|---|---|---|---|---|---|---|---|
| 8 | $-0.6$ | $-0.59$ | 0.48 | 0.48 | 0.8 | 0.79 | 0.52 | 0.52 |
| 32 | $-0.6$ | $-0.59$ | 0.24 | 0.24 | 0.8 | 0.79 | 0.25 | 0.26 |
| 64 | $-0.6$ | $-0.6$ | 0.17 | 0.17 | 0.8 | 0.8 | 0.18 | 0.19 |

## 2.6　零均值复高斯分布电磁波极化度的统计特性

本节将开展极化度统计特性的研究,这里的极化度统计特性实际上指的是对真实极化度估计值的统计特性,由于随机电磁信号的极化度通常无法先验已知,因此需要利用有限的观测样本予以估计。

定义雷达观测电磁信号的第 $k$ 个极化样本为$\boldsymbol{\xi}_k = [\xi_{\mathrm{H},k}\ \xi_{\mathrm{V},k}]^{\mathrm{T}}$,其同样服从式(2.168)所示的二维零均值复高斯分布。假设用于估计极化度的干扰信号样本数为 $K$,1.1 节给出的极化度的定义可重写为

$$p \equiv \frac{\sqrt{\mathrm{tr}(\boldsymbol{\Sigma})^2 - 4\det(\boldsymbol{\Sigma})}}{\mathrm{tr}(\boldsymbol{\Sigma})} = \frac{\lambda_1 - \lambda_2}{\lambda_1 + \lambda_2} \tag{2.195}$$

和

$$p = \frac{\sqrt{g_1^2 + g_2^2 + g_3^2}}{g_0} \tag{2.196}$$

式中, $\mathrm{tr}(\boldsymbol{\Sigma}) \equiv \langle |\xi_{\mathrm{H}}|^2 \rangle + \langle |\xi_{\mathrm{V}}|^2 \rangle = \lambda_1 + \lambda_2$, 代表矩阵的迹, 同时表示该随机电磁波的总功率, $\lambda_1$ 和 $\lambda_2$ 表示矩阵 $\boldsymbol{\Sigma}$ 的两个特征值, 根据半正定的 Hermitian 矩阵的性质不妨假设 $\lambda_1 \geqslant \lambda_2 \geqslant 0$; $\det(\boldsymbol{\Sigma}) = \lambda_1 \lambda_2$, 代表矩阵的行列式; $(g_0, g_1, g_2, g_3)$ 为电磁信号的 Stokes 参量。

下面将分别基于极化协方差矩阵特征值以及 Stokes 矢量建立极化度估计量的统计特性。

## 2.6.1　基于协方差矩阵的极化度估计量统计特性

由式(2.195)可知, 真实极化度是真实协方差矩阵特征值的函数, 因此为估计极化度, 首先需要给出极化协方差矩阵的估计值, 根据文献[13]对多维复高斯分布 Hermitian 协方差矩阵的研究可知

$$\hat{\boldsymbol{\Sigma}} = \frac{1}{K} \sum_{k=0}^{K-1} \boldsymbol{\xi}_k \boldsymbol{\xi}_k^{\mathrm{H}} \tag{2.197}$$

为电磁信号极化样本对其真实协方差矩阵 $\boldsymbol{\Sigma}$ 的最大似然估计。根据文献[13]中的定理 5.1 可知, 矩阵 $\hat{\boldsymbol{\Sigma}}$ 服从二维复 Wishart 分布, 此分布的概率密度函数具体可表示为

$$f(\hat{\boldsymbol{\Sigma}}) = \frac{K^{2K} |\hat{\boldsymbol{\Sigma}}|^{K-2}}{\pi \Gamma(K) \Gamma(K-1) |\boldsymbol{\Sigma}|^K} \exp[-K \mathrm{tr}(\boldsymbol{\Sigma}^{-1} \hat{\boldsymbol{\Sigma}})] \tag{2.198}$$

式中, $\Gamma(\cdot)$ 表示伽马函数; $\mathrm{tr}(\cdot)$ 表示矩阵的迹。

令 $\hat{\lambda}_1, \hat{\lambda}_2$ 为 $\hat{\boldsymbol{\Sigma}}$ 的两个特征值, 不妨假设 $\hat{\lambda}_1 \geqslant \hat{\lambda}_2$, 则根据极化度与协方差矩阵特征值之间的关系, 给出极化度的估计量与协方差矩阵估计量特征值之间的关系为

$$\hat{p} = \frac{\hat{\lambda}_1 - \hat{\lambda}_2}{\hat{\lambda}_1 + \hat{\lambda}_2}, \quad 0 < \hat{p} < 1 \tag{2.199}$$

为获取极化度估计量的统计分布, 首先需根据 Wishart 矩阵 $\hat{\boldsymbol{\Sigma}}$ 的分布特性给出其特征值的联合分布函数, 附录中给出了具体推导过程。

$$f(\hat{\lambda}_1, \hat{\lambda}_2) = \frac{\hat{\lambda}_1^{K-1} \hat{\lambda}_2^{K-2} - \hat{\lambda}_1^{K-2} \hat{\lambda}_2^{K-1}}{\Gamma(K) \Gamma(K-1) (\lambda_1 - \lambda_2)(\lambda_1 \lambda_2)^{K-1}} [e^{-\hat{\lambda}_1/\lambda_1 - \hat{\lambda}_2/\lambda_2} - e^{-\hat{\lambda}_1/\lambda_2 - \hat{\lambda}_2/\lambda_1}]$$

$$\tag{2.200}$$

式中,$\lambda_1$ 和 $\lambda_2$ 为多点源干扰真实极化协方差矩阵 $\boldsymbol{\Sigma}$ 的特征值,根据极化度的定义式(2.195),其真实极化度可表示为

$$P=\frac{\lambda_1-\lambda_2}{\lambda_1+\lambda_2}$$

定义变量 $q=\hat{\lambda}_1-\hat{\lambda}_2$,结合式(2.199),对式(2.200)进行$(\hat{\lambda}_1,\hat{\lambda}_2)\rightarrow(\hat{p},q)$的标准变量替换。不难给出该变换对应的雅可比系数为

$$|J|=\frac{q}{2\hat{p}^2} \tag{2.201}$$

将其代入式(2.200)整理可得

$$f(\hat{p},q)=Tq^{2K-2}\,\mathrm{e}^{-\beta q}\sinh(\gamma q) \tag{2.202}$$

式中

$$T=\frac{2\,(1-\hat{p}^2)^{K-2}}{2^{(2K-3)}\Gamma(K)\Gamma(K-1)(\lambda_1-\lambda_2)(\lambda_1\lambda_2)^{K-1}\hat{p}^{2K-2}}$$

$$\beta=\left(\frac{\lambda_1+\lambda_2}{2\lambda_1\lambda_2}\right)\frac{1}{\hat{p}}$$

$$\gamma=\frac{\lambda_1+\lambda_2}{2\lambda_1\lambda_2}P$$

对变量 $q$ 积分即可得到极化度估计量的边缘概率密度函数,积分过程需要利用文献[13]的积分公式(3.551-1)

$$\int_0^\infty x^{\mu-1}\mathrm{e}^{-\beta x}\sinh\gamma x\,\mathrm{d}x=\frac{1}{2}\Gamma(\mu)\left[(\beta-\gamma)^{-\mu}-(\beta+\gamma)^{-\mu}\right]$$

$$\mathrm{Re}\beta>-1,\quad \mathrm{Re}\beta>|\mathrm{Re}\gamma|$$

将式(2.202)代入该积分公式,整理后可得

$$f(\hat{p})=\int_0^\infty f(\hat{p},q)\mathrm{d}q$$

$$=\frac{4^{1-K}\,(1-P^2)^K\hat{p}\,(1-\hat{p}^2)^{K-2}}{\mathrm{B}(K,K-1)P}\left[(1-\hat{p}P)^{1-2K}-(1+\hat{p}P)^{1-2K}\right] \tag{2.203}$$

式中,$\mathrm{B}(a,b)$ 为 Beta 函数,定义为[25]

$$\mathrm{B}(a,b)\equiv\int_0^1 t^{a-1}\,(1-t)^{b-1}\mathrm{d}t$$

$$=\frac{\Gamma(a)\,\Gamma(b)}{\Gamma(a+b)},\quad \mathrm{Re}a>0,\ \mathrm{Re}b>0$$

由式(2.203)可知,极化度估计量的概率密度函数仅为多点源干扰信号的观测样本数 $K$ 以及合成信号的真实极化度 $P$ 的函数。至此便基于极化协方差矩阵建立了极化度估计量的概率密度函数,在分析该统计量的数字特征之前,还可根据极化度与 Stokes 矢量的关系给出另外一种极化度估计量概率密度函数的推导方法。

### 2.6.2　基于 Stokes 矢量的极化度估计量统计特性

根据部分极化波的分解式可知,定义未极化分量所占功率

$$g_e^2 \equiv g_0^2 - g_1^2 - g_2^2 - g_3^2 \tag{2.204}$$

将其代入式(2.196),则电磁信号的真实极化度还可表示为

$$P = \frac{\sqrt{g_1^2 + g_2^2 + g_3^2}}{g_0} = \frac{\sqrt{g_0^2 - g_e^2}}{g_0} \tag{2.205}$$

根据 2.5 节的研究可知,在零均值复高斯假设下,电磁信号经样本平均处理得到的 Stokes 估计矢量的联合概率密度函数对应公式(2.188),现重写为

$$f(\hat{\boldsymbol{g}}) = \frac{2K^{2K}}{\pi\Gamma(K)\Gamma(K-1)} \frac{(\hat{g}_0^2 - \hat{g}_1^2 - \hat{g}_2^2 - \hat{g}_3^2)^{K-2}}{(g_0^2 - g_1^2 - g_2^2 - g_3^2)^K}$$
$$\cdot \exp\left[-2K\left(\frac{g_0\hat{g}_0 - g_1\hat{g}_1 - g_2\hat{g}_2 - g_3\hat{g}_3}{g_0^2 - g_1^2 - g_2^2 - g_3^2}\right)\right] \tag{2.206}$$

式中,$\hat{\boldsymbol{g}} = [\hat{g}_0, \hat{g}_1, \hat{g}_2, \hat{g}_3]^{\mathrm{T}}$ 为平均极化 Stokes 矢量,同时也是电磁波信号真实 Stokes 矢量的最大似然估计。由 Stokes 矢量和极化度的关系式(2.196),可以得到极化度估计量与 Stokes 矢量估计值间存在如下关系:

$$\hat{p} = \frac{\sqrt{\hat{g}_1^2 + \hat{g}_2^2 + \hat{g}_3^2}}{\hat{g}_0} \tag{2.207}$$

进行如下所示的变量替换:

$$\begin{cases} A = \hat{g}_0^2 - \hat{g}_1^2 - \hat{g}_2^2 - \hat{g}_3^2 \\ B = \hat{g}_0^2 \\ C = \sqrt{\hat{g}_2^2 + \hat{g}_3^2} \\ \varphi = \arctan(\hat{g}_3/\hat{g}_2) \end{cases} \tag{2.208}$$

为获取极化度估计量的概率密度函数,首先需计算新变量的联合概率密度函数,由式(2.208)不难给出该变换对应的反函数为

$$\begin{cases} \hat{g}_0 = \sqrt{B} \\ \hat{g}_1 = \sqrt{B-A-C^2} \\ \hat{g}_2 = C\cos\varphi \\ \hat{g}_3 = C\sin\varphi \end{cases} \text{或} \begin{cases} \hat{g}_0 = \sqrt{B} \\ \hat{g}_1 = -\sqrt{B-A-C^2} \\ \hat{g}_2 = C\cos\varphi \\ \hat{g}_3 = C\sin\varphi \end{cases} \tag{2.209}$$

根据式(2.209)可分别求出两个函数组对应的雅可比系数为

$$|J_1| = |J_2| = \frac{C}{4\sqrt{B}\sqrt{B-A-C^2}}$$

将雅可比系数与式(2.209)代入式(2.206),整理后可得新变量$(A,B,C,\varphi)$的联合概率密度函数为

$$f(A,B,C,\varphi) = \frac{2K^{2K}A^{K-2}C \cdot \cosh(2Kg_1\sqrt{B-A-C^2}/g_e^2)}{\pi\Gamma(K)\Gamma(K-1)g_e^{2K}\sqrt{B}\sqrt{B-A-C^2}}$$
$$\cdot \exp\left[-\frac{2K}{g_e^2}(g_0\sqrt{B}-g_2C\cos\varphi-g_3C\sin\varphi)\right] \tag{2.210}$$

式中,$\cosh(x)=(e^x+e^{-x})/2$为双曲余弦函数。对该式中的变量$\varphi$积分,积分过程需利用文献[13]的积分公式(3.338-46),整理后可得

$$f(A,B,C) = \int_{-\pi}^{\pi} f(A,B,C,\varphi)\mathrm{d}\varphi$$

$$= \frac{4K^{2K}A^{K-2}}{\Gamma(K)\Gamma(K-1)g_e^{2K}\sqrt{B}}\exp\left(-\frac{2Kg_0\sqrt{B}}{g_e^2}\right)\frac{C}{\sqrt{B-A-C^2}}$$

$$\cdot \cosh\left(\frac{2Kg_1\sqrt{B-A-C^2}}{g_e^2}\right)I_0\left(\frac{2K\sqrt{g_2^2+g_3^2}}{g_e^2}C\right)$$

$$\tag{2.211}$$

式中,$I_0(\cdot)$表示零阶修正贝塞尔函数。继续对式中变量$C$积分,根据式(2.208)可知$C$的取值范围由0到$\sqrt{B-A}$,积分需利用文献[13]中的积分公式(6.616-5.3),整理后可得

$$f(A,B) = \int_0^{\sqrt{B-A}} f(A,B,C)\mathrm{d}C$$

$$= \frac{2K^{2K-1}A^{K-2} \cdot \exp(-2Kg_0\sqrt{B}/g_e^2)}{\Gamma(K)\Gamma(K-1)g_e^{2K-2}g_p\sqrt{B}}\sinh\left(\frac{2Kg_p\sqrt{B-A}}{g_e^2}\right)$$

$$\tag{2.212}$$

式中,$\sinh(\cdot)$代表双曲正弦函数;$g_p = \sqrt{g_1^2+g_2^2+g_3^2}$。

　　进一步做变量替换,令 $x=A/B,y=B$,则可计算由 $(A,B)\rightarrow(x,y)$ 变换对应的雅可比系数恰为 $y$,代入式(2.121)可得新变量的联合概率密度函数为

$$f(x,y)=\frac{2K^{2K-1}x^{K-2}y^{K-3/2}}{\Gamma(K)\Gamma(K-1)g_{\mathrm{e}}^{2K-2}g_{\mathrm{p}}}\exp\left(-\frac{2Kg_0}{g_{\mathrm{e}}^2}\sqrt{y}\right)\sinh\left(\frac{2Kg_{\mathrm{p}}\sqrt{1-x}}{g_{\mathrm{e}}^2}\sqrt{y}\right)$$

$$(2.213)$$

对变量 $y$ 积分可得 $x$ 的边缘概率密度函数,积分过程需利用文献[13]的积分公式(2.482-1)和(2.3.21-1),整理得

$$f(x)=\frac{\Gamma(2K-1)x^{K-2}}{\Gamma(K)\Gamma(K-1)g_{\mathrm{e}}^{2K-1}g_{\mathrm{p}}}$$

$$\cdot\left[\left(\frac{2g_0}{g_{\mathrm{e}}^2}-\frac{2g_{\mathrm{p}}}{g_{\mathrm{e}}^2}\sqrt{1-x}\right)^{1-2K}-\left(\frac{2g_0}{g_{\mathrm{e}}^2}+\frac{2g_{\mathrm{p}}}{g_{\mathrm{e}}^2}\sqrt{1-x}\right)^{1-2K}\right]$$

$$(2.214)$$

　　最后根据式(2.205)和式(2.208)可知

$$\hat{p}=\sqrt{1-A/B}=\sqrt{1-x}\qquad\qquad(2.215)$$

代入式(2.214),整理后可得极化度估计量的概率密度函数为

$$f(\hat{p})=\frac{4^{1-K}(1-P^2)^K(1-\hat{p}^2)^{K-2}\hat{p}}{B(K,K-1)P}\cdot\left[(1-P\hat{p})^{1-2K}-(1+P\hat{p})^{1-2K}\right]$$

$$(2.216)$$

不难看出,该结果与基于协方差矩阵获得的式(2.203)一致,因此采用两种方法均能获得相同的极化度估计量概率密度函数,且该函数仅与电磁信号样本数 $K$ 及真实极化度 $P$ 两个参量有关,进一步还可将此概率密度函数表示为

$$f(\hat{p};K,P)=\frac{2(1-P^2)^K(1-\hat{p}^2)^{K-2}\hat{p}}{B\left(K-1,\frac{3}{2}\right)}\cdot{}_2F_1\left(K,K+\frac{1}{2};\frac{3}{2};P^2\hat{p}^2\right)$$

$$(2.217)$$

式中, ${}_2F_1(a,a;b;z)$ 为高斯超几何函数,为广义超几何函数的一类特殊形式,定义为[25]

$${}_2F_1(a_1,a_2;b;z)=\frac{\Gamma(b)}{\Gamma(a_1)\Gamma(a_2)}\sum_{n=0}^{\infty}\frac{\Gamma(a_1+n)\Gamma(a_2+n)}{\Gamma(b+n)}\frac{z^n}{n!}$$

　　为验证所获取的极化度概率密度模型的正确性,与极化状态参量统计模型验证方法类似,下面开展仿真对比验证实验。仍利用2.3节给出的相干情形下电磁信号随机极化样本产生方法,产生三组电磁信号样本,真实协方差矩阵仍分别设置为

$$\boldsymbol{\Sigma}_1 = \begin{bmatrix} 10 & 1-j \\ 1+j & 10 \end{bmatrix}$$

$$\boldsymbol{\Sigma}_2 = \begin{bmatrix} 10 & -3+4j \\ -3-4j & 10 \end{bmatrix}$$

$$\boldsymbol{\Sigma}_3 = \begin{bmatrix} 10 & -8+j \\ -8-j & 10 \end{bmatrix}$$

利用协方差矩阵设定值可计算出每个协方差矩阵对应的电磁信号真实极化度分别为 $P_1=0.1414$、$P_2=0.5$ 及 $P_3=0.8062$。对每种情形下产生的仿真数据,按照一定的样本数进行分组,利用每组样本估计协方差矩阵进而估计极化度(与基于 Stokes 矢量的估计方法所得结果相同),再按照一定的极化度间隔(如 $\Delta p=0.02$),统计并绘制极化度估计结果的分布直方图,同时将设定协方差矩阵对应的极化度真值和选取的每组样本数代入本节获取的理论概率密度函数表达式(2.216),按照相同的间隔遍历极化度取值,即可得到对应的理论概率密度曲线,仿真数据的统计直方图与理论概率密度函数的对比结果如图 2.34 所示。

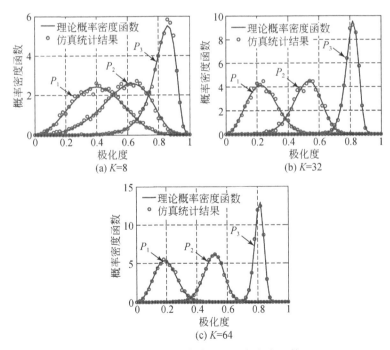

图 2.34　极化度估计量的概率密度函数

图 2.34(a)~(c)分别对应每组不同的样本数取值 $K=8,32,64$,图中实线表示

式(2.216)对应的理论概率密度函数,圆圈符号代表由仿真数据得到极化度的统计直方图。首先综合三幅图不难发现,在不同参数设定情形下,理论概率密度函数总能很好地拟合仿真数据的统计结果,从而证明了前面给出的极化度统计模型的正确性。此外,从不同参数对应的分布效果来看,在使用相同估计样本数的条件下,极化度估计量的分布会随着真实极化度的增大而向右侧偏移;而在相同真实极化度情形下,极化度估计量会随着估计样本数的增加,其分布形状变得更为尖锐(集中)。

### 2.6.3　极化度的数字特征

前面分别利用协方差矩阵特征值和 Stokes 矢量的联合分布得到了极化度估计量的概率密度函数,接下来基于该概率密度函数,进一步分析其相关的数字特征,包括极化度的各阶矩、累积分布函数以及估计值的置信区间。

1) 极化度的矩

首先考虑极化度估计量的期望值,根据随机变量期望的定义

$$E(\hat{p}) = \int_0^1 \hat{p} f(\hat{p}) \mathrm{d}\hat{p} \tag{2.218}$$

将式(2.217)和式(2.216)代入式(2.218)后可得

$$E(\hat{p}) = \frac{4^{1-K}(1-P^2)^K}{\mathrm{B}(K, K-1)P} \int_0^1 (1-\hat{p}^2)^{K-2} \hat{p}^2 \left[ (1-P\hat{p})^{1-2K} - (1+P\hat{p})^{1-2K} \right] \mathrm{d}\hat{p}$$

$$= \frac{(1-P^2)^K}{\Gamma(K)} \sum_{n=0}^{\infty} \frac{(n+1)\Gamma\left(n+K+\dfrac{1}{2}\right)}{(n+K)\Gamma\left(n+\dfrac{3}{2}\right)} P^{2n}$$

$$\tag{2.219}$$

由期望值可以给出极化度估计量相对于真实值的偏移,即

$$b(\hat{p}) = E(\hat{p}) - P \tag{2.220}$$

接着给出极化度估计量的方差,根据方差的定义

$$D(\hat{p}) = E(\hat{p} - E(\hat{p}))^2 = E(\hat{p}^2) - E(\hat{p})^2 \tag{2.221}$$

式中,$E(\hat{p})$ 同式(2.219),其二阶矩为

$$E(\hat{p}^2) = \int_0^1 \hat{p}^2 f(\hat{p}) \mathrm{d}\hat{p} = \frac{(1-P^2)^K}{\Gamma(K)} \sum_{n=0}^{\infty} \frac{\left(n+\dfrac{3}{2}\right)\Gamma(n+K)}{\left(n+K+\dfrac{1}{2}\right)n!} P^{2n} \tag{2.222}$$

图 2.35(a)和(b)分别给出了样本数为 8、32 和 64 时,极化度估计量的偏移和方差。由该图不难看出,随着样本数和真实极化度的增加,估计量渐进无偏并且方差逐渐减小。

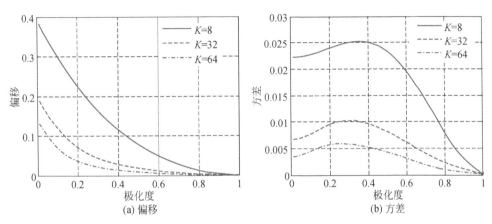

图 2.35　极化度估计的偏移和方差

考虑更一般的极化度估计量的 $r$ 阶矩可表示为

$$E(\hat{p}^r) = \int_0^1 \hat{p}^r f(\hat{p}) \mathrm{d}\hat{p} \qquad (2.223)$$

将密度函数式(2.217)代入式(2.223),经积分处理后得

$$E(\hat{p}^r) = \int_0^1 \frac{2(1-P^2)^K(1-\hat{p}^2)^{K-2}\hat{p}^{r+2}}{\mathrm{B}\left(K-1,\frac{3}{2}\right)} \,{}_2\mathrm{F}_1\left(K,K+\frac{1}{2};\frac{3}{2};P^2\hat{p}^2\right)\mathrm{d}\hat{p}$$

$$= \frac{(1-P^2)^K \mathrm{B}\left(K-1,\frac{r+3}{2}\right)}{\mathrm{B}\left(K-1,\frac{3}{2}\right)} \,{}_3\mathrm{F}_2\left(\frac{r+3}{2},K,K+\frac{1}{2};K+\frac{r+1}{2},\frac{3}{2};P^2\right)$$

$$(2.224)$$

式中,${}_3\mathrm{F}_2(a_1,a_2,a_3;b_1,b_2;z)$ 为广义超几何函数的特例,经计算不难发现,式(2.219)和式(2.222)仅为式(2.224)在 $r=1$ 和 $r=2$ 时的特例。

2) 极化度的累积分布函数

根据累积分布函数的定义,极化度估计量的累积分布函数可表示为

$$F(\hat{p}) = \mathrm{Pr}(p < \hat{p}) = \int_0^{\hat{p}} f(p)\mathrm{d}p \qquad (2.225)$$

将极化度估计量的概率密度函数式(2.217)代入式(2.225)可得

$$F(\hat{p}) = \frac{2\,(1-P^2)^K}{\mathrm{B}\left(K-1,\dfrac{3}{2}\right)} \int_0^{\hat{p}} (1-p^2)^{K-2}\, p^2\, {}_2\mathrm{F}_1\left(K, K+\frac{1}{2}; \frac{3}{2}; P^2 p^2\right) \mathrm{d}p$$

$$= \frac{(1-P^2)^K}{\mathrm{B}\left(K-1,\dfrac{3}{2}\right)} \sum_{n=0}^{\infty} \frac{\Gamma\left(\dfrac{3}{2}\right)\Gamma(K+n)\Gamma\left(K+\dfrac{1}{2}+n\right)P^{2n}}{\Gamma\left(\dfrac{3}{2}+n\right)\Gamma(K)\Gamma\left(K+\dfrac{1}{2}\right)n!} \int_0^{\hat{p}^2} (1-x)^{K-2} x^{n+\frac{1}{2}}\, \mathrm{d}x$$

$$(2.226)$$

根据文献[26]中的积分等式

$$\int_0^{\hat{p}^2} (1-x)^{u-1} x^{v-1}\, \mathrm{d}x = \frac{\Gamma(u)\,\hat{p}^{2v}}{\Gamma(u+v)} \sum_{m=0}^{u-1} \frac{\Gamma(v+m)}{m!}\,(1-\hat{p}^2)^m$$

令 $u=K-1, v=n+3/2$，将上式代入式（2.226）可得

$$F(\hat{p}) = \frac{(1-P^2)^K}{\mathrm{B}\left(K-1,\dfrac{3}{2}\right)} \sum_{n=0}^{\infty} \frac{\Gamma\left(\dfrac{3}{2}\right)\Gamma(K+n)\Gamma\left(K+\dfrac{1}{2}+n\right)P^{2n}}{\Gamma\left(\dfrac{3}{2}+n\right)\Gamma(K)\Gamma\left(K+\dfrac{1}{2}\right)n!}$$

$$\cdot \frac{\Gamma(K-1)\,\hat{p}^{2n+3}}{\Gamma\left(K+n+\dfrac{1}{2}\right)} \sum_{m=0}^{K-2} \frac{\Gamma\left(n+m+\dfrac{3}{2}\right)}{m!}\,(1-\hat{p}^2)^m$$

$$= (1-P^2)^K \hat{p}^3 \sum_{m=0}^{K-2} \frac{\Gamma\left(m+\dfrac{3}{2}\right)}{\Gamma\left(\dfrac{3}{2}\right)m!}\,(1-\hat{p}^2)^m\, {}_2\mathrm{F}_1\left(K, m+\frac{3}{2}; \frac{3}{2}; P^2\hat{p}^2\right)$$

$$(2.227)$$

**3) 极化度估计量的置信区间**

　　经过上述推导已知，极化度估计量的统计特性与样本数及真实极化度有关，因此当以一定数量的信号样本估计了电磁信号的极化度之后，往往需要评判本次估计的精确程度，或者说估计结果能够代替真实极化度的可信程度如何。于是，需要引入极化度估计量的置信区间，用以描述极化度真实值落在极化度估计值周围特定范围内的可信程度，置信概率的数学表示为

$$\Pr(p_1 \leqslant \hat{p} \leqslant p_2) = 1-\alpha \qquad (2.228)$$

式中，$[p_1, p_2]$ 代表电磁信号极化度的置信区间；$\alpha$ 代表显著性水平，则该区间的置信率为 $(1-\alpha) \times 100\%$。由于已知极化度估计量的分布函数，如式（2.227）所示，因此在真实极化度和估计样本数一定的条件下，假设区间两端点对应的极化度估计

量的取值概率分别为 $F(p_1)=\alpha/2$，$F(p_2)=1-\alpha/2$，此时极化度估计值位于 $[p_1,p_2]$ 的概率即为 $\Pr(p_1\leqslant\hat{p}\leqslant p_2)=F(p_2)-F(p_1)$。

在样本数和显著性水平确定的条件下，对于每一个极化度真值，根据式(2.227)通过遍历极化度估计值的方法查找与 $\alpha/2$ 和 $1-\alpha/2$ 最为接近的极化度估计值，确定为置信区间的两端点 $p_1$ 和 $p_2$，再遍历极化度真值便可得到由两条曲线构建的置信区间。图 2.36 给出了在样本数为 8、32 和 64 情形下，置信度分别设为 90% 和 95% 时的置信区域。各子图中横轴代表极化度真值，纵轴代表极化度估计值，其中虚线表示取值概率为 $1-\alpha/2$ 的各 $p_2$ 端点，点线则代表取值概率为 $\alpha/2$ 的各 $p_1$ 端点，于是两条曲线共同构建了置信率为 $(1-\alpha)\times100\%$ 的置信区间。

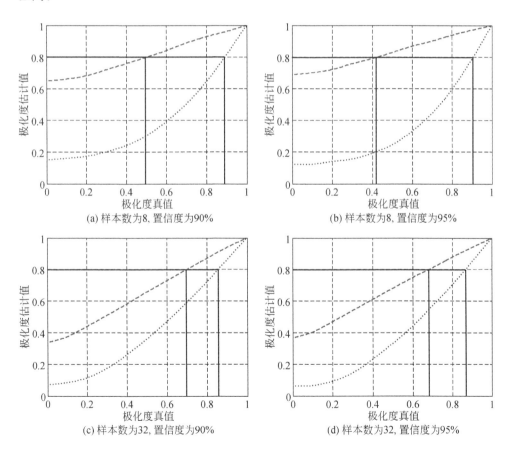

(a) 样本数为8, 置信度为90%　　　　(b) 样本数为8, 置信度为95%

(c) 样本数为32, 置信度为90%　　　　(d) 样本数为32, 置信度为95%

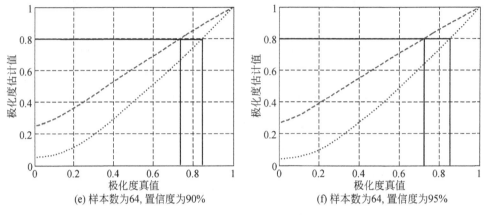

(e) 样本数为64, 置信度为90%　　　　　(f) 样本数为64, 置信度为95%

图 2.36　极化度估计量的置信区间

图 2.36 中黑实线表示在置信度和估计样本数约束下,当极化度估计量为 0.8 时,极化度真值依置信概率位于置信区间的上下边界。表 2.3 进一步列出了不同情形下真实极化度置信区间的确切取值。

表 2.3　真实极化度置信间列表

| 置信区间　　　　　$K$ | 8 | 32 | 64 |
|---|---|---|---|
| $(1-\alpha)\%=90\%$ | [0.50,0.89] | [0.70,0.86] | [0.74,0.84] |
| $(1-\alpha)\%=95\%$ | [0.42,0.90] | [0.68,0.87] | [0.72,0.85] |

综合图 2.36 和表 2.3 可以得出如下结论:

(1) 就单幅图像来看,当样本数和置信度固定时,极化度估计值越高,真实极化度可能存在的区间越小,说明估计得越精确;

(2) 对比图 2.36 的左边一列[(a)、(c)、(e)]和右边一列[(b)、(d)、(f)]可知,当用于估计极化度的样本数相同时,置信度设置得越高,极化度真值可能存在的区间越大,估计的精度越低,观察表 2.3 中每一列,同样可以得到这一结论;

(3) 当置信度相同时,如表 2.3 中的行方向给出的区间取值所示,利用的样本数越多,则极化度真值可能存在的区间越小,该估计量的精度越高;

(4) 当样本数较小时,增加样本能够明显改善极化度估计的精度,而当样本数达到一定数量时,对极化度估计精度的改善有限,表现在置信区间随样本量的增加收缩的程度逐渐变慢。

# 参 考 文 献

[1] 庄钊文,肖顺平,王雪松. 雷达极化信息处理及其应用[M]. 北京：国防工业出版社,1999.

[2] Boerner W M. Direct and inverse methods in radar polarimetry[C]//Proceedings of DIMRP′ 88, Netherlands：Kluwer Academic Publishers,1992.

[3] Giuli D. Polarization diversity in radars[J]. Proceedings of the IEEE, 1986, 74（2）： 245-269.

[4] van Zyl J J. On the Importance of Polarization in Radar Scattering Problems[D]. Pasadena： California Institute of Technology,1986.

[5] Huynen J R. Phenomenological Theory of Radar Target[D]. Netherlands：Technical University Delft,1970.

[6] Kennangh E M. Polarization Properties of Radar Reflectors[D]. Columbus：The Ohio State University,1952.

[7] Sinclair G. The transmission and reception of elliptically polarized radar waves[J]. Proceedings of IRE-38,1950；148-151.

[8] 王雪松. 宽带极化信息处理的研究[M]. 长沙：国防科技大学出版社,2005.

[9] Barakat R. The statistical properties of partially polarized light[J]. OPTICA ACTA, 1985, 32（2）：295-312.

[10] Samson J C. The reduction of sample bias in polarization estimators for multichannel geophysical data with anisotropic noise[J]. Geophysical Journal of the Royal Astronomical Society, 1983, 75（2）：289-308.

[11] Lee J, Pottier E. Polarimetric Radar Imaging：From Basics to Applications[M]. Boca Raton：CRC Press, 2009.

[12] 马振华. 现代应用数学手册：概率统计与随机过程卷[M]. 北京：清华大学出版社,2000.

[13] Goodman N R. Statistical analysis based on a certain multivariate complex Gaussian distribution（an introduction）[J]. The Annals of Mathematical Statistics, 1963, 34： 152-177.

[14] 汪胡祯. 现代工程数学手册[M]. 武汉：华中工学院出版社,1986.

[15] Axellson S. Polarimetric statistics of electromagnetic waves scattered by distributed targets[R]. PB93-195907, 1993.

[16] 李永祯. 瞬态极化统计特性及处理的研究[D]. 长沙：国防科学技术大学, 2004.

[17] Touzi R, Lopes A. Statistics of the Stokes parameters and of the complex coherence parameters in one-look and multilook speckle fields[J]. IEEE Transactions on Geoscience and Remote Sensing, 1996, 34（2）：519-530.

[18] Brosseau C. Statistics of the normalized Stokes parameters for a Gaussian stochastic plane wave field[J]. Applied Optics,1995,34: 4788.

[19] 王朝瑞,史荣昌. 矩阵分析[M]. 北京：北京理工大学出版社,1989.

[20] Eliyahu D. Vector statistics of correlated Gaussian fields[J]. Physical Review E, 1993, 74(4):2881-2892.

[21] Korotkova O. Changes in statistics of the instantaneous Stokes parameters of a quasi-mono-chromatic electromagnetic beam on propagation[J]. Optics Communications, 2006, 261(2):218-224.

[22] Evans M, Hastings N, Peacock B. Statistical Distributions[M]. 3rd ed. New York: John Wiley&Sons,2000.

[23] Chenault D B, Pezzaniti J L, Chipma R A. Meuller matrix algorithms polarization and measurement[J]. SPIE,1992,1746:231-246.

[24] 叶其孝,沈永欢. 实用数学手册[M]. 北京：科学出版社, 2006.

[25] Medkour T, Walden A T. A variance equality test for two correlated complex Gaussian variables with application to spectral power comparison[J]. IEEE Transactions on Signal Processing, 2007, 55(3): 881-888.

[26] Stokes G G. On the composition and resolution of streams of polarized light from different sources [J]. Transactions of the Cambridge Philosphical Society, 1852, 9: 399-416.

# 第 3 章　非零均值复高斯分布电磁波极化的统计特性

目前已有的极化参量统计模型,主要建立在观测样本服从零均值复高斯分布假设基础上。然而,在实际应用中,可能存在某些确定极化分量占优,而形成极化均值非零的情形,如箔条云、地/海杂波环境中点目标的散射回波以及电子侦察系统对某特定极化辐射源的接收信号等,对该情形下极化参量统计特性的理论分析目前很少报道。

针对上述问题,本章建立不同情形下随机电磁信号的极化状态参量统计表征模型。3.1 节给出非零均值复高斯分布电磁波幅相的统计特性;3.2 节给出非零均值复高斯分布电磁波极化比的统计特性;3.3 节给出非零均值复高斯分布电磁波 Stokes 矢量的统计分布;3.4 节给出非零均值复高斯分布电磁波 IPPV 的统计分布;3.5 节给出非零均值复高斯分布电磁波极化度的统计特性;3.6 节给出典型电磁环境的极化状态测试实验及其统计分析。

## 3.1　非零均值复高斯分布电磁波幅相的统计特性

当随机电磁信号是来自某个具有固定极化天线的辐射源或具有确定极化散射矩阵的散射源时,其观测信号可视为由确定极化信号叠加随机噪声构成,电磁信号极化可假设服从非零均值二维复高斯分布,其在水平、垂直正交极化基下的 Jones 矢量可表征为

$$\boldsymbol{\xi} = \boldsymbol{e}_0 + \boldsymbol{n} = \begin{bmatrix} E_H \\ E_V \end{bmatrix} = \begin{bmatrix} x_H + jy_H \\ x_V + jy_V \end{bmatrix} = \begin{bmatrix} a_H e^{j\varphi_H} \\ a_V e^{j\varphi_V} \end{bmatrix} : \mathbf{CG}_2(\boldsymbol{e}_0, \boldsymbol{\Sigma}) \quad (3.1)$$

式中,$\boldsymbol{e}_0 = [s_H \ s_V]^T$ 代表来自固定极化源的确定信号 Jones 矢量,同时也是观测矢量 $\boldsymbol{\xi}$ 的均值矢量;$\boldsymbol{n} = [n_H \ n_V]^T$ 为通道噪声或其他非理想因素引起的随机噪声,服从零均值复高斯分布,其协方差矩阵可表示为

$$\boldsymbol{\Sigma}_{HV} = \langle \boldsymbol{\xi} - \boldsymbol{e}_0, \boldsymbol{\xi}^H - \boldsymbol{e}_0^H \rangle = \begin{bmatrix} \sigma_{HH} & \sigma_{HV} \\ \sigma_{VH} & \sigma_{VV} \end{bmatrix}$$

易知，$|\boldsymbol{\Sigma}_{HV}|>0$，且有 $\boldsymbol{\Sigma}^{-1}=\dfrac{1}{|\boldsymbol{\Sigma}_{HV}|}\begin{bmatrix}\sigma_{VV}, & -\sigma_{HV}\\ -\sigma_{VH}, & \sigma_{HH}\end{bmatrix}$。

### 3.1.1 电磁波幅相的联合概率分布

在上述假设条件下，电磁波的联合概率密度函数为[1,2]

$$f(\boldsymbol{\xi})=\frac{1}{\pi^2\,|\boldsymbol{\Sigma}_{HV}|}\exp\{-(\boldsymbol{e}_{HV}-\boldsymbol{e}_0)^{H}\boldsymbol{\Sigma}_{HV}^{-1}(\boldsymbol{e}_{HV}-\boldsymbol{e}_0)\}$$

$$=\frac{1}{\pi^2\,|\boldsymbol{\Sigma}_{HV}|}\exp\{-\boldsymbol{e}_0^{H}\boldsymbol{\Sigma}_{HV}^{-1}\boldsymbol{e}_0\}\exp\{-\boldsymbol{e}_{HV}^{H}\boldsymbol{\Sigma}_{HV}^{-1}\boldsymbol{e}_{HV}\}\exp\{2\mathrm{Re}[\boldsymbol{e}_{HV}^{H}\boldsymbol{\Sigma}_{HV}^{-1}\boldsymbol{e}_0]\}$$

$$(3.2)$$

若记 $\boldsymbol{u}_{HV}=\boldsymbol{\Sigma}_{HV}^{-1}\boldsymbol{e}_0=\begin{bmatrix}u_H\\ u_V\end{bmatrix}=\begin{bmatrix}U_H\mathrm{e}^{\mathrm{j}\alpha_H}\\ U_V\mathrm{e}^{\mathrm{j}\alpha_V}\end{bmatrix}$，则式(3.2)可简化为

$$f(\boldsymbol{\xi})=f(x_H,y_H,x_V,y_V)=\frac{1}{\pi^2\,|\boldsymbol{\Sigma}_{HV}|}\exp\{-\boldsymbol{e}_0^{H}\boldsymbol{\Sigma}_{HV}^{-1}\boldsymbol{e}_0\}$$

$$\cdot\exp\left\{-\frac{\sigma_{VV}\,|E_H|^2+\sigma_{HH}\,|E_V|^2-2\mathrm{Re}(\sigma_{HV}E_H^*E_V)}{|\boldsymbol{\Sigma}_{HV}|}\right\}\exp\{2\mathrm{Re}[E_H^*u_H+E_V^*u_V]\}$$

$$(3.3)$$

由于 $J\left(\dfrac{x_H,y_H,x_V,y_V}{a_H,\varphi_H,a_V,\varphi_V}\right)=a_Ha_V$，因此根据概率密度变换公式[3]有

$$f(a_H,a_V,\varphi_H,\varphi_V)=a_Ha_Vf(x_H,y_H,x_V,y_V)\tag{3.4}$$

式中，$J(\cdot)$ 为雅可比行列式。

由式(3.4)可得

$$f(a_H,\varphi_H,a_V,\varphi_V)=\frac{a_Ha_V}{\pi^2\,|\boldsymbol{\Sigma}_{HV}|}\exp\{-\boldsymbol{e}_0^{H}\boldsymbol{\Sigma}_{HV}^{-1}\boldsymbol{e}_0\}\exp\left\{\begin{array}{l}2a_HU_H\cos(\alpha_H-\varphi_H)\\ +2a_VU_V\cos(\alpha_V-\varphi_V)\end{array}\right\}$$

$$\cdot\exp\left\{-\frac{\sigma_{VV}a_H^2+\sigma_{HH}a_V^2-2\,|\sigma_{HV}|\,a_Ha_V\cos(\varphi_V-\varphi_H+\beta_{HV})}{|\boldsymbol{\Sigma}_{HV}|}\right\}$$

$$(3.5)$$

令 $\varphi=\varphi_V-\varphi_H$ 和 $\Delta=\varphi_H$，则有

$$f(a_H,a_V,\varphi,\Delta)=\frac{a_Ha_V}{\pi^2\,|\boldsymbol{\Sigma}_{HV}|}\mathrm{e}^{-\boldsymbol{e}_0^{H}\boldsymbol{\Sigma}_{HV}^{-1}\boldsymbol{e}_0}\exp\{2a_HU_H\cos(\alpha_H-\Delta)+2a_VU_V\cos(\varphi+\Delta-\alpha_V)\}$$

$$\cdot\exp\left\{-\frac{\sigma_{VV}a_H^2+\sigma_{HH}a_V^2-2\,|\sigma_{HV}|\,a_Ha_V\cos(\varphi+\beta_{HV})}{|\boldsymbol{\Sigma}_{HV}|}\right\}$$

$$(3.6)$$

由 $f(a_{\mathrm{H}},a_{\mathrm{V}},\varphi)=\int_0^{2\pi}f(a_{\mathrm{H}},a_{\mathrm{V}},\varphi,\Delta)\,\mathrm{d}\Delta$, 可推得 $(a_{\mathrm{H}},a_{\mathrm{V}},\varphi)$ 的边缘概率密度函数为

$$f(a_{\mathrm{H}},a_{\mathrm{V}},\varphi)=A_0\exp\left\{\frac{2\mid\sigma_{\mathrm{HV}}\mid a_{\mathrm{H}}a_{\mathrm{V}}\cos(\varphi+\beta_{\mathrm{HV}})}{\mid\boldsymbol{\Sigma}_{\mathrm{HV}}\mid}\right\}$$

$$\bullet\int_0^{2\pi}\exp\{2a_{\mathrm{H}}U_{\mathrm{H}}\cos(\Delta-\alpha_{\mathrm{H}})+2a_{\mathrm{V}}U_{\mathrm{V}}\cos(\varphi+\Delta-\alpha_{\mathrm{V}})\}\,\mathrm{d}\Delta$$

$$(3.7)$$

式中, $A_0=\dfrac{a_{\mathrm{H}}a_{\mathrm{V}}}{\pi^2\mid\boldsymbol{\Sigma}_{\mathrm{HV}}\mid}\exp\{-\boldsymbol{e}_0^{\mathrm{H}}\boldsymbol{\Sigma}_{\mathrm{HV}}^{-1}\boldsymbol{e}_0\}\exp\left\{-\dfrac{\sigma_{\mathrm{VV}}a_{\mathrm{H}}^2+\sigma_{\mathrm{HH}}a_{\mathrm{V}}^2}{\mid\boldsymbol{\Sigma}_{\mathrm{HV}}\mid}\right\}$。

令 $F_\Delta=\int_0^{2\pi}\exp\{2a_{\mathrm{H}}U_{\mathrm{H}}\cos(\Delta-\alpha_{\mathrm{H}})+2a_{\mathrm{V}}U_{\mathrm{V}}\cos(\varphi+\Delta-\alpha_{\mathrm{V}})\}\,\mathrm{d}\Delta$, 那么有

$$F_\Delta=\int_0^{2\pi}\exp\{\sqrt{A^2+B^2}\cos(\Delta+\tau)\}\,\mathrm{d}\Delta=2\pi\mathrm{I}_0\left(\sqrt{A^2+B^2}\right) \qquad (3.8)$$

式中, $A=2a_{\mathrm{H}}U_{\mathrm{H}}\cos\alpha_{\mathrm{H}}+2a_{\mathrm{V}}U_{\mathrm{V}}\cos(\alpha_{\mathrm{V}}-\varphi)$, $B=2a_{\mathrm{H}}U_{\mathrm{H}}\sin\alpha_{\mathrm{H}}+2a_{\mathrm{V}}U_{\mathrm{V}}\sin(\alpha_{\mathrm{V}}-\varphi)$,

$\tau=\arccos\left(\dfrac{A}{\sqrt{A^2+B^2}}\right)$; $\mathrm{I}_0(x)$ 为零阶贝塞尔函数。

可以发现如下关系成立:

$$A^2+B^2=4a_{\mathrm{H}}^2U_{\mathrm{H}}^2+4a_{\mathrm{V}}^2U_{\mathrm{V}}^2+8a_{\mathrm{H}}a_{\mathrm{V}}U_{\mathrm{H}}U_{\mathrm{V}}\cos(\alpha_{\mathrm{H}}-\alpha_{\mathrm{V}}+\varphi) \qquad (3.9)$$

所以, 由式(3.7)~式(3.9)可得, $(a_{\mathrm{H}},a_{\mathrm{V}},\varphi)$ 的联合概率密度函数为

$$f(a_{\mathrm{H}},a_{\mathrm{V}},\varphi)=\frac{2a_{\mathrm{H}}a_{\mathrm{V}}\mathrm{e}^{-\boldsymbol{e}_0^{\mathrm{H}}\boldsymbol{\Sigma}_{\mathrm{HV}}^{-1}\boldsymbol{e}_0}}{\pi\mid\boldsymbol{\Sigma}_{\mathrm{HV}}\mid}\exp\left\{-\frac{\sigma_{\mathrm{VV}}a_{\mathrm{H}}^2+\sigma_{\mathrm{HH}}a_{\mathrm{V}}^2-2\mid\sigma_{\mathrm{HV}}\mid a_{\mathrm{H}}a_{\mathrm{V}}\cos(\varphi+\beta_{\mathrm{HV}})}{\mid\boldsymbol{\Sigma}_{\mathrm{HV}}\mid}\right\}$$

$$\bullet\,\mathrm{I}_0\left(\sqrt{4a_{\mathrm{H}}^2U_{\mathrm{H}}^2+4a_{\mathrm{V}}^2U_{\mathrm{V}}^2+8a_{\mathrm{H}}a_{\mathrm{V}}U_{\mathrm{H}}U_{\mathrm{V}}\cos(\alpha_{\mathrm{H}}-\alpha_{\mathrm{V}}+\varphi)}\right)$$

$$(3.10)$$

由 $f(a_{\mathrm{H}},a_{\mathrm{V}})=\int_0^{2\pi}f(a_{\mathrm{H}},a_{\mathrm{V}},\varphi)\,\mathrm{d}\varphi$, 进一步可求得 $(a_{\mathrm{H}},a_{\mathrm{V}})$ 的边缘概率密度函数为

$$f(a_{\mathrm{H}},a_{\mathrm{V}})=\frac{2a_{\mathrm{H}}a_{\mathrm{V}}}{\pi\mid\boldsymbol{\Sigma}_{\mathrm{HV}}\mid}\mathrm{e}^{-\boldsymbol{e}_0^{\mathrm{H}}\boldsymbol{\Sigma}_{\mathrm{HV}}^{-1}\boldsymbol{e}_0}\int_0^{2\pi}\exp\left\{-\frac{\sigma_{\mathrm{VV}}a_{\mathrm{H}}^2+\sigma_{\mathrm{HH}}a_{\mathrm{V}}^2-2\mid\sigma_{\mathrm{HV}}\mid a_{\mathrm{H}}a_{\mathrm{V}}\cos(\varphi+\beta_{\mathrm{HV}})}{\mid\boldsymbol{\Sigma}_{\mathrm{HV}}\mid}\right\}$$

$$\bullet\,\mathrm{I}_0\left(\sqrt{4a_{\mathrm{H}}^2U_{\mathrm{H}}^2+4a_{\mathrm{V}}^2U_{\mathrm{V}}^2+8a_{\mathrm{H}}a_{\mathrm{V}}U_{\mathrm{H}}U_{\mathrm{V}}\cos(\alpha_{\mathrm{H}}-\alpha_{\mathrm{V}}+\varphi)}\right)\,\mathrm{d}\varphi$$

$$(3.11)$$

令 $\varphi+\beta_{\mathrm{HV}}=\theta$, 式(3.11)可简化为

$$f(a_{\mathrm{H}},a_{\mathrm{V}})=\frac{2a_{\mathrm{H}}a_{\mathrm{V}}}{\pi\mid\boldsymbol{\Sigma}_{\mathrm{HV}}\mid}\mathrm{e}^{-\boldsymbol{e}_0^{\mathrm{H}}\boldsymbol{\Sigma}_{\mathrm{HV}}^{-1}\boldsymbol{e}_0}\int_0^{2\pi}\exp\left\{-\frac{\sigma_{\mathrm{VV}}a_{\mathrm{H}}^2+\sigma_{\mathrm{HH}}a_{\mathrm{V}}^2-2\mid\sigma_{\mathrm{HV}}\mid a_{\mathrm{H}}a_{\mathrm{V}}\cos\theta}{\mid\boldsymbol{\Sigma}_{\mathrm{HV}}\mid}\right\}$$

$$\bullet\,\mathrm{I}_0\left(2\sqrt{a_{\mathrm{H}}^2U_{\mathrm{H}}^2+a_{\mathrm{V}}^2U_{\mathrm{V}}^2+2a_{\mathrm{H}}a_{\mathrm{V}}U_{\mathrm{H}}U_{\mathrm{V}}\cos(\theta+k_\theta)}\right)\,\mathrm{d}\theta$$

$$(3.12)$$

式中，$k_\theta = \alpha_H - \alpha_V - \beta_{HV}$。

由于 $A_H = a_H^2$，$A_V = a_V^2$，因此随机电磁波功率的联合概率密度函数为

$$f(A_H, A_V) = \frac{\exp\{-e_0^H \boldsymbol{\Sigma}_{HV}^{-1} e_0\}}{2\pi |\boldsymbol{\Sigma}_{HV}|} \exp\left\{-\frac{\sigma_{VV} A_H + \sigma_{HH} A_V}{|\boldsymbol{\Sigma}_{HV}|}\right\} \int_0^{2\pi} \exp\left\{\frac{2|\sigma_{HV}|\sqrt{A_H A_V}\cos\theta}{|\boldsymbol{\Sigma}_{HV}|}\right\}$$

$$\cdot\, I_0\left(\sqrt{4A_H U_H^2 + 4A_V U_V^2 + 8U_H U_V \sqrt{A_H A_V}\cos(\theta + k_\theta)}\,\right)\mathrm{d}\theta$$

$$(3.13)$$

若 $e_0 = 0$，则式（3.13）即为随机电磁波服从零均值正态分布时电磁波功率的联合概率密度函数。

下面具体以电磁波的均值为水平极化信号，且在其水平、垂直极化分量无关的情况下来分析非零均值随机电磁波幅度和功率的统计特性。

此时，可设其均值信号和协方差矩阵分别为

$$e_0 = \begin{bmatrix} d \\ 0 \end{bmatrix}, \quad \boldsymbol{\Sigma}_{HV} = \sigma_{HH}\begin{bmatrix} 1 & 0 \\ 0 & \lambda \end{bmatrix} \tag{3.14}$$

式中，$d \in \mathbb{C}$，$\lambda = \dfrac{\sigma_{VV}}{\sigma_{HH}} \geqslant 0$。那么，由式（3.14）易得

$$u_{HV} = \begin{bmatrix} u_H \\ u_V \end{bmatrix} = \begin{bmatrix} U_H e^{j\alpha_H} \\ U_V e^{j\alpha_V} \end{bmatrix} = \frac{1}{\sigma_{HH}}\begin{bmatrix} d \\ 0 \end{bmatrix}$$

因而，电磁波幅度的联合概率密度函数为

$$f(a_H, a_V) = \frac{4a_H a_V}{\lambda \sigma_{HH}} e^{-\frac{|d|^2}{\sigma_{HH}}} \exp\left\{-\frac{\lambda a_H^2 + a_V^2}{\lambda}\right\} I_0\left(\frac{2a_H|d|}{\sigma_{HH}}\right) \tag{3.15}$$

电磁波功率的联合概率密度函数为

$$f(A_H, A_V) = \frac{1}{\lambda \sigma_{HH}} \exp\left\{-\frac{-|d|^2}{\sigma_{HH}} - \frac{\lambda A_H + A_V}{\lambda}\right\} I_0\left(\frac{2|d|\sqrt{A_H}}{\sigma_{HH}}\right) \tag{3.16}$$

### 3.1.2　单个极化通道幅度的统计特性

对于式（3.1）中随机噪声，多数应用情况下可认为其主要是雷达接收机通道噪声，于是可假设两极化测量通道内的噪声相互独立。可令 $\sigma_{HV} = 0$ 并设 $\sigma_{VV} = \lambda \sigma_{HH}$，将其代入式（3.10），再对相位差变量 $\varphi$ 从 0 到 $2\pi$ 积分，得该情形下幅度的联合分布为

$$f(a_H, a_V) = \int_0^{2\pi} f(a_H, a_V, \varphi)\mathrm{d}\varphi$$

$$= \frac{4a_H a_V}{\lambda \sigma_{HH}^2} \exp\left\{-\frac{\lambda |s_H|^2 + |s_V|^2 + \lambda a_H^2 + a_V^2}{\lambda \sigma_{HH}}\right\} I_0\left(\frac{2a_H|s_H|}{\sigma_{HH}}\right) I_0\left(\frac{2a_V|s_V|}{\lambda \sigma_{HH}}\right)$$

$$(3.17)$$

式中,积分计算需利用参考文献[1]的式(6.684)。

对其中一个通道的幅度变量做边缘概率积分,可以得到单个极化通道内电磁信号幅度的概率密度函数

$$f(a_i) = \int_0^\infty f(a_i, a_j) \mathrm{d}a_j$$

$$= \frac{2a_i}{\sigma_{ii}} \exp\left(-\frac{|s_i|^2 + a_i^2}{\sigma_{ii}}\right) \mathrm{I}_0\left(\frac{2|s_i|a_i}{\sigma_{ii}}\right), \quad i,j = \mathrm{H,V}; j \neq i \tag{3.18}$$

进一步,根据矩的定义式可以推导幅度 $a_i$ 的 $m$ 阶矩的表达式

$$E(a_i^m) = \int_0^\infty a_i^m f(a_i) \mathrm{d}a_i$$

$$= \Gamma(m/2 + 1)\sigma_{ii}^m \exp\left(-\frac{|s_i|^2}{\sigma_{ii}}\right) {}_1\mathrm{F}_1\left(\frac{m}{2} + 1; \, 1; \, \frac{|s_i|^2}{\sigma_{ii}}\right) \tag{3.19}$$

式中, ${}_1\mathrm{F}_1(\alpha; \gamma; z)$ 为合流超几何函数,是广义超几何函数 ${}_p\mathrm{F}_q(\alpha_1, \cdots, \alpha_p; \gamma_1, \cdots, \gamma_q; z)$ 的一种特殊形式,文献[1]给出了广义超几何函数的定义

$${}_p\mathrm{F}_q(\alpha_1, \cdots, \alpha_p; \, \gamma_1, \cdots, \gamma_q; \, z) = \frac{\Gamma(\gamma_1) \cdots \Gamma(\gamma_q)}{\Gamma(\alpha_1) \cdots \Gamma(\alpha_p)} \sum_{n=0}^\infty \frac{\Gamma(n+\alpha_1) \cdots \Gamma(n+\alpha_p)}{\Gamma(n+\gamma_1) \cdots \Gamma(n+\gamma_q)} \frac{z^n}{n!}$$

$$\tag{3.20}$$

这里定义单个通道内的信噪比 $\eta_i = |s_i|^2/\sigma_{ii}$,那么式(3.19)可简化为

$$E(a_i^m) = \Gamma(m/2 + 1)\sigma_{ii}^m \exp(-\eta_i) {}_1\mathrm{F}_1\left(\frac{m}{2} + 1; \, 1; \, \eta_i\right), \quad i = 1,2 \tag{3.21}$$

式(3.21)中所展示的关系表明,随机电磁信号在单个极化通道内信号幅度的矩可以根据通道内的信噪比和矩的阶数直接获得。

## 3.2　非零均值复高斯分布电磁波极化比的统计特性

类似于零均值时的处理方法,下面推导极化比相关参数的统计特性。非零均值复高斯分布电磁波幅度和相位差联合概率密度函数重写表达式为

$$f(a_\mathrm{H}, a_\mathrm{V}, \varphi) = \frac{2a_\mathrm{H} a_\mathrm{V} \mathrm{e}^{-e_0^\mathrm{H} \boldsymbol{\Sigma}_\mathrm{HV}^{-1} e_0}}{\pi |\boldsymbol{\Sigma}_\mathrm{HV}|} \exp\left\{-\frac{\sigma_\mathrm{VV} a_\mathrm{H}^2 + \sigma_\mathrm{HH} a_\mathrm{V}^2 - 2|\sigma_\mathrm{HV}| a_\mathrm{H} a_\mathrm{V} \cos(\varphi + \beta_\mathrm{HV})}{|\boldsymbol{\Sigma}_\mathrm{HV}|}\right\}$$

$$\cdot \mathrm{I}_0\left(\sqrt{4a_\mathrm{H}^2 U_\mathrm{H}^2 + 4a_\mathrm{V}^2 U_\mathrm{V}^2 + 8a_\mathrm{H} a_\mathrm{V} U_\mathrm{H} U_\mathrm{V} \cos(\alpha_\mathrm{H} - \alpha_\mathrm{V} + \varphi)}\right)$$

$$\tag{3.22}$$

极化比主要由极化幅度比和相位差构成,下面分别求取。令 $\rho = a_\mathrm{V}/a_\mathrm{H}$, $b = a_\mathrm{H}$。对于该变量替换,对应的雅可比系数可以表示为

$$J\left(\frac{a_{\mathrm{H}},a_{\mathrm{V}},\varphi}{\rho,b,\varphi}\right)=b=a_{\mathrm{H}}$$

将该系数代入式(3.22),并进行变量替换可得$(\rho,b,\varphi)$的联合概率密度函数为

$$
\begin{aligned}
f(\rho,b,\varphi)=&\frac{2b^3\rho}{\pi|\boldsymbol{\Sigma}|}\exp\{-\boldsymbol{e}_0^{\mathrm{H}}\,\boldsymbol{\Sigma}_{\mathrm{HV}}^{-1}\boldsymbol{e}_0\}\\
&\cdot\exp\left\{-\frac{\sigma_{\mathrm{VV}}+\sigma_{\mathrm{HH}}\rho^2-2|\sigma_{\mathrm{HV}}|\rho\cos(\varphi+\beta_{\mathrm{HV}})}{|\boldsymbol{\Sigma}|}b^2\right\}\\
&\cdot\mathrm{I}_0\left(b\sqrt{4U_{\mathrm{H}}^2+4\rho^2U_{\mathrm{V}}^2+8\rho U_{\mathrm{H}}U_{\mathrm{V}}\cos(\alpha_{\mathrm{H}}-a_{\mathrm{V}}+\varphi)}\right)
\end{aligned}\tag{3.23}
$$

于是幅度比和相位差的联合分布可通过对 $b$ 积分得到

$$
\begin{aligned}
f(\rho,\varphi)=&\int_0^\infty f(\rho,b,\varphi)\mathrm{d}b\\
=&\frac{\rho(\sigma_{\mathrm{HH}}\sigma_{\mathrm{VV}}-|\sigma_{\mathrm{HV}}|^2)}{\pi[\sigma_{\mathrm{VV}}+\sigma_{\mathrm{HH}}\rho^2-2\rho|\sigma_{\mathrm{HV}}|\cos(\varphi+\beta_{\mathrm{HV}})]^2}\exp\{-\boldsymbol{e}_0^{\mathrm{H}}\,\boldsymbol{\Sigma}_{\mathrm{HV}}^{-1}\boldsymbol{e}_0\}\\
&\cdot{}_1\mathrm{F}_1\left[2;\,1;\,\frac{U_{\mathrm{H}}^2+\rho^2U_{\mathrm{V}}^2+2\rho U_{\mathrm{H}}U_{\mathrm{V}}\cos(\alpha_{\mathrm{H}}-a_{\mathrm{V}}+\varphi)}{\sigma_{\mathrm{VV}}+\sigma_{\mathrm{HH}}\rho^2-2\rho|\sigma_{\mathrm{HV}}|\cos(\varphi+\beta_{\mathrm{HV}})}(\sigma_{\mathrm{HH}}\sigma_{\mathrm{VV}}-|\sigma_{\mathrm{HV}}|^2)\right]
\end{aligned}
$$
$$\tag{3.24}$$

由于两正交极化通道内的噪声相互独立,因此可令 $\sigma_{\mathrm{HV}}=0$ 并设 $\sigma_{\mathrm{VV}}=\lambda\sigma_{\mathrm{HH}}$,代入式(3.24)后可简化为

$$
\begin{aligned}
f(\rho,\varphi)=&\frac{\lambda\rho}{\pi[\lambda+\rho^2]^2}\exp\left(-\frac{\lambda|s_{\mathrm{H}}|^2+|s_{\mathrm{V}}|^2}{\lambda\sigma_{\mathrm{HH}}}\right)\\
&\cdot{}_1\mathrm{F}_1\left[2;\,1;\,\frac{U_{\mathrm{H}}^2+\rho^2U_{\mathrm{V}}^2+2\rho U_{\mathrm{H}}U_{\mathrm{V}}\cos(\alpha_{\mathrm{H}}-a_{\mathrm{V}}+\varphi)}{\lambda+\rho^2}\lambda\sigma_{\mathrm{HH}}\right]
\end{aligned}\tag{3.25}
$$

对 $\varphi$ 积分即可得极化幅度比 $\rho$ 的概率密度函数为

$$
\begin{aligned}
f(\rho)=&\int_0^{2\pi}f(\rho,\varphi)\mathrm{d}\varphi\\
=&\frac{\lambda\rho}{\pi[\lambda+\rho^2]^2}\exp\left(-\frac{\lambda|s_{\mathrm{H}}|^2+|s_{\mathrm{V}}|^2}{\lambda\sigma_{\mathrm{HH}}}\right)\\
&\cdot\int_0^{2\pi}{}_1\mathrm{F}_1\left[2;\,1;\,\frac{U_{\mathrm{H}}^2+\rho^2U_{\mathrm{V}}^2+2\rho U_{\mathrm{H}}U_{\mathrm{V}}\cos(\alpha_{\mathrm{H}}-a_{\mathrm{V}}+\varphi)}{\lambda+\rho^2}\lambda\sigma_{\mathrm{HH}}\right]\mathrm{d}\varphi
\end{aligned}\tag{3.26}
$$

根据合流超几何函数的性质

$$
{}_1\mathrm{F}_1(\alpha+1;\alpha;z)=\frac{(z+\alpha)}{\alpha}{}_1\mathrm{F}_1(\alpha;\alpha;z)=\frac{(z+\alpha)}{\alpha}\mathrm{e}^z
$$

式(3.26)的积分项可简化为[积分过程需利用参考文献[1] 的式(3.915-2)]

$$U_\psi = \int_0^{2\pi} {}_1F_1\left[2;\, 1;\, A + B\cos\psi\right]\mathrm{d}\psi$$

$$= (A + 1)\,\mathrm{e}^A \int_0^{2\pi} \mathrm{e}^{B\cos\psi}\mathrm{d}\psi + B\mathrm{e}^A \int_0^{2\pi} \cos\psi \mathrm{e}^{B\cos\psi}\mathrm{d}\psi$$

$$= 2\pi(A + 1)\mathrm{e}^A I_0(B) + \mathrm{j}2\pi B\mathrm{e}^A J_1(-\mathrm{j}B)$$

式中, $A = \dfrac{YU_\mathrm{H}^2 + \rho^2 U_\mathrm{V}^2}{\lambda + \rho^2}\lambda\sigma_\mathrm{HH}$, $B = \dfrac{2\rho U_\mathrm{H}U_\mathrm{V}}{\lambda + \rho^2}\lambda\sigma_\mathrm{HH}$, $\psi = \alpha_\mathrm{H} - a_\mathrm{V} + \varphi$。将积分结果代入式(3.26)可得

$$f(\rho) = \frac{2\lambda\rho}{[\lambda + \rho^2]^2}\exp\left(-\frac{\lambda\,|\,s_\mathrm{H}\,|^2 + |\,s_\mathrm{V}\,|^2}{\lambda\sigma_\mathrm{HH}} + \frac{U_\mathrm{H}^2 + \rho^2 U_\mathrm{V}^2}{\lambda + \rho^2}\lambda\sigma_\mathrm{HH}\right)$$

$$\cdot \left[\left(\frac{U_\mathrm{H}^2 + \rho^2 U_\mathrm{V}^2}{\lambda + \rho^2}\lambda\sigma_\mathrm{HH} + 1\right)I_0\left(\frac{2\rho U_\mathrm{H}U_\mathrm{V}}{\lambda + \rho^2}\lambda\sigma_\mathrm{HH}\right) + \frac{2\rho U_\mathrm{H}U_\mathrm{V}}{\lambda + \rho^2}\lambda\sigma_\mathrm{HH} I_1\left(\frac{2\rho U_\mathrm{H}U_\mathrm{V}}{\lambda + \rho^2}\lambda\sigma_\mathrm{HH}\right)\right]$$

$$\tag{3.27}$$

式中, $I_1(x)$ 为一阶贝塞尔函数。

由式(3.27)不难看出,极化幅度比的概率密度函数可由电磁信号极化矢量均值和极化协方差矩阵元素获得。与极化幅度比类似,极化分量间的相位差可以通过对式(3.25)中幅度比变量积分得到,即

$$f(\varphi) = \int_0^\infty f(\rho, \varphi)\mathrm{d}\rho$$

$$= \exp\left(-\frac{\lambda\,|\,s_\mathrm{H}\,|^2 + |\,s_\mathrm{V}\,|^2}{\lambda\sigma_\mathrm{HH}}\right)\int_0^\infty \frac{\lambda\rho}{\pi\,[\lambda + \rho^2]^2} \cdot Q\mathrm{d}\rho$$

$$\tag{3.28}$$

式中

$$Q = {}_1F_1\left[2;\, 1;\, \frac{U_\mathrm{H}^2 + \rho^2 U_\mathrm{V}^2 + 2\rho U_\mathrm{H}U_\mathrm{V}\cos(\alpha_\mathrm{H} - a_\mathrm{V} + \varphi)}{\lambda + \rho^2}\lambda\sigma_\mathrm{HH}\right]$$

正如式(3.28)所示,相位差的概率密度函数同样为非零均值随机电磁信号均值和协方差矩阵元素的函数。然而,由于其积分项难以给出解析表达式,因此为了获得相位差的理论概率密度函数曲线,在均值及协方差矩阵元素等参数代入后,可以通过数值积分方法近似求取,仿真中可以利用 MATLAB 程序中的符号积分函数 int 实现数值积分过程。

下面将利用仿真数据评估上述极化比统计表征模型在描述非零均值复高斯分布电磁波极化统计特性方面的适用性。仿真中,设定一部工作于水平、垂直双极化同时接收模式的雷达,雷达主瓣方向存在一固定极化的干扰源,其他干扰源由天线副瓣进入接收机,且主瓣干扰明显强于副瓣干扰。此时,雷达接收到的合成电磁信号由于受相互独立的主副瓣干扰的影响,其极化状态将服从非零均值复高斯分布。

这里考虑 6 种不同的极化均值和协方差矩阵,区别于 2.3 节的仿真设定,协方差矩阵分别表示为 $\boldsymbol{\Sigma}_4,\boldsymbol{\Sigma}_5,\cdots,\boldsymbol{\Sigma}_9$,具体参数设置如表 3.1 所示,主瓣干扰极化数据便是根据表中的这些均值和方差产生的。仿真时分别假设主瓣干扰天线为水平极化($\boldsymbol{\Sigma}_4$、$\boldsymbol{\Sigma}_5$ 和 $\boldsymbol{\Sigma}_6$)和左旋圆极化($\boldsymbol{\Sigma}_7$、$\boldsymbol{\Sigma}_8$ 和 $\boldsymbol{\Sigma}_9$)。定义干噪比为确定极化信号的总功率和通道噪声总功率的比值,可表示为

$$JNR = \frac{(|s_H|^2 + |s_V|^2)}{(\sigma_{HH} + \sigma_{VV})} \tag{3.29}$$

不难计算出,表中针对每种极化情形设置了不同的信噪比,其中 $\boldsymbol{\Sigma}_4$ 和 $\boldsymbol{\Sigma}_7$ 对应 JNR $=-9\text{dB}$;$\boldsymbol{\Sigma}_5$ 和 $\boldsymbol{\Sigma}_8$ 对应 JNR $=-3\text{dB}$;$\boldsymbol{\Sigma}_6$ 和 $\boldsymbol{\Sigma}_9$ 对应 JNR $=3\text{dB}$。

表 3.1　非零均值多点源干扰极化分布参数设置

| 极化均值<br>和方差 | 干扰为水平极化 | | | 干扰为左旋圆极化 | | |
|---|---|---|---|---|---|---|
| | $\boldsymbol{\Sigma}_4$ | $\boldsymbol{\Sigma}_5$ | $\boldsymbol{\Sigma}_6$ | $\boldsymbol{\Sigma}_7$ | $\boldsymbol{\Sigma}_8$ | $\boldsymbol{\Sigma}_9$ |
| $s_H$ | 0.5 | 1 | 2 | 0.354 | 0.707 | 1.414 |
| $s_V$ | 0 | 0 | 0 | 0.354j | 0.707j | 1.414j |
| $\sigma_{HH}$ | 1 | 1 | 1 | 1 | 1 | 1 |
| $\sigma_{VV}$ | 1 | 1 | 1 | 1 | 1 | 1 |
| $\sigma_{HV}$ | 0 | 0 | 0 | 0 | 0 | 0 |

和零均值情形类似,通过利用表 3.1 中每一列参数,分别独立地产生 $10^5$ 个非零均值复高斯矢量 $\boldsymbol{\xi}$ 的样本,用以模拟雷达观测到的电磁信号。于是对每个样本矢量均可计算出单个极化通道的幅度 $a_i$,以及两极化基下的幅度比 $\rho$ 和相位差 $\varphi$。统计幅度的各阶矩 $E(a_i^m)$ 的同时,极化比相关的统计直方图也可被获取。

首先以干扰源辐射水平极化为例(对应 $\boldsymbol{\Sigma}_4$、$\boldsymbol{\Sigma}_5$ 和 $\boldsymbol{\Sigma}_6$),图 3.1(a)和(b)分别给出了水平通道中接收干扰信号幅度的概率密度函数和各阶矩,两子图中的实线分别对应式(3.18)和式(3.21)给出的理论曲线,圆圈符号为仿真数据的统计结果。

由图 3.1 可见,仿真数据和理论模型曲线间具有良好的拟合效果,验证了本节建立的单极化通道幅度概率密度函数及其各阶矩统计模型的正确性。此外,通过观察还可以发现,在相同极化条件下,随着确定极化信号功率同噪声功率比值的增大,其幅度分布会向右移动[图 3.1(a)],统计矩也会随之增大[图 3.1(b)]。该现象能够表征不同强度的辐射源间分布特性的差异。以上结论同样适用于左旋圆极化情形,这里不再将该情形下的对比结果一一列出。

为进一步验证本节给出的极化幅度比和相位差的概率密度函数,在描述具有

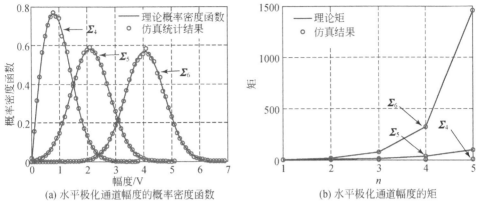

(a) 水平极化通道幅度的概率密度函数　　　(b) 水平极化通道幅度的矩

图 3.1　水平极化干扰在单个极化通道内幅度的统计特性

确定极化占优的随机电磁波统计特性方面的适用性时,将结合 2.2 节推导得到的零均值极化比模型分别与本场景下的仿真数据统计直方图进行拟合对比,拟合结果展示在图 3.2 中。

在图 3.2 的全部子图中,圆圈符号代表仿真数据极化幅度比或相位差的统计直方图,由非零均值和零均值模型给出的理论概率密度函数曲线则分别用实线和虚线表示。图 3.2(a)和(b)中分别给出了相同干噪比、不同干扰极化条件下,幅度比 $\rho$ 和相位差 $\varphi$ 的统计拟合结果。由这两幅图不难看出,基于非零均值假设的极化比理论概率密度函数曲线总能很好地拟合仿真数据的统计结果。进一步观察图 3.2(a)可见,零均值假设下得到幅度比的概率密度函数只在干扰确定极化分量为圆极化时($\Sigma_8$)能够展现出和非零均值复高斯模型接近的拟合效果,但是当干扰极化为水平极化时($\Sigma_5$),零均值模型下的理论曲线背离了仿真数据的统计结果。与之相反的效果在图 3.2(b)中呈现,即零均值假设下相位差的理论概率密度函数在干扰为水平极化时与仿真结果拟合较好,而在圆极化情形下则出现了背离。因此可以得出结论,在干扰具有确定极化成分占优的情形下,基于零均值假设得到的极化比统计模型对不同的干扰极化状态比较敏感,而基于非零均值复高斯假设获取的极化比模型则基本不受干扰确定极化分量的影响。

图 3.2(c)和(d)展示了不同干噪比条件下理论模型对极化幅度比和相位差的拟合性能,其中图 3.2(c)对应水平极化情形,图 3.2(d)对应左旋圆极化情形。明显可以看出,随着干噪比的增大,零均值假设下获取的概率密度函数对仿真数据的拟合性能逐渐变差,而基于非零均值复高斯分布获取的概率密度函数模型在不同

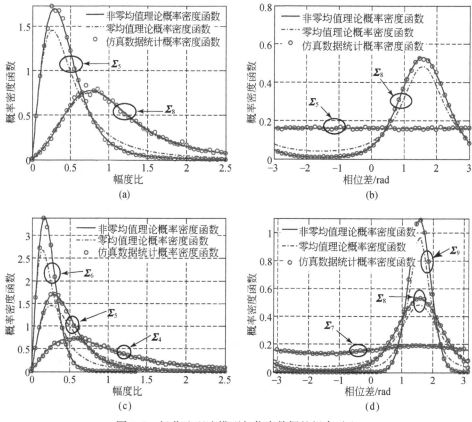

图 3.2　极化比理论模型与仿真数据的拟合对比

干噪比条件下始终与仿真结果保持良好的一致性。综合对比结果说明了本节由非零均值复高斯分布假设建立的极化比统计模型更适合表征具有确定极化分量占优时的随机电磁信号的极化统计特性。

## 3.3　非零均值复高斯分布电磁波 Stokes 矢量的统计分布

在忽略时间关系后,下面给出非零均值复高斯分布电磁波瞬时 Stokes 矢量各分量的概率密度分布及其联合概率密度分布。

### 3.3.1　Stokes 矢量各分量的统计分布

1)　$g_0$ 的统计分布

由前述可知,$g_0 = A_H + A_V$,进而有

$$f_{G_0}(g_0) = \int_0^\infty f(A_H, g_0 - A_H)\, \mathrm{d}A_H = \int_0^{g_0} f(A_H, g_0 - A_H)\, \mathrm{d}A_H \quad (3.30)$$

将式(3.13)代入式(3.30)，整理可得

$$f_{G_0}(g_0) = P \int_0^{g_0} \int_0^{2\pi} \exp\left\{ \frac{(\sigma_{HH} - \sigma_{VV}) A_H\, 2\,|\sigma_{HV}|\,\sqrt{A_H(g_0 - A_H)}\,\cos\theta}{|\boldsymbol{\Sigma}_{HV}|} \right\}$$
$$\cdot\, \mathrm{I}_0\left( 2\sqrt{A_H(U_H^2 - U_V^2) + g_0 U_V^2 + 2 U_H U_V \sqrt{A_H(g_0 - A_H)}\,\cos(\theta + k_\theta)} \right)\mathrm{d}\theta\mathrm{d}A_H$$
$$(3.31)$$

式中，$P = \dfrac{1}{2\pi\,|\boldsymbol{\Sigma}_{HV}|} \exp\left\{ -\boldsymbol{e}_0^H \boldsymbol{\Sigma}_{HV}^{-1} \boldsymbol{e}_0 - \dfrac{\sigma_{HH} g_0}{|\boldsymbol{\Sigma}_{HV}|} \right\}$，$k_\theta = \alpha_H - \alpha_V - \beta_{HV}$。

令 $A_H = x g_0$，则式(3.31)可简化为

$$f_{G_0}(g_0) = P g_0 \int_0^{2\pi} \int_0^1 \exp\left\{ -\frac{(\sigma_{VV} - \sigma_{HH})x - 2\,|\sigma_{HV}|\cos\theta\sqrt{x(1-x)}}{|\boldsymbol{\Sigma}_{HV}|} g_0 \right\}$$
$$\cdot\, \mathrm{I}_0\left( 2\sqrt{g_0}\sqrt{U_V^2 + (U_H^2 - U_V^2)x + 2 U_H U_V \cos(\theta + k_\theta)\sqrt{x(1-x)}} \right)\mathrm{d}x\mathrm{d}\theta$$
$$(3.32)$$

由于式(3.32)难以给出解析解，因此下面仍以电磁波的均值是水平极化信号，且其水平和垂直极化分量无关(或独立)的情况予以说明。

将式(3.14)代入式(3.32)，整理可得

$$f_{G_0}(g_0) = \frac{g_0}{\lambda \sigma_{HH}} \mathrm{e}^{-\frac{|d|^2}{\sigma_{HH}} - \frac{g_0}{\lambda}} \int_0^1 \exp\left\{ -\frac{(\lambda-1)g_0}{\lambda}x \right\} \mathrm{I}_0\left( \frac{2\,|d|\sqrt{g_0}}{\sigma_{HH}}\sqrt{x} \right)\mathrm{d}x \quad (3.33)$$

令 $x = t^2$，$t \geq 0$，则有

$$f_{G_0}(g_0) = \frac{2 g_0}{\lambda \sigma_{HH}} \mathrm{e}^{-\frac{|d|^2}{\sigma_{HH}} - \frac{g_0}{\lambda}} \int_0^1 t \exp\left\{ -\frac{(\lambda-1)g_0}{\lambda}t^2 \right\} \mathrm{I}_0\left( \frac{2t\,|d|\sqrt{g_0}}{\sigma_{HH}} \right)\mathrm{d}t \quad (3.34)$$

2) $g_1$ 的统计分布

下面分两种情况讨论，若 $g_1 \leq 0$，则由式(2.61)可知

$$f(g_1) = \int_0^\infty f(A_H, A_H - g_1)\, \mathrm{d}A_H \quad (3.35)$$

将式(3.13)代入式(3.35)，整理可得

$$f_{G_1}(g_1) = C_M \int_0^\infty \int_0^{2\pi} \exp\left\{ -\frac{(\sigma_{VV} + \sigma_{HH})A_H - 2\,|\sigma_{HV}|\cos\theta\sqrt{A_H(A_H - g_1)}}{|\boldsymbol{\Sigma}_{HV}|} \right\}$$
$$\cdot\, \mathrm{I}_0\left( 2\sqrt{(U_H^2 + U_V^2)A_H - g_1 U_V^2 + 2 U_H U_V \cos(\theta + k_\theta)\sqrt{A_H(A_H - g_1)}} \right)\mathrm{d}\theta\mathrm{d}A_H$$
$$(3.36)$$

式中，$C_M = \dfrac{1}{2\pi\,|\boldsymbol{\Sigma}_{HV}|} \exp\left\{ -\boldsymbol{e}_0^H \boldsymbol{\Sigma}_{HV}^{-1} \boldsymbol{e}_0 + \dfrac{\sigma_{HH} g_1}{|\boldsymbol{\Sigma}_{HV}|} \right\}$。

若 $g_1 > 0$，则由式（2.65）可知

$$f(g_1) = \int_{g_1}^{\infty} f(A_H, A_H - g_1) \mathrm{d}A_H \tag{3.37}$$

将式（3.13）代入式（3.37），整理可得

$$f_{G_1}(g_1) = C_M \int_{g_1}^{\infty} \int_0^{2\pi} \exp\left\{ -\frac{(\sigma_{VV} + \sigma_{HH})A_H - 2|\sigma_{HV}|\cos\theta\sqrt{A_H(A_H - g_1)}}{|\boldsymbol{\Sigma}_{HV}|} \right\}$$

$$\cdot I_0\left( 2\sqrt{(U_H^2 + U_V^2)A_H - g_1 U_V^2 + 2U_H U_V \cos(\theta + k_\theta)\sqrt{A_H(A_H - g_1)}} \right) \mathrm{d}\theta \mathrm{d}A_H \tag{3.38}$$

由于关于 $g_1$ 的概率密度函数的解析解难以给出，因此下面仍以电磁波的均值为水平极化信号，且其水平和垂直极化分量无关（或独立）的情况予以说明。

此时将式（3.14）代入式（3.36）和式（3.38），整理可得

$$f_{G_1}(g_1) = \begin{cases} \dfrac{1}{\lambda\sigma_{HH}} \exp\left(-\dfrac{|d|^2}{\sigma_{HH}} + \dfrac{g_1}{\lambda}\right) \displaystyle\int_{g_1}^{\infty} \exp\left\{-\dfrac{\lambda+1}{\lambda}x\right\} I_0\left(\dfrac{2|d|}{\sigma_{HH}}\sqrt{x}\right) \mathrm{d}x, & g_1 > 0 \\[4mm] \dfrac{1}{\lambda\sigma_{HH}} \exp\left(-\dfrac{|d|^2}{\sigma_{HH}} + \dfrac{g_1}{\lambda}\right) \displaystyle\int_{0}^{\infty} \exp\left\{-\dfrac{\lambda+1}{\lambda}x\right\} I_0\left(\dfrac{2|d|}{\sigma_{HH}}\sqrt{x}\right) \mathrm{d}x, & g_1 \leqslant 0 \end{cases} \tag{3.39}$$

由贝塞尔函数的性质，式（3.39）可简化为

$$f_{G_1}(g_1) = \begin{cases} \dfrac{1}{\lambda\sigma_{HH}} \exp\left(-\dfrac{|d|^2}{\sigma_{HH}} + \dfrac{g_1}{\lambda} + \dfrac{\lambda|d|^2}{(\lambda+1)\sigma_{HH}^2}\right), & g_1 \leqslant 0 \\[4mm] \dfrac{1}{\lambda\sigma_{HH}} \exp\left(-\dfrac{|d|^2}{\sigma_{HH}} + \dfrac{g_1}{\lambda}\right) \displaystyle\int_{g_1}^{\infty} \exp\left\{-\dfrac{\lambda+1}{\lambda}x\right\} I_0\left(\dfrac{2|d|}{\sigma_{HH}}\sqrt{x}\right) \mathrm{d}x, & g_1 > 0 \end{cases} \tag{3.40}$$

3）$g_2$ 的概率密度函数

将电磁波 $\xi_{HV}$ 变化到 45° 和 135° 正交极化基 $(\hat{\boldsymbol{m}}, \hat{\boldsymbol{n}})$ 下表示为 $\xi_{MN}$，由极化基变换的线性性质可知，$\xi_{MN}$ 仍服从正态分布，且有

$$\xi_{MN} \sim N(\boldsymbol{e}_{MN0}, \boldsymbol{\Sigma}_{MN}) \tag{3.41}$$

式中，$\boldsymbol{e}_{MN0} = \dfrac{1}{\sqrt{2}} \begin{bmatrix} E_{H0} + E_{V0} \\ E_{H0} - E_{V0} \end{bmatrix}$，$\boldsymbol{\Sigma}_{MN} = \dfrac{1}{2} \begin{bmatrix} \sigma_{HH} + \sigma_{HV} + \sigma_{VH} + \sigma_{VV} & \sigma_{HH} + \sigma_{HV} - \sigma_{HV} - \sigma_{VV} \\ \sigma_{HH} + \sigma_{HV} - \sigma_{VH} - \sigma_{VV} & \sigma_{HH} - \sigma_{HV} - \sigma_{VH} + \sigma_{VV} \end{bmatrix}$。

若记 $\boldsymbol{\Sigma}_{MN}^{-1} \boldsymbol{e}_{MN0} = \begin{bmatrix} U_M \mathrm{e}^{\mathrm{i}\alpha_M} \\ U_N \mathrm{e}^{\mathrm{i}\alpha_N} \end{bmatrix}$，则按照在水平、垂直极化基下求取 $g_1$ 概率密度函数的方法，可以求得在 45° 和 135° 正交极化基 $(\hat{\boldsymbol{m}}, \hat{\boldsymbol{n}})$ 下 $g_{MN1}$ 的概率密度函数。

(1) 若 $g_{MN1} \geqslant 0$，则有[2]

$$f_{G_{MN1}}(g_{MN1}) = D_M \int_{g_{MN1}}^{\infty} \int_0^{2\pi} \exp\left\{-\frac{(\sigma_{MM}+\sigma_{NN})A_M - 2|\sigma_{MN}|\cos\theta\sqrt{A_M(A_M-g_{MN1})}}{|\boldsymbol{\Sigma}_{HV}|}\right\}$$
$$\cdot I_0\left(2\sqrt{(U_N^2+U_M^2)A_M - g_{MN1}U_N^2 + 2U_M U_N\cos(\theta+m_\theta)\sqrt{A_M(A_M-g_{MN1})}}\right) d\theta dA_M$$

$$(3.42)$$

式中，$D_M = \dfrac{1}{2\pi|\boldsymbol{\Sigma}_{MN}|}\exp\left\{-\boldsymbol{e}_{MN0}^H\boldsymbol{\Sigma}_{MN}^{-1}\boldsymbol{e}_{MN0} + \dfrac{\sigma_{MN}g_{MN1}}{|\boldsymbol{\Sigma}_{MN}|}\right\}$，$m_\theta = \alpha_M - a_N - \beta_{MN}$。

(2) 若 $g_{MN1} < 0$，则有[2]

$$f_{G_{MN1}}(g_{MN1}) = D_M \int_0^{\infty} \int_0^{2\pi} \exp\left\{-\frac{(\sigma_{MM}+\sigma_{NN})A_M - 2|\sigma_{MN}|\cos\theta\sqrt{A_M(A_M-g_{MN1})}}{|\boldsymbol{\Sigma}_{HV}|}\right\}$$
$$\cdot I_0\left(2\sqrt{(U_N^2+U_M^2)A_M - g_{MN1}U_N^2 + 2U_M U_N\cos(\theta+m_\theta)\sqrt{A_M(A_M-g_{MN1})}}\right) d\theta dA_M$$

$$(3.43)$$

由于 $g_2 = g_{MN1}$，因此可得 $g_2$ 的概率密度函数为

$$f_{G_2}(g_2) = \begin{cases} D_M \displaystyle\int_{g_2}^{\infty}\int_0^{2\pi}\chi(\theta,A_M)e^{-\frac{(\sigma_{MM}+\sigma_{NN})A_M - 2|\sigma_{MN}|\cos\theta\sqrt{A_M(A_M-g_2)}}{|\boldsymbol{\Sigma}_{HV}|}} d\theta dA_M, & g_2 \geqslant 0 \\[1.2em] D_M \displaystyle\int_0^{\infty}\int_0^{2\pi}\chi(\theta,A_M)e^{-\frac{(\sigma_{MM}+\sigma_{NN})A_M - 2|\sigma_{MN}|\cos\theta\sqrt{A_M(A_M-g_2)}}{|\boldsymbol{\Sigma}_{HV}|}} d\theta dA_M, & g_2 < 0 \end{cases}$$

$$(3.44)$$

式中，$\chi(\theta,A_M) = I_0\left(2\sqrt{(U_N^2+U_M^2)A_M - U_N^2 g_2 + 2U_M U_N\cos(\theta+m_\theta)\sqrt{A_M(A_M-g_2)}}\right)$。

4）$g_3$ 的概率密度函数

将电磁波 $\boldsymbol{\xi}_{HV}$ 变化到左、右旋圆极化基下表示，$\boldsymbol{\xi}_{LR}$ 仍服从正态分布，且有

$$\boldsymbol{e}_{LR0} = \frac{1}{\sqrt{2}}\begin{bmatrix} E_H - jE_V \\ E_H + jE_V \end{bmatrix}$$

和

$$\boldsymbol{\Sigma}_{LR} = \begin{bmatrix} \sigma_{LL} & \sigma_{RL} \\ \sigma_{LR} & \sigma_{RR} \end{bmatrix} = \frac{1}{2}\begin{bmatrix} \sigma_{HH}+\sigma_{VV}-2\mathrm{Im}(\sigma_{HV}) & \sigma_{HH}-\sigma_{VV}-2\mathrm{Re}(\sigma_{HV}) \\ \sigma_{HH}-\sigma_{VV}+2\mathrm{Re}(\sigma_{HV}) & \sigma_{HH}+\sigma_{VV}+2\mathrm{Im}(\sigma_{HV}) \end{bmatrix}$$

若记 $\boldsymbol{\Sigma}_{LR}^{-1}\boldsymbol{e}_{LR0} = \begin{bmatrix} U_L e^{j\alpha_L} \\ U_R e^{j\alpha_R} \end{bmatrix}$，同理可得 $g_3$ 的概率密度函数为

$$f_{G_3}(g_3) = \begin{cases} D_{LR} \displaystyle\int_{g_3}^{\infty}\int_0^{2\pi}\chi_{LR}(\theta,A_L)e^{-\frac{(\sigma_{LL}+\sigma_{RR})A_L - 2|\sigma_{LR}|\cos\theta\sqrt{A_L(A_L-g_3)}}{|\boldsymbol{\Sigma}_{HV}|}} d\theta dA_L, & g_3 \geqslant 0 \\[1.2em] D_{LR} \displaystyle\int_0^{\infty}\int_0^{2\pi}\chi_{LR}(\theta,A_L)e^{-\frac{(\sigma_{LL}+\sigma_{RR})A_L - 2|\sigma_{LR}|\cos\theta\sqrt{A_L(A_L-g_3)}}{|\boldsymbol{\Sigma}_{HV}|}} d\theta dA_L, & g_3 < 0 \end{cases}$$

$$(3.45)$$

式中

$$D_{LR} = \frac{1}{2\pi \mid \boldsymbol{\Sigma}_{LR} \mid} \exp\left\{ - \boldsymbol{e}_{LR0}^{H} \boldsymbol{\Sigma}_{LR}^{-1} \boldsymbol{e}_{LR0} + \frac{\sigma_{LR} g_3}{\mid \boldsymbol{\Sigma}_{LR} \mid} \right\}, \quad n_{\theta} = \alpha_{L} - a_{R} - \beta_{LR}$$

$$\chi_{LR}(\theta, A_{L}) = I_0 \left( 2\sqrt{(U_{L}^{2} + U_{L}^{2})A_{L} - U_{R}^{2} g_3 + 2U_{L} U_{R} \cos(\theta + n_{\theta}) \sqrt{A_{L}(A_{L} - g_3)}} \right)$$

### 3.3.2　Stokes 子矢量的统计分布

Stokes 子矢量 $\boldsymbol{g}$ 的联合概率密度函数为[2]

$$f_{G}(\boldsymbol{g}) = \frac{1}{4\pi g_0 \mid \boldsymbol{\Sigma} \mid} \exp\{- \boldsymbol{e}_{0}^{H} \boldsymbol{\Sigma}^{-1} \boldsymbol{e}_{0}\} \exp\left\{ - \frac{\boldsymbol{L}^{T} \boldsymbol{j}}{2 \mid \boldsymbol{\Sigma} \mid} \right\} I_0 \left( \sqrt{2 \boldsymbol{j}_{\mu}^{T} \boldsymbol{j}} \right) \tag{3.46}$$

式中，$\boldsymbol{j} = [g_0, g_1, g_2, g_3]^{T} = [\parallel \boldsymbol{g} \parallel, \boldsymbol{g}^{T}]^{T}, \boldsymbol{L} = \begin{bmatrix} \sigma_{VV} + \sigma_{HH} \\ \sigma_{VV} - \sigma_{HH} \\ -2\text{Re}(\sigma_{HV}) \\ 2\text{Im}(\sigma_{HV}) \end{bmatrix}, \boldsymbol{R} = \begin{bmatrix} 1 & 0 & 0 & 1 \\ 1 & 0 & 0 & -1 \\ 0 & 1 & 1 & 0 \\ 0 & j & -j & 0 \end{bmatrix},$

$\boldsymbol{j}_{u} = R(\boldsymbol{u} \otimes \boldsymbol{u}^{*}) = R(\boldsymbol{\Sigma}_{HV}^{-1} \boldsymbol{e}_0) \otimes (\boldsymbol{\Sigma}_{HV}^{-1} \boldsymbol{e}_0)^{*} = R\boldsymbol{\Sigma}_{HV}^{-1} \otimes (\boldsymbol{\Sigma}_{HV}^{-1})^{*} (\boldsymbol{e}_0 \otimes \boldsymbol{e}_0^{*})$。$\boldsymbol{j}_u$ 的表达式可简记为

$$\boldsymbol{j}_{u} = R\boldsymbol{\Sigma}_{HV}^{-1} \otimes (\boldsymbol{\Sigma}_{HV}^{-1})^{*} R^{-1} R(\boldsymbol{e}_0 \otimes \boldsymbol{e}_0^{*}) = M_{\Sigma^{-1}} \boldsymbol{j}_0 \tag{3.47}$$

式中，$M_{\Sigma^{-1}} = R\boldsymbol{\Sigma}_{HV}^{-1} \otimes (\boldsymbol{\Sigma}_{HV}^{-1})^{*} R^{-1}$；$\boldsymbol{j}_0 = R(\boldsymbol{e}_0 \otimes \boldsymbol{e}_0^{*})$ 为电场的均值矢量对应的 Stokes 矢量。

由 Kronecker 积的性质可知

$$(M_{\Sigma^{-1}})^{-1} = [R\boldsymbol{\Sigma}_{HV}^{-1} \otimes (\boldsymbol{\Sigma}_{HV}^{-1})^{*} R^{-1}]^{-1} = R\boldsymbol{\Sigma}_{HV} \otimes \boldsymbol{\Sigma}_{HV}^{*} R^{-1} = M_{\Sigma}$$

因此可知，$\boldsymbol{j}_{u} = (M_{\Sigma})^{-1} \boldsymbol{j}_0$，或 $\boldsymbol{j}_0 = M_{\Sigma} \boldsymbol{j}_u$。于是可将式(3.46)重写为如下形式：

$$f_{G}(\boldsymbol{g}) = \frac{1}{4\pi g_0 \mid \boldsymbol{\Sigma} \mid} \exp\{- \boldsymbol{e}_{0}^{H} \boldsymbol{\Sigma}^{-1} \boldsymbol{e}_{0}\} \exp\left\{ - \frac{\boldsymbol{L}^{T} \boldsymbol{j}}{2 \mid \boldsymbol{\Sigma} \mid} \right\} I_0 \{ \sqrt{2 \boldsymbol{j}_{0}^{T} M_{\Sigma}^{-T} \boldsymbol{j}} \} \tag{3.48}$$

当电磁波为零均值的正态信号时，即 $\boldsymbol{e}_0 = [0,0]^{T}$ 时，式(3.48)可简化为式(2.93)，即与 2.3 节得出的结论是一致的。

### 3.3.3　$(g_0, g_1, g_2)$ 的联合概率密度函数

为求 $(g_0, g_1, g_2)$ 的联合分布，仍做如下变换：

$$\psi = \begin{bmatrix} x \\ y \\ z \end{bmatrix} = \varphi(\boldsymbol{g}) = \begin{bmatrix} g_0 \\ g_1 \\ g_2 \end{bmatrix} = \begin{bmatrix} \sqrt{g_1^2 + g_2^2 + g_3^2} \\ g_1 \\ g_2 \end{bmatrix} \tag{3.49}$$

进而 $\boldsymbol{\psi}$ 的概率密度函数为[2]

$$f_\psi(\boldsymbol{\psi}) = f_{G_{\mathrm{HV}}}\left(y, z, \sqrt{x^2 - y^2 - z^2}\right)\left|\frac{x}{\sqrt{x^2 - y^2 - z^2}}\right|$$

$$+ f_{G_{\mathrm{HV}}}\left(y, z, -\sqrt{x^2 - y^2 - z^2}\right)\left|\frac{-x}{\sqrt{x^2 - y^2 - z^2}}\right|$$

将式(3.48)代入该式可得

$$f_\psi(\boldsymbol{\psi}) = \frac{\exp\{-\boldsymbol{e}_0^{\mathrm{H}}\Sigma^{-1}\boldsymbol{e}_0\}}{4\pi|\Sigma|\sqrt{x^2-y^2-z^2}}\left\{\exp\left\{-\frac{\boldsymbol{L}^{\mathrm{T}}\boldsymbol{j}_M}{2|\Sigma|}\right\}\mathrm{I}_0\left\{\sqrt{2\,\boldsymbol{j}_0^{\mathrm{T}}M_\Sigma^{-\mathrm{T}}\boldsymbol{j}_M}\right\}\right. \tag{3.50}$$

$$\left. + \exp\left\{-\frac{\boldsymbol{L}^{\mathrm{T}}R_T\boldsymbol{j}_M}{2|\Sigma|}\right\}\mathrm{I}_0\left\{\sqrt{2\,\boldsymbol{j}_0^{\mathrm{T}}M_\Sigma^{-\mathrm{T}}R_T\boldsymbol{j}_M}\right\}\right\}$$

式中, $R_T = \mathrm{diag}\{1,1,1,-1\}$, $\boldsymbol{j}_M = \left[x, y, z, \sqrt{x^2-y^2-z^2}\right]^{\mathrm{T}}$ 。

由式(3.49)和式(3.50)可得 $(g_0, g_1, g_2)$ 的联合分布为

$$f_G(g_0, g_1, g_2) = \frac{\exp\{-\boldsymbol{e}_0^{\mathrm{H}}\Sigma^{-1}\boldsymbol{e}_0\}}{4\pi|\Sigma|\sqrt{g_0^2-g_1^2-g_2^2}}\left\{\exp\left\{-\frac{\boldsymbol{L}^{\mathrm{T}}\boldsymbol{j}_T}{2|\Sigma|}\right\}\mathrm{I}_0\left\{\sqrt{2\,\boldsymbol{j}_0^{\mathrm{T}}M_\Sigma^{-\mathrm{T}}\boldsymbol{j}_T}\right\}\right. \tag{3.51}$$

$$\left. + \exp\left\{-\frac{\boldsymbol{L}^{\mathrm{T}}R_T\boldsymbol{j}_T}{2|\Sigma|}\right\}\mathrm{I}_0\left\{\sqrt{2\,\boldsymbol{j}_0^{\mathrm{T}}M_\Sigma^{-\mathrm{T}}R_T\boldsymbol{j}_T}\right\}\right\}$$

式中, $\boldsymbol{j}_T = \left[g_0, g_1, g_2, \sqrt{g_0^2-g_1^2-g_2^2}\right]^{\mathrm{T}}$ 。

回顾 $(g_0, g_1, g_2)$ 的联合概率密度函数的求解过程不难看出,如果将 $(g_1, g_2)$ 代之以 $(g_i, g_j)$, $i, j = 1, 2, 3$ 且 $i \neq j$,那么整个求解过程丝毫不会受到影响,仅需将最终结果中 $g_i$ 和 $g_j$ 的下标进行相应替换。据此,可以写出 $(g_0, g_i, g_j)$ 的联合概率密度函数表达式

$$f_G(g_0, g_i, g_j) = \frac{\exp\{-\boldsymbol{e}_0^{\mathrm{H}}\Sigma^{-1}\boldsymbol{e}_0\}}{4\pi|\Sigma|\sqrt{g_0^2-g_i^2-g_j^2}}\left\{\exp\left\{-\frac{\boldsymbol{L}^{\mathrm{T}}\boldsymbol{j}_T}{2|\Sigma|}\right\}\mathrm{I}_0\left\{\sqrt{2\,\boldsymbol{j}_0^{\mathrm{T}}M_\Sigma^{-\mathrm{T}}\boldsymbol{j}_T}\right\}\right. \tag{3.52}$$

$$\left. + \exp\left\{-\frac{\boldsymbol{L}^{\mathrm{T}}R_T\boldsymbol{j}_T}{2|\Sigma|}\right\}\mathrm{I}_0\left\{\sqrt{2\,\boldsymbol{j}_0^{\mathrm{T}}M_\Sigma^{-\mathrm{T}}R_T\boldsymbol{j}_T}\right\}\right\}$$

式中, $\boldsymbol{j}_T = \left[g_0, g_i, g_j, \sqrt{g_0^2-g_i^2-g_j^2}\right]^{\mathrm{T}}$, $i, j \in \{1,2,3\}$, $i \neq j$, $k = \{1,2,3\}\backslash\{i,j\}$ 。

## 3.4　非零均值复高斯分布电磁波 IPPV 的统计分布

电磁波的 IPPV 完备地表征了波的极化特性,其统计分布对于研究随机场极化的统计特性具有重要意义,下面给出非零均值复高斯分布电磁波 IPPV 概率密度分布的求取过程。

### 3.4.1　$\tilde{g}_1$ 的统计分布

由式(3.16)可求得 $g_0$ 和 $g_1$ 的联合概率密度函数为

$$f_{G_0 G_1}(g_0,g_1) = \frac{\exp\{-\boldsymbol{e}_0^{\mathrm{H}} \Sigma_{\mathrm{HV}}^{-1} \boldsymbol{e}_0\}}{4\pi|\Sigma_{\mathrm{HV}}|} \exp\left\{-\frac{\sigma_{\mathrm{VV}}(g_0+g_1)+\sigma_{\mathrm{HH}}(g_0-g_1)}{2|\Sigma_{\mathrm{HV}}|}\right\}$$

$$\cdot \int_0^{2\pi} \exp\left\{\frac{|\sigma_{\mathrm{HV}}|\sqrt{g_0^2-g_1^2}\cos\theta}{|\Sigma_{\mathrm{HV}}|}\right\}$$

$$\cdot \mathrm{I}_0\left(\sqrt{2[(U_{\mathrm{H}}^2+U_{\mathrm{V}}^2)g_0+(U_{\mathrm{H}}^2-U_{\mathrm{V}}^2)g_1]+4\sqrt{g_0^2-g_1^2}U_{\mathrm{H}}U_{\mathrm{V}}\cos(\theta+k_\theta)}\right)\mathrm{d}\theta$$

$$(3.53)$$

令 $x=g_0, y=\dfrac{g_1}{g_0}$,那么有

$$f_Y(y) = \int_0^\infty f_{XY}(x,y)\mathrm{d}x = \int_0^\infty x f_{G_0 G_1}(x,xy)\mathrm{d}x \qquad (3.54)$$

将式(3.52)和式(3.53)代入式(3.54),整理并简化,可得水平、垂直极化基下 $\tilde{g}_1$ 的概率密度函数为

$$f_{\tilde{G}_1}(\tilde{g}_1) = \frac{\exp\{-\boldsymbol{e}_0^{\mathrm{H}}\Sigma_{\mathrm{HV}}^{-1}\boldsymbol{e}_0\}}{4\pi|\Sigma_{\mathrm{HV}}|}\int_0^{2\pi}\int_0^\infty x\mathrm{e}^{xS(\theta)}\mathrm{I}_0[T(\theta)\sqrt{x}]\mathrm{d}x\mathrm{d}\theta \qquad (3.55)$$

式中

$$S(\theta) = -\frac{\sigma_{\mathrm{VV}}+\sigma_{\mathrm{HH}}+(\sigma_{\mathrm{VV}}-\sigma_{\mathrm{HH}})\tilde{g}_1-2|\sigma_{\mathrm{HV}}|\cos\theta\sqrt{1-\tilde{g}_1^2}}{2|\Sigma_{\mathrm{HV}}|}$$

$$T(\theta) = \sqrt{2[(U_{\mathrm{H}}^2+U_{\mathrm{V}}^2)+(U_{\mathrm{H}}^2-U_{\mathrm{V}}^2)\tilde{g}_1]+4U_{\mathrm{H}}U_{\mathrm{V}}\cos(\theta-k_\theta)\sqrt{1-\tilde{g}_1^2}}$$

由于 $\sigma_{\mathrm{VV}}\sigma_{\mathrm{HH}}-|\sigma_{\mathrm{HV}}|^2>0$,因此有

$$\sigma_{\mathrm{VV}}+\sigma_{\mathrm{HH}}+(\sigma_{\mathrm{VV}}-\sigma_{\mathrm{HH}})\tilde{g}_{\mathrm{HV1}} \geqslant 2\sqrt{\sigma_{\mathrm{VV}}\sigma_{\mathrm{HH}}(1-\tilde{g}_{\mathrm{HV1}}^2)}$$

$$\geqslant 2|\sigma_{\mathrm{HV}}|\sqrt{(1-\tilde{g}_{\mathrm{HV1}}^2)} \geqslant 2|\sigma_{\mathrm{HV}}|\cos\theta\sqrt{(1-\tilde{g}_{\mathrm{HV1}}^2)}$$

因此,$S(\theta)<0$。

由于 $S(\theta)<0$,$T(\theta)\geqslant 0$,因此由贝塞尔函数积分公式有

$$\int_0^\infty x\mathrm{e}^{xS(\theta)}\mathrm{I}_0[T(\theta)\sqrt{x}]\mathrm{d}x = \frac{4S(\theta)-T^2(\theta)}{4S^3(\theta)}\exp\left\{-\frac{T^2(\theta)}{4S(\theta)}\right\} \qquad (3.56)$$

将 $S(\theta)$ 和 $T(\theta)$ 分别代入式(3.55)和式(3.56),简化可得

$$f_{\tilde{G}_1}(\tilde{g}_1) = \frac{1}{4\pi|\Sigma_{\mathrm{HV}}|}\exp\{-\boldsymbol{e}_0^{\mathrm{H}}\Sigma_{\mathrm{HV}}^{-1}\boldsymbol{e}_0\}$$

$$\cdot \int_0^{2\pi} \frac{2m_1 - 2m_2\cos\theta + m_3 + m_4\cos(\theta - k_\theta)}{2\,(m_1 - m_2\cos\theta)^3} \exp\left\{\frac{m_3 + m_4\cos(\theta - k_\theta)}{2m_1 - 2m_2\cos\theta}\right\}\mathrm{d}\theta$$

$$(3.57)$$

式中

$$m_1 = \frac{\sigma_{VV} + \sigma_{HH} + (\sigma_{VV} - \sigma_{HH})\widetilde{g}_1}{2\,|\Sigma_{HV}|}, \quad m_2 = \frac{|\sigma_{HV}|\sqrt{1 - \widetilde{g}_1^2}}{|\Sigma_{HV}|}$$

$$m_3 = (U_H^2 + U_V^2) + (U_H^2 - U_V^2)\,\widetilde{g}_1, \quad m_4 = 2U_H U_V\sqrt{1 - \widetilde{g}_1^2}$$

### 3.4.2　$\widetilde{g}_2$ 的统计分布

按照在水平、垂直极化基下求取 $\widetilde{g}_1$ 概率密度函数的方法,可得在45°和135°极化基（$\dot{\boldsymbol{m}}, \dot{\boldsymbol{n}}$）下 $\widetilde{g}_{MN1}$ 的概率密度函数为

$$f_{\widetilde{G}_{MN1}}(\widetilde{g}_{MN1}) = A_{MN}\int_0^{2\pi} \frac{-2m_1 + 2m_2\cos\theta - m_3 - m_4\cos(\theta - k_\theta)}{2\,(-m_1 + m_2\cos\theta)^3}$$

$$(3.58)$$

$$\cdot \exp\left\{-\frac{m_3 + m_4\cos(\theta - k_\theta)}{-2m_1 + 2m_2\cos\theta}\right\}\mathrm{d}\theta$$

式中

$$A_{MN} = \frac{1}{4\pi\,|\Sigma_{MN}|}\exp\{-\boldsymbol{e}_{MN0}^{H}\Sigma_{MN}^{-1}\,\boldsymbol{e}_{MN0}\}$$

$$m_1 = \frac{\sigma_{NN} + \sigma_{MM} + (\sigma_{NN} - \sigma_{MM})\widetilde{g}_{MN1}}{2\,|\Sigma_{MN}|}$$

$$m_2 = \frac{|\sigma_{MN}|\sqrt{1 - \widetilde{g}_{MN1}^2}}{|\Sigma_{MN}|}$$

$$m_3 = (U_N^2 + U_M^2) + (U_M^2 - U_N^2)\widetilde{g}_{MN1}$$

$$m_4 = 2U_M U_N\sqrt{1 - \widetilde{g}_{MN1}^2}$$

$$\boldsymbol{u}_{MN} = \Sigma_{MN}^{-1}\,\boldsymbol{e}_{MN0} = \begin{bmatrix} U_M e^{j\alpha_M} \\ U_N e^{j\alpha_N} \end{bmatrix}$$

$$k_\theta = \alpha_M - a_N - \beta_{MN}$$

由文献[4]可知,$\widetilde{g}_2 = \widetilde{g}_{MN1}$,那么有

$$f_{\widetilde{G}}(\widetilde{g}_2) = A_{MN}\int_0^{2\pi} \frac{-2m_1 + 2m_2\cos\theta - m_3 - m_4\cos(\theta - k_\theta)}{2\,(-m_1 + m_2\cos\theta)^3}$$

$$(3.59)$$

$$\cdot \exp\left\{-\frac{m_3 + m_4\cos(\theta - k_\theta)}{-2m_1 + 2m_2\cos\theta}\right\}\mathrm{d}\theta$$

式中

$$e_{\text{MN0}} = \frac{1}{\sqrt{2}} \begin{bmatrix} E_{\text{H0}} + E_{\text{V0}} \\ E_{\text{H0}} - E_{\text{V0}} \end{bmatrix}$$

$$\Sigma_{\text{MN}} = \frac{1}{2} \begin{bmatrix} \sigma_{\text{HH}} + \sigma_{\text{HV}} + \sigma_{\text{VH}} + \sigma_{\text{VV}} & \sigma_{\text{HH}} + \sigma_{\text{VH}} - \sigma_{\text{HV}} - \sigma_{\text{VV}} \\ \sigma_{\text{HH}} + \sigma_{\text{HV}} - \sigma_{\text{VH}} - \sigma_{\text{VV}} & \sigma_{\text{HH}} - \sigma_{\text{HV}} - \sigma_{\text{VH}} + \sigma_{\text{VV}} \end{bmatrix}$$

### 3.4.3 $\tilde{g}_3$ 的统计分布

同理,可以求得在左、右旋圆极化下 $\tilde{g}_{\text{LR1}}$ 的概率密度函数,由文献[4]可知,$\tilde{g}_3 = \tilde{g}_{\text{LR1}}$,故可得 $\tilde{g}_3$ 的概率密度函数为

$$f_{\tilde{G}}(\tilde{g}_3) = A_{\text{LR}} \int_0^{2\pi} \frac{-2m_1 + 2m_2\cos\theta - m_3 - m_4\cos(\theta - k_\theta)}{2(-m_1 + m_2\cos\theta)^3} \qquad (3.60)$$
$$\cdot \exp\left\{ -\frac{m_3 + m_4\cos(\theta - k_\theta)}{-2m_1 + 2m_2\cos\theta} \right\} \mathrm{d}\theta$$

式中

$$A_{\text{LR}} = \frac{1}{4\pi |\Sigma_{\text{LR}}|} \exp\{ -e_{\text{LR0}}^{\text{H}} \Sigma_{\text{LR}}^{-1} e_{\text{LR0}} \}$$

$$m_1 = \frac{\sigma_{\text{RR}} + \sigma_{\text{LL}} + (\sigma_{\text{RR}} - \sigma_{\text{LL}})\tilde{g}_3}{2|\Sigma_{\text{LR}}|}$$

$$m_2 = \frac{|\sigma_{\text{LR}}| \sqrt{1 - \tilde{g}_3^2}}{|\Sigma_{\text{LR}}|}$$

$$m_3 = (U_{\text{L}}^2 + U_{\text{R}}^2) + (U_{\text{R}}^2 - U_{\text{L}}^2)\tilde{g}_3$$

$$m_4 = 2U_{\text{L}}U_{\text{R}}\sqrt{1 - \tilde{g}_3^2}$$

$$\boldsymbol{u}_{\text{LR}} = \Sigma_{\text{LR}}^{-1} \boldsymbol{e}_{\text{LR0}} = \begin{bmatrix} U_{\text{L}} e^{j\alpha_{\text{L}}} \\ U_{\text{R}} e^{j\alpha_{\text{R}}} \end{bmatrix}$$

$$k_\theta = \alpha_{\text{L}} - a_{\text{R}} - \beta_{\text{LR}}$$

$$\boldsymbol{e}_{\text{LR0}} = U^{-1} \boldsymbol{e}_0 = \frac{1}{\sqrt{2}} \begin{bmatrix} E_{\text{H}} - jE_{\text{V}} \\ E_{\text{H}} + jE_{\text{V}} \end{bmatrix}$$

$$\Sigma_{\text{LR}} = \begin{bmatrix} \sigma_{\text{LL}} & \sigma_{\text{RL}} \\ \sigma_{\text{LR}} & \sigma_{\text{RR}} \end{bmatrix} = \frac{1}{2} \begin{bmatrix} \sigma_{\text{HH}} + \sigma_{\text{VV}} - 2\text{Im}(\sigma_{\text{HV}}) & \sigma_{\text{HH}} - \sigma_{\text{VV}} - 2j\text{Re}(\sigma_{\text{HV}}) \\ \sigma_{\text{HH}} - \sigma_{\text{VV}} + 2j\text{Re}(\sigma_{\text{HV}}) & \sigma_{\text{HH}} + \sigma_{\text{VV}} + 2\text{Im}(\sigma_{\text{HV}}) \end{bmatrix}$$

当 $e_0 = \mathbf{0}$ 时,代入式(3.57)~式(3.60),可知其与 2.4 节中关于零均值复高斯随机电磁波 IPPV 的统计分布是一致的。

### 3.4.4 IPPV 各分量的联合统计分布

首先求 $\tilde{g}_1$ 和 $\tilde{g}_2$ 的联合概率密度。令 $x = g_0$,则 $g_1 = \tilde{g}_1 x$,$g_2 = \tilde{g}_2 x$。故 $(x,$

$\widetilde{g}_1,\widetilde{g}_2)$ 与 $(g_0,g_1,g_2)$ 之间的雅可比函数为

$$J\left(\frac{g_0,g_1,g_2}{x,\widetilde{g}_1,\widetilde{g}_2}\right)=x^2$$

那么 $(x,\widetilde{g}_1,\widetilde{g}_2)$ 的联合概率密度函数为

$$f_{XG}(x,\widetilde{g}_1,\widetilde{g}_2)=\frac{x\exp\{-\boldsymbol{e}_0^{\mathrm{H}}\Sigma^{-1}\boldsymbol{e}_0\}}{4\pi|\Sigma|\sqrt{1-\widetilde{g}_1^2-\widetilde{g}_2^2}}\left\{\exp\left\{-\frac{\boldsymbol{L}^{\mathrm{T}}\widetilde{\boldsymbol{j}}_T}{2|\Sigma|}x\right\}\mathrm{I}_0\left\langle\sqrt{2\,\boldsymbol{j}_0^{\mathrm{T}}M_\Sigma^{-\mathrm{T}}\widetilde{\boldsymbol{j}}_Tx}\,\right\rangle\right.$$

$$\left.+\exp\left\{-\frac{\boldsymbol{L}^{\mathrm{T}}R_T\widetilde{\boldsymbol{j}}_T}{2|\Sigma|}x\right\}\mathrm{I}_0\left\langle\sqrt{2\,\boldsymbol{j}_0^{\mathrm{T}}M_\Sigma^{-\mathrm{T}}R_T\widetilde{\boldsymbol{j}}_Tx}\,\right\rangle\right\}\qquad(3.61)$$

式中

$$\widetilde{\boldsymbol{j}}_T=\left[1,\widetilde{g}_1,\widetilde{g}_2,\sqrt{1-\widetilde{g}_1^2-\widetilde{g}_2^2}\,\right]^{\mathrm{T}},\quad R_T=\mathrm{diag}\{1,1,1,-1\},\quad \boldsymbol{L}=\begin{bmatrix}L_0\\L_1\\L_2\\L_3\end{bmatrix}=\begin{bmatrix}\sigma_{\mathrm{VV}}+\sigma_{\mathrm{HH}}\\\sigma_{\mathrm{VV}}-\sigma_{\mathrm{HH}}\\-2\mathrm{Re}(\sigma_{\mathrm{HV}})\\2\mathrm{Im}(\sigma_{\mathrm{HV}})\end{bmatrix}$$

根据贝塞尔函数的性质,有

$$\int_0^\infty x\mathrm{e}^{-ax}\mathrm{I}_0\left[\sqrt{bx}\right]=\frac{(4a+b)}{4a^3}\mathrm{e}^{\frac{b}{4a}},\quad a>0,\quad b\geqslant0$$

由式(3.61)可推得

$$\frac{\boldsymbol{L}^{\mathrm{T}}\widetilde{\boldsymbol{j}}_T}{2|\Sigma|}=\frac{\sigma_{\mathrm{VV}}(1+\widetilde{g}_1)+\sigma_{\mathrm{HH}}(1-\widetilde{g}_1)+2[\mathrm{Im}(\sigma_{\mathrm{HV}})\sqrt{1-\widetilde{g}_1^2-\widetilde{g}_2^2}-\mathrm{Re}(\sigma_{\mathrm{HV}})\widetilde{g}_2]}{2|\Sigma|}>0$$

和

$$\frac{\boldsymbol{L}^{\mathrm{T}}R_T\widetilde{\boldsymbol{j}}_T}{2|\Sigma|}>0$$

因此,$\widetilde{g}_1$ 和 $\widetilde{g}_2$ 的联合概率密度函数为

$$f_G(\widetilde{g}_1,\widetilde{g}_2)=\int_0^\infty f_{XG}(x,\widetilde{g}_1,\widetilde{g}_2)\mathrm{d}x=\frac{\exp\{-\boldsymbol{e}_0^{\mathrm{H}}\Sigma^{-1}\boldsymbol{e}_0\}}{4\pi|\Sigma|\sqrt{1-\widetilde{g}_1^2-\widetilde{g}_2^2}}$$

$$\cdot\left\{\frac{4(\boldsymbol{L}^{\mathrm{T}}\widetilde{\boldsymbol{j}}_T|\Sigma|^2+\boldsymbol{j}_0^{\mathrm{T}}M_\Sigma^{-\mathrm{T}}\widetilde{\boldsymbol{j}}_T|\Sigma|^3)}{(\boldsymbol{L}^{\mathrm{T}}\widetilde{\boldsymbol{j}}_T)^3}\exp\left(\frac{\boldsymbol{j}_0^{\mathrm{T}}M_\Sigma^{-\mathrm{T}}\widetilde{\boldsymbol{j}}_T|\Sigma|}{\boldsymbol{L}^{\mathrm{T}}\widetilde{\boldsymbol{j}}_T}\right)\right.$$

$$\left.+\frac{4(\boldsymbol{L}^{\mathrm{T}}R_T\widetilde{\boldsymbol{j}}_T|\Sigma|^2+\boldsymbol{j}_0^{\mathrm{T}}M_\Sigma^{-\mathrm{T}}R_T\widetilde{\boldsymbol{j}}_T|\Sigma|^3)}{(\boldsymbol{L}^{\mathrm{T}}R_T\widetilde{\boldsymbol{j}}_T)^3}\exp\left(\frac{\boldsymbol{j}_0^{\mathrm{T}}M_\Sigma^{-\mathrm{T}}R_T\widetilde{\boldsymbol{j}}_T|\Sigma|}{\boldsymbol{L}^{\mathrm{T}}R_T\widetilde{\boldsymbol{j}}_T}\right)\right\}$$

$$(3.62)$$

遵循上述求解思路,可得 IPPV 任意两个分量 $(\widetilde{g}_i,\widetilde{g}_j)$ 之间的联合概率密度函数为

$$f_G(\widetilde{g}_i,\widetilde{g}_j)=\frac{\exp\{-\boldsymbol{e}_0^{\mathrm{H}}\Sigma^{-1}\boldsymbol{e}_0\}}{4\pi|\Sigma|\sqrt{1-\widetilde{g}_i^2-\widetilde{g}_j^2}}\left\{\frac{4(\boldsymbol{L}^{\mathrm{T}}\widetilde{\boldsymbol{j}}_{TIJ}|\Sigma|^2+\boldsymbol{j}_0^{\mathrm{T}}M_{\Sigma}^{-\mathrm{T}}\widetilde{\boldsymbol{j}}_{TIJ}|\Sigma|^3)}{(\boldsymbol{L}^{\mathrm{T}}\widetilde{\boldsymbol{j}}_T)^3}\right.$$

$$\cdot\exp\left[\frac{\boldsymbol{j}_0^{\mathrm{T}}M_{\Sigma}^{-\mathrm{T}}\widetilde{\boldsymbol{j}}_{TIJ}|\Sigma|}{\boldsymbol{L}^{\mathrm{T}}\widetilde{\boldsymbol{j}}_{TIJ}}\right]+\frac{4(\boldsymbol{L}^{\mathrm{T}}R_T\widetilde{\boldsymbol{j}}_{TIJ}|\Sigma|^2+\boldsymbol{j}_0^{\mathrm{T}}M_{\Sigma}^{-\mathrm{T}}R_T\widetilde{\boldsymbol{j}}_{TIJ}|\Sigma|^3)}{(\boldsymbol{L}^{\mathrm{T}}R_T\widetilde{\boldsymbol{j}}_{TIJ})^3}$$

$$\left.\cdot\exp\left[\frac{\boldsymbol{j}_0^{\mathrm{T}}M_{\Sigma}^{-\mathrm{T}}R_T\widetilde{\boldsymbol{j}}_{TIJ}|\Sigma|}{\boldsymbol{L}^{\mathrm{T}}R_T\widetilde{\boldsymbol{j}}_{TIJ}}\right]\right\} \tag{3.63}$$

式中, $i,j=1,2,3$ 且 $i\neq j$, $\widetilde{\boldsymbol{j}}_{TIJ}=[1,\widetilde{g}_i,\widetilde{g}_j,\sqrt{1-\widetilde{g}_i^2-\widetilde{g}_j^2}]^{\mathrm{T}}$ 。

### 3.4.5　典型情况下随机电磁波 IPPV 的统计分布

这里主要考虑如下情况下随机电磁波的统计分布,即在正交极化基(如水平、垂直极化基或左、右旋圆极化基)下两正交分量之间相互独立的随机极化干扰的情形。下面以水平、垂直极化分量彼此独立的情况为例进行说明。

此时有 $\boldsymbol{\Sigma}_{\mathrm{HV}}=\begin{bmatrix}1&0\\0&\lambda\end{bmatrix}$, $\lambda=\dfrac{\sigma_{\mathrm{VV}}}{\sigma_{\mathrm{HH}}}\geqslant 0$,不妨设 $\boldsymbol{e}_{\mathrm{HV0}}=\begin{bmatrix}d\\0\end{bmatrix}$,$d$ 为复数。根据式(3.57)~式(3.60)不难推得,此时随机电磁波 IPPV 的概率密度函数为

$$f_{\widetilde{G}_1}(\widetilde{g}_1)=2\lambda\frac{[\lambda+1+(\lambda-1)\widetilde{g}_1]+\lambda|d|^2(1+\widetilde{g}_1)}{[\lambda+1+(\lambda-1)\widetilde{g}_1]^3}\exp\left\{\frac{(\widetilde{g}_1-1)|d|^2}{\lambda+1+(\lambda-1)\widetilde{g}_1}\right\},$$

$$\lambda>0 \tag{3.64}$$

当 $\lambda\geqslant 1$ 时,有

$$f_{\widetilde{G}}(\widetilde{g}_2)=\frac{\lambda}{\pi}\int_0^{2\pi}\frac{1+\lambda+\lambda|d|^2-(\lambda|d|^2+\lambda-1)\sqrt{1-\widetilde{g}_2^2}\cos\theta}{(1+\lambda-(\lambda-1)\sqrt{1-\widetilde{g}_2^2}\cos\theta)^3}$$

$$\cdot e^{-\frac{|d|^2\sqrt{1-\widetilde{g}_2^2}\cos\theta-|d|^2}{1+\lambda-(\lambda-1)\sqrt{1-\widetilde{g}_2^2}\cos\theta}}\,\mathrm{d}\theta \tag{3.65}$$

$$f_{\widetilde{G}}(\widetilde{g}_3)=\frac{\lambda}{\pi}\int_0^{2\pi}\frac{1+\lambda+\lambda|d|^2-(\lambda|d|^2+\lambda-1)\sqrt{1-\widetilde{g}_3^2}\cos\theta}{(1+\lambda-(\lambda-1)\sqrt{1-\widetilde{g}_3^2}\cos\theta)^3}$$

$$\cdot e^{-\frac{|d|^2\sqrt{1-\widetilde{g}_3^2}\cos\theta-|d|^2}{1+\lambda-(\lambda-1)\sqrt{1-\widetilde{g}_3^2}\cos\theta}}\,\mathrm{d}\theta \tag{3.66}$$

当 $0<\lambda<1$ 时,有

$$f_{\widetilde{G}}(\widetilde{g}_2) = \frac{\lambda}{\pi} \int_0^{2\pi} \frac{\left[\lambda\mid d\mid^2-1+\lambda\right]\sqrt{1-\widetilde{g}_2^2}\cos\theta+1+\lambda+\lambda\mid d\mid^2}{\left(1+\lambda-(1-\lambda)\sqrt{1-\widetilde{g}_2^2}\cos\theta\right)^3}$$

$$\cdot\, \mathrm{e}^{\frac{\sqrt{1-\widetilde{g}_2^2}\cos\theta-1}{1+\lambda-(1-\lambda)\sqrt{1-\widetilde{g}_2^2}\cos\theta}\mid d\mid^2}\,\mathrm{d}\theta \tag{3.67}$$

$$f_{\widetilde{G}}(\widetilde{g}_3) = \frac{\lambda}{\pi} \int_0^{2\pi} \frac{\left[\lambda\mid d\mid^2-1+\lambda\right]\sqrt{1-\widetilde{g}_3^2}\cos\theta+1+\lambda+\lambda\mid d\mid^2}{\left(1+\lambda-(1-\lambda)\sqrt{1-\widetilde{g}_3^2}\cos\theta\right)^3}$$

$$\cdot\, \mathrm{e}^{\frac{\sqrt{1-\widetilde{g}_3^2}\cos\theta-1}{1+\lambda-(1-\lambda)\sqrt{1-\widetilde{g}_3^2}\cos\theta}\mid d\mid^2}\,\mathrm{d}\theta \tag{3.68}$$

特别地,当 $\lambda=0$ 时,此时随机电磁波只有水平极化分量,易得其 IPPV 的统计分布为

$$f_{\widetilde{G}_{\mathrm{HV}}}(\widetilde{g}_1) = \delta(1-\widetilde{g}_1)\,, \quad f_{\widetilde{G}_{\mathrm{HV}}}(\widetilde{g}_2) = f_{\widetilde{G}_{\mathrm{HV}}}(\widetilde{g}_3) = 0$$

当 $\lambda=\infty$ 时,此时随机电磁波的水平极化分量为一确定电磁波,而垂直极化分量为一零均值正态电磁波,其协方差矩阵为 $\boldsymbol{\Sigma}_{\mathrm{HV}} = \begin{bmatrix} 0 & 0 \\ 0 & 1 \end{bmatrix}$,易得其 IPPV 的统计分布为

$$f_{\widetilde{G}_{\mathrm{HV}}}(\widetilde{g}_1) = \frac{2+\mid d\mid^2(1+\widetilde{g}_1)}{4}\exp\left\{\frac{(\widetilde{g}_1-1)\mid d\mid^2}{2}\right\}$$

和

$$f_{\widetilde{G}_{\mathrm{HV}}}(\widetilde{g}_i) = \frac{2+\mid d\mid^2}{4}\exp\left(\frac{\mid d\mid^2}{2}\right)\mathrm{I}_0\left\{-\frac{\mid d\mid^2\sqrt{1-\widetilde{g}_i^2}}{2}\right\} - \frac{\mid d\mid^2\sqrt{1-\widetilde{g}_i^2}}{4}\exp\left(\frac{\mid d\mid^2}{2}\right)$$

$$\cdot\, \mathrm{I}_1\left\{-\frac{\mid d\mid^2\sqrt{1-\widetilde{g}_i^2}}{2}\right\}\,, \quad i=2,3$$

式中,$\mathrm{I}_1(z)$ 为一阶修正贝塞尔函数。

可见,当电磁波的水平和垂直极化分量彼此独立时,其 $\widetilde{g}_2$ 和 $\widetilde{g}_3$ 具有相同的概率密度函数。图 3.3 给出了随机电磁波在水平、垂直极化通道之间独立的情况下,在样本数为 $10^4$、$\sigma_{\mathrm{HH}}=1$、$\lambda=5$、$\mathrm{SNR}=10\mathrm{dB}$(其中 $\mathrm{SNR}=\frac{\mid d\mid^2}{1+\lambda}$)时,IPPV 各分量的统计直方图及其概率密度函数曲线。图 3.3(a)中,横坐标表示 $\widetilde{g}_1$,纵坐标为其概率值,其他依此类推。

由图 3.3 及大量仿真结果可见,IPPV 矢量各分量的概率密度函数曲线与其统计直方图是一致的,同时也验证了当电磁波的水平和垂直极化分量彼此独立时,$\widetilde{g}_2$ 和 $\widetilde{g}_3$ 具有相同的概率密度函数。

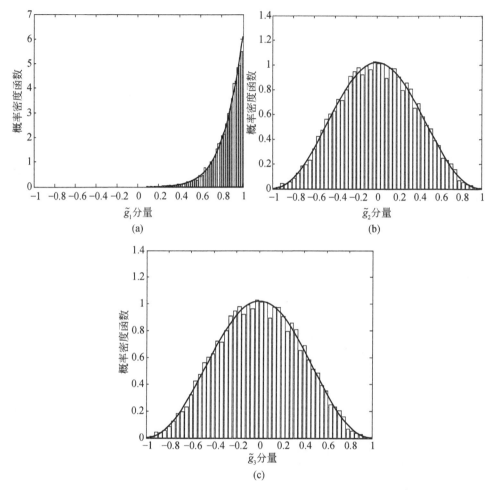

图 3.3　非零均值随机电磁波 IPPV 各分量的统计直方图与概率密度函数曲线

图 3.4 给出了电磁波在水平、垂直极化通道彼此独立的情况下，SNR＝10dB 时，不同 λ 值情况下 $\tilde{g}_1$ 的概率密度函数曲线，横坐标表示 $\tilde{g}_1$ 值，纵坐标为其概率值。由图 3.4 可知，随着 λ 的减小，$\tilde{g}_1$ 分布趋向集中于 1。图 3.5 给出了电磁波在水平、垂直极化通道之间独立的情况下，SNR＝10dB 时，不同 λ 值情况下 $\tilde{g}_2$ 的概率密度函数曲线，横坐标表示 $\tilde{g}_2$ 值，纵坐标为其概率值。由图 3.5 可知，λ 越小，$\tilde{g}_2$ 分布越趋向集中于 0。同理，可以推出 $\tilde{g}_3$ 与 λ 的关系，仿真结果与 $\tilde{g}_2$ 的情况相同。

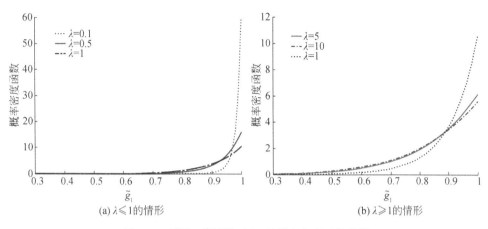

图 3.4　不同 $\lambda$ 值情况下 $\tilde{g}_1$ 的概率密度函数曲线

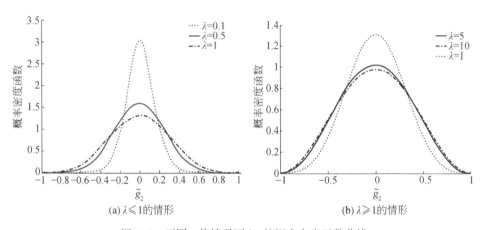

图 3.5　不同 $\lambda$ 值情况下 $\tilde{g}_2$ 的概率密度函数曲线

## 3.5　非零均值复高斯分布电磁波极化度的统计特性

根据 2.6 节的研究可知,基于零均值的二维复高斯分布,极化度估计量的概率密度函数既可以由 Stokes 矢量的联合分布获得,也可以通过极化协方差矩阵的特征值联合分布得到,由于协方差矩阵服从复 Wishart 分布,因此将其称为基于复中心 Wishart 矩阵(complex central Wishart matrix,CCWM)获取的极化度概率密度函数。然而,当考虑具有确定极化分量占优的随机电磁信号时,仍采用零均值复高斯分布描述该电磁信号的极化行为显然不够准确。

本节考虑非零均值复高斯分布下电磁波极化度的统计特性。与 2.6 节不同的是,将基于非中心复 Wishart 矩阵(complex noncentral Wishart matrix,CNWM)特征值的联合概率密度函数,推导极化度概率密度函数的解析表达式,并通过与仿真数据统计结果进行对比,分析说明不同条件下获取的理论概率密度函数对于随机电磁信号仿真数据极化度统计特性表征的适用性。随后将分析极化度的累积分布函数及其各阶矩的统计特性。

### 3.5.1　非中心复 Wishart 矩阵及其特征值分布

为了便于分析,将式(3.1)表征的随机电磁信号重写为

$$\boldsymbol{\xi} = \boldsymbol{e}_0 + \boldsymbol{n} = \begin{bmatrix} E_H \\ E_V \end{bmatrix} = \begin{bmatrix} x_H + \mathrm{j}y_H \\ x_V + \mathrm{j}y_V \end{bmatrix} = \begin{bmatrix} a_H \mathrm{e}^{\mathrm{j}\varphi_H} \\ a_V \mathrm{e}^{\mathrm{j}\varphi_V} \end{bmatrix} : \mathbf{CG}_2(\boldsymbol{e}_0, \boldsymbol{\Sigma}) \tag{3.69}$$

式中,$\boldsymbol{e}_0$ 为均值,$\boldsymbol{e}_0 = [s_H \ s_V]^T$,其协方差矩阵可表示为

$$\boldsymbol{\Sigma}_{HV} = \langle \boldsymbol{\xi} - \boldsymbol{e}_0, \boldsymbol{\xi}^H - e_0^H \rangle = \begin{bmatrix} \sigma_{HH} & \sigma_{HV} \\ \sigma_{VH} & \sigma_{VV} \end{bmatrix}$$

则其分布表达式可写为

$$f(\boldsymbol{\xi}) = \frac{1}{\pi^2 |\boldsymbol{\Sigma}|} \exp\{-(\boldsymbol{\xi} - \boldsymbol{e}_0)^H \boldsymbol{\Sigma}^{-1}(\boldsymbol{\xi} - \boldsymbol{e}_0)\}, \quad \boldsymbol{\xi} \in \xi^2 \tag{3.70}$$

假设随机电磁信号的第 $k$ 个样本为 $\xi_k = [\xi_{H,k} \ \xi_{V,k}]^T$,同样服从式(3.70)所示的二维非零均值复高斯分布。假设用于估计随机电磁信号极化度的样本矢量个数为 $K$,则协方差矩阵可由所选取的 $K$ 个观测样本矢量予以估计

$$\hat{\boldsymbol{\Sigma}} = \frac{1}{K} \sum_{k=0}^{K-1} \boldsymbol{\xi}_k \boldsymbol{\xi}_k^H \tag{3.71}$$

定义该情形下 $\hat{\boldsymbol{\Sigma}}$ 的特征值分别为 $\hat{\lambda}_1$ 和 $\hat{\lambda}_2$,不失一般性,不妨假设两特征值满足不等式 $\hat{\lambda}_2 \geqslant \hat{\lambda}_1$,则根据极化度同协方差矩阵特征值之间的关系,不难得出极化度估计量

$$\hat{p} = \frac{\hat{\lambda}_2 - \hat{\lambda}_1}{\hat{\lambda}_2 + \hat{\lambda}_1} \tag{3.72}$$

在新的假设下,为求取 $\hat{p}$ 的分布特性,需要首先讨论协方差矩阵及其特征值的分布特性,这里令 $\boldsymbol{\Xi} = \sum_{k=0}^{K-1} \tilde{\boldsymbol{\xi}}_k \tilde{\boldsymbol{\xi}}_k^H = K\hat{\boldsymbol{\Sigma}}$。根据文献[4]的研究结论可知,当 $K \geqslant 2$ 时,矩阵 $\boldsymbol{\Xi}$ 服从自由度为 $K$ 的非中心复 Wishart 分布,其概率密度函数为

$$f_{\mathrm{W}}(\boldsymbol{\varXi}) = e^{-\mathrm{tr}(\boldsymbol{\varTheta})} \, _0\widetilde{\mathrm{F}}_1(K;\boldsymbol{\varTheta}\boldsymbol{\varSigma}^{-1}\boldsymbol{\varXi}) f_{\mathrm{W}}^{\mathrm{C}}(\boldsymbol{\varXi}) \tag{3.73}$$

式中

$$\boldsymbol{\varTheta} \equiv \boldsymbol{\varSigma}^{-1} \, \boldsymbol{e}_0 \, \boldsymbol{e}_0^{\mathrm{H}} \tag{3.74}$$

定义为 $\boldsymbol{\varXi}$ 的非中心参数矩阵，$\mathrm{tr}(\boldsymbol{\varTheta})$ 为矩阵 $\boldsymbol{\varTheta}$ 的迹；$_0\widetilde{\mathrm{F}}_1(\bullet;\bullet)$ 是矩阵贝塞尔型超几何函数，它是具有一个矩阵变量输入的广义超几何函数的一种特例，文献[4]中将其定义为一系列带状多项式之和。式(3.73)中的 $f_{\mathrm{W}}^{\mathrm{C}}(\boldsymbol{\varXi})$ 为中心复 Wishart 矩阵，根据式(3.74)可知，其具有如下形式：

$$f_{\mathrm{W}}^{\mathrm{C}}(\boldsymbol{\varXi}) \frac{|\boldsymbol{\varXi}|^{K-2}}{\pi\Gamma(K)\Gamma(K-1)\,|\boldsymbol{\varSigma}|^{K}} e^{[-\mathrm{tr}(\boldsymbol{\varSigma}^{-1}\boldsymbol{\varXi})]} \tag{3.75}$$

式中，$\Gamma(\bullet)$ 代表 Gamma 函数。

在协方差矩阵分布特性的基础上，分析其特征值的联合分布，这里参考文献[5]中对非中心 Wishart 矩阵联合特征值分布函数获取方法。假定 $\boldsymbol{\varLambda}=\mathrm{diag}(\eta_1,\eta_2)$ 和 $\boldsymbol{M}=\mathrm{diag}(\mu_1,\mu_2)$ 分别是 $\boldsymbol{\varSigma}^{-1}\boldsymbol{\varXi}$ 和 $\boldsymbol{\varTheta}$ 的特征值矩阵。$\mathrm{diag}(\bullet,\bullet)$ 表示对角矩阵。因为矩阵 $\boldsymbol{\varSigma}^{-1}\boldsymbol{\varXi}$ 和 $\boldsymbol{\varTheta}$ 都是 $2\times2$ 的 Hermitian 矩阵，所以两个特征值对角矩阵的元素均为实数，且可令其满足 $\eta_2 \geqslant \eta_1$，$\mu_2 \geqslant \mu_1$。由文献[4]的结论可知，$\boldsymbol{\varSigma}^{-1}\boldsymbol{\varXi}$ 按顺序排列的特征值 $(\eta_1,\eta_2)$ 的联合概率密度函数可写为

$$f(\eta_1,\eta_2) = \frac{\mathrm{e}^{(-\mathrm{tr}\boldsymbol{M})}\mathrm{e}^{(-\mathrm{tr}\boldsymbol{\varLambda})}}{\Gamma(K)\Gamma(K-1)} \, _0\widetilde{\mathrm{F}}_1(K;\boldsymbol{M},\boldsymbol{\varLambda})\,(\eta_1\eta_2)^{K-2}\,(\eta_2-\eta_1)^2 \tag{3.76}$$

式中，$_0\widetilde{\mathrm{F}}_1(\bullet;\bullet,\bullet)$ 为具有两个矩阵变量输入的超几何函数。根据文献[6]中的定理 4.2，式(3.76)中的超几何函数可以展开为

$$_0\widetilde{\mathrm{F}}_1(K;\boldsymbol{M},\boldsymbol{\varLambda}) = \frac{\Gamma(K)\,|\,(_0\mathrm{F}_1(K-1;\eta_i\mu_j))_2\,|}{\Gamma(K-1)(\mu_2-\mu_1)(\eta_2-\eta_1)} \tag{3.77}$$

式中，$|\,(f(i,j))_2\,|$ 代表一个 $2\times2$ 矩阵的行列式，$f(i,j)$ 是矩阵第 $i$ 行第 $j$ 列的元素。$_0\mathrm{F}_1(\bullet;\bullet)$ 为标量贝塞尔超几何函数，是前面定义的广义超几何函数式(3.20)的特殊形式。为确保式(3.77)有意义，分母项需满足 $\eta_1 \neq \eta_2$ 且 $\mu_1 \neq \mu_2$。然而，由于式(3.76)中存在 $(\eta_2-\eta_1)^2$ 项，因此 $\eta_1$ 需与 $\eta_2$ 不同的要求可以放宽。将式(3.77)代入式(3.76)，可以得到 $(\eta_1,\eta_2)$ 的联合分布函数为

$$f(\eta_1,\eta_2) = \frac{\mathrm{e}^{-(\mu_1+\mu_2+\eta_1+\eta_2)}\,(\eta_1\lambda_2)^{K-2}(\eta_2-\eta_1)}{\Gamma(K-1)^2(\mu_2-\mu_1)}\,|\,(_0\mathrm{F}_1(K-1;\eta_i\mu_j))_2\,| \tag{3.78}$$

式中，已知 $(\mu_1,\mu_2)$ 为中心参数矩阵 $\boldsymbol{\varTheta}$ 的两个特征值，根据 $\boldsymbol{\varTheta}$ 的定义式(3.74)，它可以被看成协方差矩阵 $\boldsymbol{\varSigma}$ 的逆与均值矢量 $\boldsymbol{e}_0$ 的外积 $\boldsymbol{e}_0\boldsymbol{e}_0^{\mathrm{H}}$ 的乘积。这里值得注意的是，由于 $\boldsymbol{e}_0\boldsymbol{e}_0^{\mathrm{H}}$ 是秩为 1 的矩阵，因此根据矩阵理论[7]可知，$\boldsymbol{\varTheta}$ 的秩最多为 1，即 $\boldsymbol{\varTheta}$

至少具有一个零特征值。

首先考虑 $\Theta$ 有且仅有一个特征值为 0 的情形，即 $\mu_2 > \mu_1 = 0$，将该情况称为秩 1 情形。根据贝塞尔超几何函数的性质 $\lim\limits_{z \to 0} {}_0F_1(a;z) = 1$，对式(3.78)取极限 $\mu_1 \to 0$，简化后可以得到秩 1 情形下 $\Sigma^{-1}\Xi$ 的特征值联合分布 $f_{r1}(\eta_1,\eta_2)$

$$f_{r1}(\eta_1,\eta_2) = \frac{e^{-(\eta_1+\eta_2+\mu_2)}(\eta_1\eta_2)^{K-2}(\eta_2-\eta_1)}{\Gamma(K-1)^2\mu_2}\left[{}_0F_1(K-1;\eta_2\mu_2) - {}_0F_1(K-1;\eta_1\mu_2)\right]$$

(3.79)

接着，考虑非中心参数矩阵 $\Theta$ 的两个特征值均为零的秩 0 情形，即 $\mu_2 = \mu_1 = 0$。采用洛必达法则进一步对式(3.79)取极限 $\mu_2 \to 0$，并利用贝塞尔超几何函数的另一个性质

$$\frac{\partial {}_0F_1(n;az)}{\partial z} = \frac{a {}_0F_1(n+1;az)}{n}$$

(3.80)

得到秩 0 情形下的 $\Sigma^{-1}\Xi$ 联合特征值分布为

$$\begin{aligned}f_{r0}(\eta_1,\eta_2) &= \lim_{\mu_2 \to 0} f_{r1}(\eta_1,\eta_2;\mu_2)\\ &= \frac{e^{-(\eta_1+\eta_2)}(\eta_1\eta_2)^{K-2}(\eta_2-\eta_1)^2}{\Gamma(K)\Gamma(K-1)}\end{aligned}$$

(3.81)

至此，针对非中心参数矩阵 $\Theta$ 秩为 1 和秩为 0 情形，已经分别给出了矩阵 $\Sigma^{-1}\Xi$ 特征值的联合概率密度函数的解析表达式。下面将通过变量替换和边缘概率密度函数积分，推导不同情形下极化度估计量的概率密度函数。

### 3.5.2　极化度估计量的概率密度函数

假设随机电磁信号中的未极化分量在一组正交极化基下彼此独立，则可将该电磁信号的真实极化协方差矩阵表示为 $\Sigma = \sigma^2 I_2$，这里 $I_2$ 是 $2 \times 2$ 的单位阵，$\sigma^2$ 代表随机极化分量在各自极化基下的功率。

根据 3.5.1 节，已经获得了矩阵 $\Sigma^{-1}\Xi$ 特征值的联合分布表达式，根据矩阵 $\Sigma$ 和 $\Xi$ 的定义，协方差矩阵的最大似然估计可表示为 $\hat{\Sigma} = \sigma^2(\Sigma^{-1}\Xi)/K$，于是可建立矩阵 $\hat{\Sigma}$ 和 $\Sigma^{-1}\Xi$ 特征值之间的关系，即

$$\begin{cases}\hat{\lambda}_1 = \dfrac{\sigma^2\eta_1}{K}\\[2mm]\hat{\lambda}_2 = \dfrac{\sigma^2\eta_2}{K}\end{cases}$$

(3.82)

将该关系式代入极化度估计量的定义式(3.72),得

$$
\hat{p} = \frac{\dfrac{\sigma^2}{K}\eta_2 - \dfrac{\sigma^2}{K}\eta_1}{\dfrac{\sigma^2}{K}\eta_2 + \dfrac{\sigma^2}{K}\eta_1} = \frac{\eta_2 - \eta_1}{\eta_2 + \eta_1} \tag{3.83}
$$

由式(3.83)可知,极化度估计量同样可以通过矩阵 $\boldsymbol{\Sigma}^{-1}\boldsymbol{\Xi}$ 的特征值计算得到。下面首先考虑秩 1 情形,根据式(3.79)给出的 $(\eta_1,\eta_2)$ 的联合概率密度函数,做如下变量替换:

$$
\begin{cases}
\hat{p} = \dfrac{\eta_2 - \eta_1}{\eta_2 + \eta_1} \\[2mm]
q = \eta_2 - \eta_1
\end{cases} \tag{3.84}
$$

该变换对应的雅可比系数为 $|J| = q/2\hat{p}^2$,代入式(3.79)可得秩 1 情形下新变量 $(\hat{p},q)$ 的联合分布为

$$
\begin{aligned}
f_{r1}(\hat{p},q) = &\frac{\mathrm{e}^{-\mu_2}(1-\hat{p}^2)^{K-2}}{2^{2K-3}\Gamma(K-1)^2\mu_2\hat{p}^{2K-2}}\mathrm{e}^{-\frac{q}{\hat{p}}}q^{2K-2} \\
&\cdot \left[ {}_0\mathrm{F}_1\left(K-1;\frac{(1+\hat{p})\mu_2}{2\hat{p}}q\right) - {}_0\mathrm{F}_1\left(K-1;\frac{(1-\hat{p})\mu_2}{2\hat{p}}q\right) \right]
\end{aligned} \tag{3.85}
$$

不难看出,极化度在该情形下的概率密度函数只需通过对式(3.85)中的变量 $q$ 积分得到,积分限为 $[0,+\infty]$,积分过程需利用文献[1]中的式(7.522-9),代入并整理后可得

$$
\begin{aligned}
f_{r1}(\hat{p}) = &\frac{\Gamma(2K-1)\mathrm{e}^{-\mu_2}(1-\hat{p}^2)^{K-2}\hat{p}}{2^{2K-3}\Gamma(K-1)^2\mu_2} \\
&\cdot \left[ {}_1\mathrm{F}_1\left(2K-1;K-1;\frac{1+\hat{p}}{2}\mu_2\right) - {}_1\mathrm{F}_1\left(2K-1;K-1;\frac{1-\hat{p}}{2}\mu_2\right) \right]
\end{aligned} \tag{3.86}
$$

式中, ${}_1\mathrm{F}_1(\bullet;\bullet;\bullet)$ 为合流超几何函数,是广义超几何函数(3.20)的一种特殊形式。

观察式(3.86)不难看出,极化度的概率密度函数不仅与所选取的样本数 $K$ 有关,还与变量 $\mu_2$ 有关, $\mu_2$ 为非中心参数矩阵 $\boldsymbol{\Theta}$ 的一个非零特征值,另一特征值 $\mu_1 = 0$,根据 $\boldsymbol{\Theta}$ 的定义式(3.74)可建立如下关系:

$$
\mu_2 = \mathrm{tr}(\boldsymbol{\Theta}) = \frac{\|\boldsymbol{e}_0\|^2}{\sigma^2}
$$

式中, $\|\boldsymbol{e}_0\|^2$ 是随机电磁信号中确定极化分量的功率,而由前面假设可知,随机极化分量的总功率为 $2\sigma^2$,于是可以建立新的信噪比概念,即观测干扰信号中确定极化分量功率与随机极化分量总功率的比值

$$\gamma \equiv \frac{\parallel \boldsymbol{e}_0 \parallel^2}{2\sigma^2} = \frac{\mu_2}{2}$$

将其代入式(3.86),可最终得到秩 1 情形下极化度的概率密度函数解析表达式为

$$f_{r1}(\hat{p}) = \frac{\Gamma(2K-1)\mathrm{e}^{-2\gamma}(1-\hat{p}^2)^{K-2}\hat{p}}{2^{2K-2}\Gamma(K-1)^2\gamma}$$

$$\bullet \{{}_1F_1[2K-1;K-1;(1+\hat{p})\gamma] - {}_1F_1[2K-1;K-1;(1-\hat{p})\gamma]\}$$

$$(3.87)$$

因此,秩 1 情形下极化度的分布特性不仅与样本数有关,还与确定极化信号功率同未极化信号功率之比有关。

当考虑非中心参数矩阵 $\boldsymbol{\Theta}$ 秩为 0 时,由式(3.81)可知,与秩 1 情形的处理方式类似,做由 $(\eta_1, \eta_2)$ 到 $(\hat{p}, q)$ 的变量替换,可得

$$f_{r0}(\hat{p}, q) = \frac{(1-\hat{p}^2)^{K-2}}{2^{2K-3}\Gamma(K)\Gamma(K-1)\hat{p}^{2K-2}} \mathrm{e}^{-\frac{q}{\hat{p}}} q^{2K-1} \qquad (3.88)$$

再对式(3.88)中的变量 $q$ 积分,得到秩 0 情形下的极化度概率密度函数为

$$f_{r0}(\hat{p}) = \int_0^\infty f_{r0}(\hat{p}, q)\,\mathrm{d}q = \frac{\Gamma(2K)(1-\hat{p}^2)^{K-2}\hat{p}^2}{2^{2K-3}\Gamma(K)\Gamma(K-1)} \qquad (3.89)$$

通过与 CCWM 条件下得到的极化度概率密度函数对比可以发现,式(3.89)恰为式(2.216)在真实极化度变量 $P \to 0$ 时得到的结果。这是由于秩 0 情形下,矩阵 $\boldsymbol{\Theta}$ 的特征值均为 0,表示此时电磁信号中不存在确定极化分量,即均值为零,因此其极化协方差矩阵退化为中心 Wishart 分布,根据对随机极化分量协方差矩阵的假设,即未极化随机分量在正交极化基下彼此独立,说明其真实极化度确实趋近于 0。于是在该情形下,可以认为由 CCWM 获取的极化度概率密度函数模型是基于 CNWM 获取的极化度概率密度函数模型的特例。此外,通过观察式(3.89)还可以看出,秩 0 情形下的极化度分布特性仅为样本数 $K$ 的函数。

为验证本节基于 CNWM 获得的极化度统计模型的正确性,以及在描述具有确定极化成分的随机电磁信号极化特征时的适用性,下面给出相应仿真数据对比实验。实验中,首先需要产生满足非零均值复高斯分布的电磁信号样本 $\boldsymbol{\xi}$,即分别产生确定极化分量信号 $\boldsymbol{e}_0$ 与随机噪声信号 $\boldsymbol{n}$,由于随机噪声极化分量在正交极化基下彼此独立,因此可令其协方差矩阵满足 $\boldsymbol{\Sigma} = \sigma^2 \boldsymbol{I}_2$。对噪声分量做归一化处理,即可令 $\boldsymbol{\Sigma} = \boldsymbol{I}_2$,于是确定极化分量的强度直接等同于信噪比 $\gamma$。参考 2.3 节的仿真数据产生方法,针对两种不同的情形(秩 1 和秩 0),分别独立地产生 $10^5$ 个非零均值复高斯矢量 $\boldsymbol{\xi}$ 的样本,接着按照一定的样本数分组并估计极化度,将极化度估计

结果加以统计,统计直方图绘制在图 3.6 中(如图中虚线所示)。此外,分别利用本节基于 CNWM 获取的极化度概率密度函数[秩 1 和秩 0 情形分别对应式(3.87)和式(3.89),图 3.6 中均用实线表示]和 2.6 节基于 CCWM 获取的极化度概率密度函数[对应式(2.216),图 3.6(a)中用点划线表示,图 3.6(b)中用加号表示]同仿真数据的极化度统计直方图分别进行了对比。

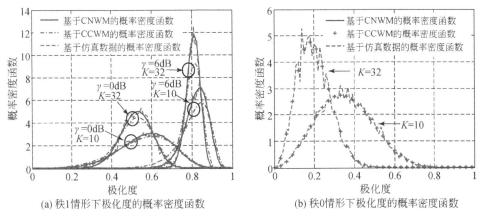

(a) 秩1情形下极化度的概率密度函数　　　　(b) 秩0情形下极化度的概率密度函数

图 3.6　基于 CNWM 和 CCWM 获取的极化度统计模型同仿真数据的对比

　　图 3.6(a)给出了秩 1 情形下极化度估计量的分布特性,每组极化度估计值所用样本数分别为 10 和 32,信噪比设置为 0dB 和 6dB,两两组合设置了四种仿真条件。值得注意的是,仿真数据极化度的统计直方图与 2.6 节由 CCWM 获取的极化度统计模型在该情形下出现了背离,而且这种背离现象会随着信噪比和样本数的增加变得更为明显。然而,本节基于 CNWM 获取的极化度概率密度函数则始终能很好地匹配仿真结果。这说明,针对此种具有确定极化分量的随机电磁信号场景,利用 CNWM 获取的理论模型能够更准确地表征其极化特性。秩 0 情形则由图 3.6(b)给出,由于秩 0 情形下不存在占优的确定极化分量,因此只需设置用于估计极化度的样本数,仍分别取 10 和 32。通过对比结果不难看出,基于 CNWM 和基于 CCWM 获取的极化度统计模型完全重合,这与前面理论分析的结果相一致。此外,从图 3.6 中还可看出,两种模型均可以很好地拟合仿真数据的统计结果。综合图 3.6(a)和(b)可以发现,极化度估计量的分布会随着信噪比,即确定极化分量的强度所占比例的增加而向右侧偏移,这与极化度自身的物理概念(完全极化成分所占能量与波的总能量的比值)相符。另外,图中还表现出极化度的分布会随着样本数的增加而变得尖锐,再次说明样本数的增加可以提高极化度的估计

精度。

### 3.5.3 极化度的各阶统计量

本节将由 CNWM 获取的非零均值复高斯电磁波极化度估计量的概率密度函数分析其累计分布函数、均值、方差及其他高阶统计量,如峰度和偏斜。

#### 1. 累积分布函数

这里分为秩 1 和秩 0 两种情形讨论。

1) 秩 1 情形

对秩 1 情形下的极化度概率密度函数[式(3.87)]积分就可以得到该情形下的累积分布函数,即 $F_{r1}(\hat{p}) = \int_0^{\hat{p}} f_{r1}(x)\,\mathrm{d}x$,将 $f_{r1}(x)$ 中与积分量无关项简记为 $\alpha = \dfrac{\Gamma(2K-1)\mathrm{e}^{-\gamma/2}}{2^{2K-2}\Gamma(K-1)^2\gamma}$,并将式中合流超几何函数展开后可得

$$F_{r1}(\hat{p}) = \int_0^{\hat{p}} \alpha\,(1-x^2)^{K-2} x \sum_{n=0}^{\infty} \frac{(2K-1)_n \gamma^n}{(K-1)_n n!} \left[(1+x)^n - (1-x)^n\right]\mathrm{d}x$$

$$= \alpha \sum_{n=0}^{\infty} \frac{(2K-1)_n \gamma^n}{(K-1)_n n!} \int_0^{\hat{p}} (1-x^2)^{K-2} x \sum_{i=0}^{\left[\frac{n-1}{2}\right]} 2C_n^{2i+1} x^{2i+1}\,\mathrm{d}x$$

$$= \alpha \sum_{n=1}^{\infty} \frac{(2K-1)_n \gamma^n}{(K-1)_n n!} \sum_{i=0}^{\left[\frac{n-1}{2}\right]} 2C_n^{2i+1} \int_0^{\hat{p}} (1-x^2)^{K-2} x^{2i+2}\,\mathrm{d}x$$

$$\overset{y=x^2}{=} \alpha \sum_{n=0}^{\infty} \frac{(2K-1)_n \gamma^n}{(K-1)_n n!} \sum_{i=0}^{\left[\frac{n-1}{2}\right]} C_n^{2i+1} \int_0^{\hat{p}^2} (1-y)^{K-2} y^{i+\frac{1}{2}}\,\mathrm{d}y \tag{3.90}$$

式中,$C_a^b$ 代表组合运算;$[\,\cdot\,]$ 代表取整运算,即当 $u \geqslant 0$ 时,$[u]$ 表示不大于 $u$ 的最大整数,而当 $u < 0$ 时,$[u] = 0$。根据文献[8],式(3.90)中的积分项可展开为有限和

$$\int_0^{\hat{p}^2} (1-y)^{K-2} y^{i+\frac{1}{2}}\,\mathrm{d}y = \frac{\Gamma(K-1)\hat{p}^{(2i+3)}}{\Gamma\left(K+i+\frac{1}{2}\right)} \sum_{j=0}^{K-2} \frac{\Gamma\left(i+j+\frac{3}{2}\right)}{j!}\,(1-\hat{p}^2)^j$$

代入式(3.90),整理可得秩 1 情形下极化度的累积分布函数为

$$F_{r1}(\hat{p}) = \alpha \sum_{n=0}^{\infty} \frac{(2K-1)_n \gamma^n}{(K-1)_n n!} \sum_{i=0}^{\left[\frac{n-1}{2}\right]} C_n^{2i+1} \frac{\Gamma(K-1)\hat{p}^{(2i+3)}}{\Gamma\left(K+i+\frac{1}{2}\right)} \sum_{j=0}^{K-2} \frac{\Gamma\left(i+j+\frac{3}{2}\right)}{j!\,(1-\hat{p}^2)^{-j}}$$

$$= \alpha \Gamma(K-1) \sum_{j=0}^{K-2} \frac{(1-\hat{p}^2)^j}{j!} \sum_{n=0}^{\infty} \frac{(2K-1)_n \gamma^n}{(K-1)_n n!} \sum_{i=0}^{\left[\frac{n-1}{2}\right]} C_n^{2i+1} \hat{p}^{(2i+3)} \frac{\Gamma\left(i+j+\frac{3}{2}\right)}{\Gamma\left(i+K+\frac{1}{2}\right)}$$

$$(3.91)$$

2) 秩 0 情形

与秩 1 情形相同,对秩 0 情形下的极化度概率密度函数式(3.89)积分,可得到该情形下累积分布函数为

$$F_{r0}(\hat{p}) = \int_0^{\hat{p}} f_{r0}(x)\,\mathrm{d}x$$

$$= \int_0^{\hat{p}} \frac{\Gamma(2K)(1-x^2)^{K-2} x^2}{2^{2K-3} \Gamma(K) \Gamma(K-1)}\,\mathrm{d}x$$

$$= \hat{p}^3 \sum_{m=0}^{K-2} \frac{\Gamma\left(m+\frac{3}{2}\right)}{\Gamma\left(\frac{3}{2}\right) m!} (1-\hat{p}^2)^m \qquad (3.92)$$

图 3.7 给出了针对两种情形下的极化度估计量累积分布函数曲线,其中图 3.7(a) 为秩 1 情形下样本数 $K=32$,信噪比分别为 0dB、6dB 和 10dB 所对应的累积分布函数曲线,而图 3.7(b) 则给出了秩 0 情形下样本数分别为 10、32 和 50 时的累积分布情况。本节所获得的累积分布函数在评估基于极化度检验统计量的检测器性能方面具有重要作用。

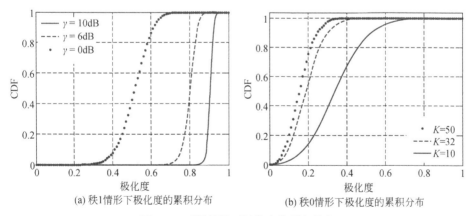

(a) 秩1情形下极化度的累积分布　　　　(b) 秩0情形下极化度的累积分布

图 3.7　不同情形下极化度的累积分布

**2. 极化度的矩与各阶统计量**

为分析随机变量的各阶统计量,需首先给出其各阶矩的表达式,根据矩的定

义,由 CNWM 获取的极化度估计量的 $r$ 阶矩 $M(r)$ 可由

$$M(r) = E\{\hat{p}^r\} = \int_0^1 f(\hat{p})\hat{p}^r \mathrm{d}\hat{p} \tag{3.93}$$

给出。将式(3.87)中 $f_{r1}(\hat{p})$ 和式(3.89)中 $f_{r0}(\hat{p})$ 分别代入式(3.93),可得秩 1 和秩 0 两种情形下矩的表达式

$$M_{r1}(r) = \int_0^1 \alpha (1-\hat{p}^2)^{K-2} \hat{p}^{r+1} \sum_{n=0}^{\infty} \frac{(2K-1)_n \gamma^n}{(K-1)_n n!} [(1+\hat{p})^n - (1-\hat{p})^n] \mathrm{d}\hat{p}$$

$$= \alpha \sum_{n=0}^{\infty} \frac{(2K-1)_n \gamma^n}{(K-1)_n n!} [\mathrm{B}(r+2, K-1)_2\mathrm{F}_1(2-n-K, r+2; r+K+1; -1)$$

$$- \mathrm{B}(r+2, n+K-1)_2\mathrm{F}_1(2-K, r+2; n+r+K+1; -1)] \tag{3.94}$$

和

$$M_{r0}(r) = \int_0^1 \frac{\Gamma(2K)(1-\hat{p}^2)^{K-2}\hat{p}^{r+2}}{2^{2K-3}\Gamma(K)\Gamma(K-1)} \mathrm{d}\hat{p}$$

$$= \frac{\Gamma(2K)}{2^{2K-3}\Gamma(K)\Gamma(K-1)} \mathrm{B}\left(K-1, \frac{r+3}{2}\right)$$

$$= \frac{\mathrm{B}\left(K-1, \dfrac{r+3}{2}\right)}{\mathrm{B}\left(K-1, \dfrac{3}{2}\right)} \tag{3.95}$$

以上两式中,$\mathrm{B}(\cdot, \cdot)$ 为 Beta 函数,根据随机理论可知,利用一阶矩～四阶矩,可以分别获得极化度的均值(Mean)、方差(Variance)、偏斜度(Skewness)及峰度(Kurtosis)。下面给出四种统计量的计算方法:

$$\begin{cases} \mathrm{Mean} = E\{\hat{p}\} = M(1) \\ \mathrm{Variance} = E\{\hat{p}^2\} - E\{\hat{p}\}^2 = M(2) - M(1)^2 \\ \mathrm{Skewness} = \dfrac{E\{(\hat{p} - E\{\hat{p}\})^3\}}{E\{(\hat{p} - E\{\hat{p}\})^2\}^{3/2}} = \dfrac{M(3) - 3M(1)M(2) + 2M(1)^3}{[M(2) - M(1)^2]^{3/2}} \\ \mathrm{Kurtosis} = \dfrac{E\{(\hat{p} - E\{\hat{p}\})^4\}}{E\{(\hat{p} - E\{\hat{p}\})^2\}^2} = \dfrac{M(4) - 4M(3)M(1) + 6M(2)M(1)^2 - 3M(1)^4}{[M(2) - M(1)^2]^2} \end{cases}$$

$$\tag{3.96}$$

均值和方差是比较常见的数字特征,这里不再赘述,三阶统计量偏斜度用以描述一个分布关于其均值的对称程度,正偏度对应分布均值的右侧,拖尾较长,而负偏度对应分布的尾部向左侧扩展;四阶统计量峰度则用于描述分布顶峰的尖锐或

平坦程度,高斯分布的峰度为 3,当分布的峰度值大于 3 时,分布曲线较高斯分布更为尖峭,反之则更为平缓。分析极化度估计量的峰度和偏斜度可用于判断其相对于高斯分布的偏离程度。以秩 1 情形为例,下面给出样本数 $K = 10, 32, 50$ 时,各阶统计量随着信噪比的变化关系,如图 3.8 所示。

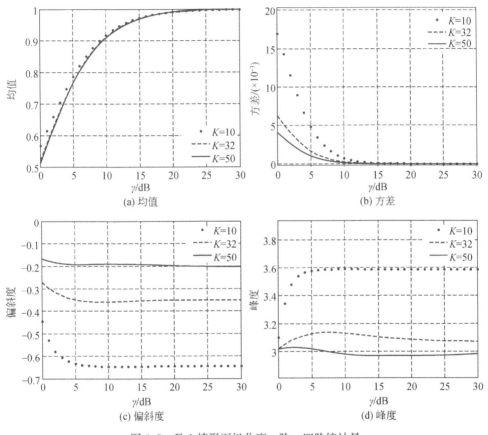

图 3.8　秩 1 情形下极化度一阶~四阶统计量

图 3.8(a)和(b)分别绘制了极化度估计量的均值和方差,这两个统计量都是关于信噪比的单调函数,且随着 $\gamma$ 的增加,均值估计量趋近于 1 而方差趋近于 0,说明对极化度的估计精度在提高。综合观察这两幅图还可看出,当 $\gamma > 13\text{dB}$ 时,样本数的选取对估计精度影响较小;反之当 $\gamma \leqslant 13\text{dB}$ 时,由图 3.8(b)可知估计量的起伏会随着样本数的增加而减小,因此在实际应用中针对低极化信噪比条件,应尽可能增加用于估计极化度的样本数以提高估计精度。

观察图 3.8(c)不难发现,极化度的偏斜度取值略小于 0,根据前面的介绍,$\hat{p}$

的密度函数曲线关于其均值存在向左侧扩展的拖尾。此外,该值明显随着样本数的增加趋近于 0,这说明样本数越多,其分布形状越接近于对称。进一步,当信噪比 $\gamma > 5\mathrm{dB}$ 时,偏斜随信噪比的变化较缓,说明高信噪比情形下分布形状较为固定,而 $\gamma < 5\mathrm{dB}$ 时,偏斜随信噪比的变化分布形状变化较大。类似的分布形状随信噪比的变化特性也可以从图 3.8(d)中所给出的峰度值观测得到。另外,图中显示峰度值略大于 3 说明其形状较高斯分布更为尖峭,但随着样本数增加,极化度的分布形状会逐渐接近于高斯分布。

## 3.6　典型电磁环境的极化状态测试实验及其统计分析

前面建立了多种典型情况下电磁信号极化状态参量统计表征模型,本节为进一步验证所建立的模型对于实际电磁环境信号的极化统计特性表征能力,给出典型电磁环境的极化状态测试实验及其统计分析结果。

### 3.6.1　GSM 基站电磁信号测试与统计分析

众所周知,随着人类电磁活动日益频繁,不同电磁设备辐射的电磁波出现频率互调和交调等现象会造成严重的频谱间串扰,例如,UHF 波段雷达和移动通信基站信号时常工作于较为接近的频段,随着无线通信业务的广泛推广,时有UHF 波段雷达受到来自同频段移动通信基站信号干扰的事件发生,从而影响雷达对目标的正常探测和跟踪[9]。图 3.9 给出了雷达周围分布着通信基站场景的示意图。

不难看出,这些通信基站相对于 UHF 波段雷达,构成了一种典型的复杂电磁环境。因此,国防科学技术大学分别于 2013 年 10 月 25 日和 2014 年 3 月 13 日分两个批次进行了 UHF 波段雷达面临通信基站干扰环境的极化特性外场测量实验,利用某 UHF 波段极化雷达实验设备接收周围通信基站信号。实验地点设置在湖北省武汉市某地,一部具有水平、垂直双极化同时接收能力的 UHF 波段实验雷达系统被用于获取电磁环境数据,其采用的接收极化阵列天线如图 3.10 所示,该天线由 $2 \times 8$ 个水平、垂直双极化阵元构成。所有水平阵元接收信号直接合成电磁环境的水平极化分量,垂直阵元信号直接合成垂直分量。雷达实验接收系统的主要参数如表 3.2 所示。

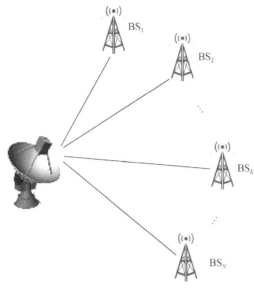

图 3.9　雷达面临基站干扰场景示意图　　　图 3.10　UHF 波段双极化雷达阵列天线

**表 3.2　UHF 雷达试验系统参数**

| | | |
|---|---|---|
| 天线 | 接收天线增益/dB | 10 |
| | 天线波束宽度/(°) | 5 |
| | 极化隔离度/dB | >30 |
| 接收机 | 工作频率/MHz | 900~1000 |
| | 脉冲重复频率/Hz | 500 |
| | 接收机带宽/MHz | 1.2 |
| | 采样率/MHz | 12 |

　　UHF 雷达所处工作频段主要会受 GSM(global system for mobile communication) 基站信号的影响。GSM 通信系统通常采用蜂窝 FDMA＋TDMA 方式通信,移动台发射信号的链路称为上行链路(890~915MHz),基站发射信号的链路称为下行链路(935~960MHz)。一个脉冲串承载一个时隙所传输的信息称为突发,每个突发为时宽约 577μs、带宽为 200kHz 的窄带调制信号[10],这里主要考虑雷达接收基站发射的下行链路信号。

　　实验时首先选取了实验地附近的某通信基站,图 3.11 为待测量通信基站及其所采用的天线,表 3.3 同时列出了该型号天线的主要工作参数,可以看出通信基站的下行信号与雷达工作所处频率存在交叠,因此,当雷达工作频率恰与基站下行信号频率接近时,基站信号会被雷达接收机接收,较近的距离会导致强的干扰信号功率。由于基站信号时间上的连续性,其对雷达产生类似噪声干扰的效果,从而影响对目标的正常探测与跟踪。

(a) 待测量基站      (b) 基站天线

图 3.11 移动通信基站及其收发天线

**表 3.3 基站天线工作参数**

| 型号 | ODP-065/R15-DG | |
| --- | --- | --- |
| 工作频率/MHz | 870~969 | |
| 标称阻抗/Ω | 50 | |
| 最大增益/dB | 15.5 | |
| 功率容量/W | 500 | |
| 极化/(°) | 45/−45 | |
| 隔离度/dB | ⩾30 | |
| 半功率波束宽度/(°) | 水平 65 | 垂直 14 |

实验中分别针对单个基站情形和多基站情形,利用两正交极化通道同时采集 GSM 信号,再对采集到的数据估计极化状态并分析其统计特性。两种情形的具体实验过程如下。

### 1. 单基站干扰信号测量

对单个基站信号的测量场景如图 3.12 所示。实验中,雷达阵列天线距离基站约 2500m,令阵列天线波束中心指向基站天线方向,基站信号的水平和垂直极

化成分可以同时被雷达阵列天线接收。首先利用
频谱仪接一对数周期天线测量该基站辐射射频信
号的中心频率,结果显示该基站下行信号的频率约
为 953.2MHz,将雷达接收机工作频率调制到该频
点附近,雷达接收机开机,接通采集卡录取基站信
号数据。雷达接收机带宽为 1.2MHz,基站下行信
号带宽为 200kHz。在数据分析前,为避免来自其
他基站信号的串扰,采用数字频域滤波方法对接收
信号预处理,从而获取中心频点为 953.2MHz、带

图 3.12　基站信号测量场景

宽为 200kHz 的较为纯净的单基站下行信号极化样本。

　　图 3.13(a)和(b)分别给出了雷达水平和垂直通道对基站 GSM 信号的时域采样,如图所示,两个明显的缝隙之间代表一个突发,时长约为 577μs。

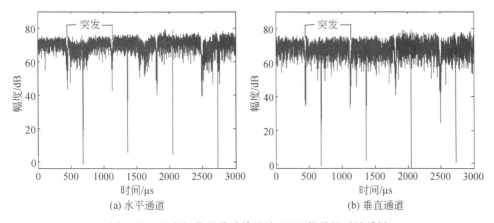

(a) 水平通道　　　　　　　　　　　　(b) 垂直通道

图 3.13　正交极化通道对单基站 GSM 信号的时域采样

　　利用上述两路极化采集样本,随机选取了一个突发,分别计算瞬时极化幅度比、相位差和 Stokes 参量,其中幅度比和相位差随时间的变化绘制在图 3.14(a)和(c)中,而对 Stokes 参量进行关于强度分量 $g_0$ 的归一化处理,并将归一化子矢量 $\left(\dfrac{g_1}{g_0}, \dfrac{g_2}{g_0}, \dfrac{g_3}{g_0}\right)$ 依坐标绘制在 Poincare 极化球上,如图 3.14(e)所示。同时还可以利用多个样本计算平均极化比和极化 Stokes 参量,分别对应图 3.14(b)、(d)和(f),这里选取每一个突发对应的样本点数做一次平均。显然,经样本平均处理后的极化状态相比瞬时极化状态更加平稳,起伏更小。根据图 3.14(f)所示的平均 Stokes

矢量在极化 Poincare 球上的位置可知,该情形下基站干扰的极化状态为左旋椭圆极化。由于极化状态具有明显的随机起伏特性,因此考虑利用前面给出的极化统计模型更全面地描述基站信号的极化特征。

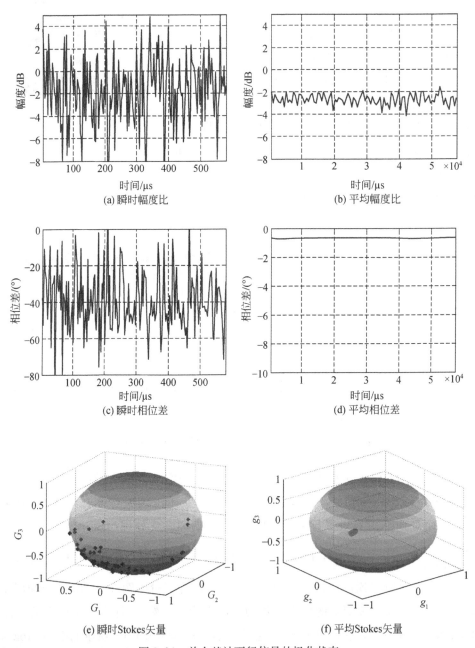

图 3.14　单个基站下行信号的极化状态

以极化比参量为例,首先计算实测数据每对极化样本的极化幅度比和相位差,之后分别绘制统计直方图,如图3.15中圆圈所示。图中虚线代表2.2节中基于零均值假设获取的极化比理论概率密度函数,而实线代表3.2节中基于非零均值假设获取的极化比理论概率密度函数,实验中将由全部样本估计得到的极化均值和协方差矩阵作为GSM电磁环境真实值代入理论概率密度函数。无论是极化幅度比[图3.15(a)]还是相位差[图3.15(b)],由非零均值复高斯假设获取的概率密度函数总能较好地拟合实测数据,相对而言,基于零均值复高斯的概率密度函数则出现失配现象。这可认为是由单基站条件下存在具有确定极化占优的基站信号进入雷达接收机所致,因此基于非零均值复高斯的理论概率密度函数能够更好地表征单个基站情形下电磁信号的极化统计特性。

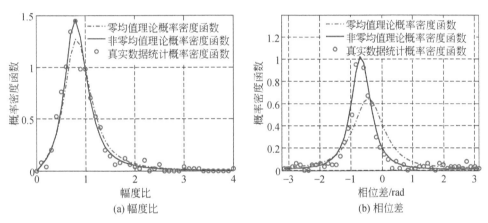

图3.15　单个基站的瞬时极化比统计对比结果

### 2. 多基站干扰信号测量

由于基站成散布状态,且相邻基站间所采用的频道相隔不大,因此造成同一时刻可能有多部基站信号进入雷达接收机,对于此类情形,设定雷达工作频率为940MHz(经测量发现雷达所处位置周围辐射该频率附近信号的基站数量较多),为避免出现某基站信号极化占优的情况,令雷达天线波束中心指向偏离基站方向,仍采用水平、垂直通道同时采样接收,且不再对所录取的数据做窄带滤波处理,而直接开展极化特性分析。雷达对多基站信号的时域采样结果绘制在图3.16中,其中图3.16(a)和(b)分别对应水平和垂直通道,横轴为采样时间,纵轴为信号幅度。此时,多个基站辐射信号相互混叠,GSM信号的突发现象不再明显,对于雷达呈现出类似压制噪声的信号样式。

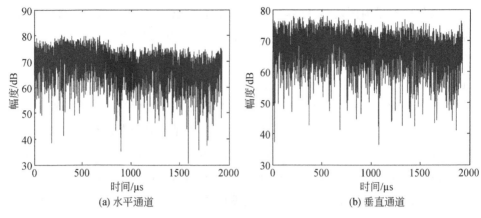

(a) 水平通道　　　　　　　　　　　(b) 垂直通道

图 3.16　正交极化通道对多基站 GSM 信号的时域采样

　　参考单基站情形,根据所采集样本可以计算多基站情形下的瞬时及平均极化状态,同样包括极化幅度比、相位差和 Stokes 矢量,分别绘制在图 3.17(a)～(f)中,其中左列[(a)、(c)和(e)]对应瞬时极化状态,右列[(b)、(d)和(f)]则对应平均后的极化状态,仍采用每个突发的点数做一次平均。

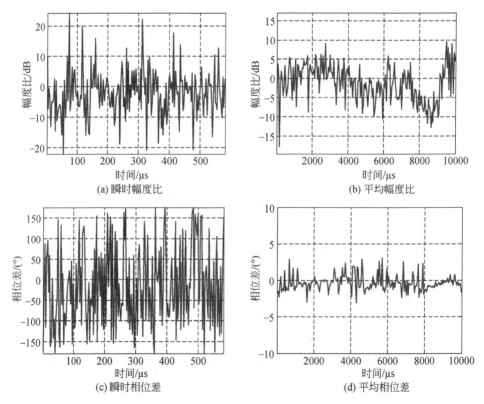

(a) 瞬时幅度比　　　　　　　　　　(b) 平均幅度比

(c) 瞬时相位差　　　　　　　　　　(d) 平均相位差

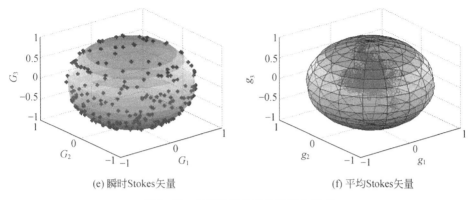

(e) 瞬时Stokes矢量　　　　　　　(f) 平均Stokes矢量

图 3.17　多基站干扰信号的极化状态

相比于单基站情形,多基站下行信号的极化状态分布明显更加分散,即使经平均处理后,极化相位差虽然有所改善,但极化幅度比和 Stokes 矢量仍起伏较为剧烈。此时难以利用某一种确定极化类型描述多基站极化状态,因此更需要借助于极化统计模型,于是图 3.18 给出了零均值和非零均值极化比理论概率密度函数对实测数据极化比统计直方图的拟合结果。可以看出,两种理论模型均与实测数据匹配较好,这是由于雷达接收到的基站信号中,不存在某个基站强度占优的情形,因此也不存在某种特定极化占优的情形。虽然实测数据更接近于零均值假设,但此时非零均值下的统计模型也随着确定极化分量趋近于零而退化为零均值情形,故两类理论统计模型均能用于表征多基站干扰环境的极化统计特性。

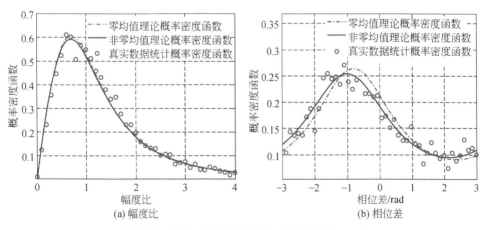

(a) 幅度比　　　　　　　　　　　(b) 相位差

图 3.18　多基站干扰的极化比参量统计对比结果

　　至此,分析了 UHF 雷达面临的不同条件下基站干扰的极化特性,一方面,进一步验证了前面所建立极化状态参量统计概率密度函数模型的正确性和在描述实际基站干扰环境极化特征时的适用性,另一方面,说明了基于非零均值建立的极化统计模型相比于传统零均值下统计模型更适合描述具有确定极化占优的多点源干扰场景。

### 3.6.2　典型多点源干扰的极化度测量与分析

图 3.19　有源干扰辐射源

　　除针对 GSM 基站干扰的测量,本章还开展了 UHF 波段雷达在主动干扰源照射下的极化测量,将实验分为主瓣干扰和主旁瓣同时干扰两类,分别用以模拟雷达在战场条件下面临的自卫式和自卫加支援式干扰环境。实验中仍利用上述 UHF 波段实验雷达,选用的干扰辐射源如图 3.19 所示,由一单极化喇叭天线接任意信号发生器组成。

　　开展主瓣干扰测量时,仅采用一台干扰机,将干扰天线对准雷达天线波束中心,干扰机发射能够覆盖雷达接收机工作带宽的噪声调频信号,雷达水平、垂直极化通道同时接收,通过调整干扰信号发生器的输出功率,使得雷达接收到的干扰噪声功率比约为 30dB。对所有水平阵元通道的采集样本直接求和得到干扰的水平极化分量,垂直极化分量则由所有垂直极化阵元通道信号样本直接合成。

　　开展主旁瓣同时干扰极化测量时,利用三台如图 3.20 所示的干扰机,天线分别指向雷达波束中心方向和天线副瓣方向,图 3.20 给出了测量场景的示意图,其中 0 号干扰机位于雷达方位角 0°,对应主瓣干扰源,其他两个干扰机分别对应副瓣干扰源,三个干扰信号源可以独立产生覆盖雷达接收机工作频段的噪声调频干扰,且同时被极化阵列雷达接收,雷达的信号采集过程与上述主瓣干扰实验相同。

　　对采集到的多点源干扰极化样本,开展极化度的特征分析。将水平、垂直极化信号样本组成二维极化矢量样本序列,按照每 $K$ 个矢量样本一组,用于估计极化度。首先利用式(3.71)估计每组样本的极化协方差矩阵,再计算出每个协方差矩阵的两个特征值,最后利用式(3.72)实现极化度参量的估计。主瓣干扰和主旁瓣同时干扰情形下的极化度估计值随时间的变化分别如图 3.21(a)和(b)所示,图中横轴对应雷达快拍时间,纵轴对应极化度估计值。用于估计极化度的样本数取值

为 $K=8,32,64$,分别对应图中的虚线、点划线和实线。

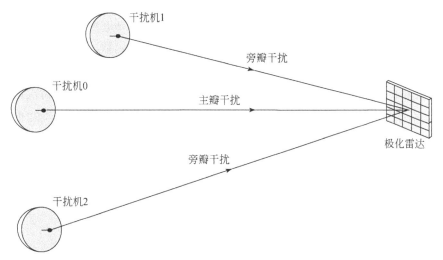

图 3.20  主旁瓣联合干扰极化雷达示意图

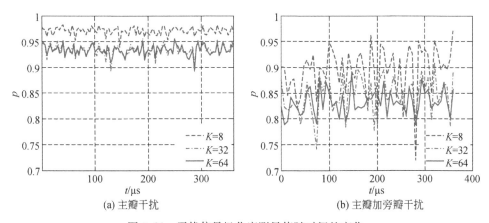

(a) 主瓣干扰    (b) 主瓣加旁瓣干扰

图 3.21  干扰信号极化度测量值随时间的变化

图 3.21(a)中主瓣干扰的极化度估计值明显高于图 3.21(b)所示的主瓣加旁瓣干扰情形,且起伏更小,说明主瓣干扰的极化度明显高于主瓣加旁瓣干扰。此外,无论是主瓣干扰还是主瓣加旁瓣干扰,样本数的选取都会直接影响极化度估计结果,通过比较不同样本数所对应的估计结果不难看出,随着样本数的增加极化度会有所下降,但当样本数达到一定数量时估计结果受样本数的影响不再明显,正如图中 $K=32$ 和 $K=64$ 对应的曲线差别较小。这一现象与 3.5 节研究极化度估计量

置信水平时给出的结论相一致。

　　通过统计各条件下的极化度分布直方图可以进一步验证上述结论,同时分析多点源干扰信号极化度统计特性。图 3.22 给出了测量数据的极化度分布情况,横坐标为极化度的取值,纵坐标对应统计的极化度概率密度函数。就主瓣干扰,如图 3.22(a)所示,相比于主旁瓣干扰[图 3.22(b)],其分布更为集中且分布形状更为尖锐,分布位置也更接近于 1。观察样本数取值对极化度分布的影响,再次印证了之前的分析结论。略有不同的是,针对主旁瓣干扰情形,由 $K=64$ 与 $K=32$ 时分布曲线可以看出,没有主瓣干扰时两者的重合度高,说明在主旁瓣干扰对应的真实极化度较低的条件下,需要更多的估计样本量来达到所需的估计精度。

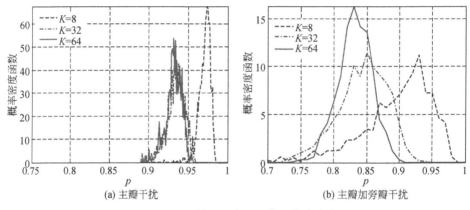

图 3.22　干扰极化度测量值的统计分布

　　最后,为说明本章建立的极化度统计模型在描述真实多点源干扰极化统计特性方面的适用性,给出理论概率密度函数和实测数据统计直方图的对比结果,如图 3.23所示。绘图过程与 3.5.2 节给出的仿真对比过程类似,图中测量数据的极化度概率密度函数曲线用圆圈符号表示,这里选用 $K=32$,由 CCWM 获取的极化度理论概率密度函数用虚线表示,由 CNWM 获取的极化度理论概率密度函数用实线表示。综合两幅子图不难看出,由 CNWM 获取的理论曲线更适于描述主瓣干扰,这是由于单纯主瓣干扰条件下,存在具有确定极化分量成分占优的情形,因此更接近 CNWM 假设。而对于主旁瓣干扰,由于不存在极化明显占优条件,且合成干扰信号的真实极化度较低,两种极化度概率密度函数模型对实际测量数据的拟合效果接近,但由于基于 CCWM 的模型较基于 CNWM 的模型在表达形式上更为简洁,考虑到模型在后续检测等应用中的便利性,因此在描述主旁瓣干扰极化行为时更建议采用前者。

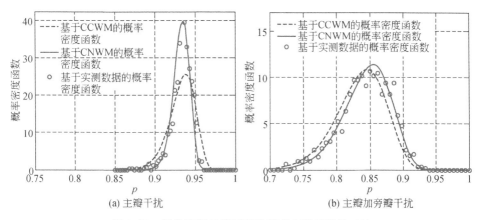

(a) 主瓣干扰　　　　　　　　　　(b) 主瓣加旁瓣干扰

图 3.23　极化度测量值同理论概率密度函数的对比

## 参 考 文 献

[1] Goodman N R. Statistical analysis based on a certain multivariate complex Gaussian distribution (an introduction) [J]. The Annals of Mathematical Statistics, 1963, 34: 152-177.

[2] 庄钊文,李永祯,肖顺平,等. 瞬态极化统计特性及处理[M]. 北京:国防工业出版社,2005.

[3] 马振华. 现代应用数学手册:概率统计与随机过程卷[M]. 北京:清华大学出版社,2000.

[4] Wang X S,Li Y Z,Dai D H,et al. Instantaneous polarization statistics of electromagnetic waves[J]. Science in China,2004,34(8):623-634.

[5] James A T. Distributions of matrix variates and latent roots derived from normal samples [J]. The Annals of Mathematical Statistics,1964,35(1):475-501.

[6] Maaref A, Aissa S. Joint and marginal eigenvalue distributions of (non)central complex wishart matrices and PDF-based approach for characterizing the capacity statistics of MIMO Ricean and Rayleigh fading channels[J]. IEEE Transactions on Wireless Communications, 2007, 5(10):3607-3619.

[7] Gross K I, Richards D S P. Total positivity, spherical series, and hypergeometric functions of matrix argument [J]. Journal of Approximation Theory, 1989, 59:224-246.

[8] Fisher R A. The general sampling distribution of the multiple correlation coefficient[J]. Proceedings of the Royal Society of London A, 1928, 121:654-673.

[9] 高云,畅洪涛,聂宏斌,等. 一起公众移动通信基站信号干扰民航二次雷达的案例分析[J]. 中国无线电, 2009,(11):67-71.

[10] 何希才,卢孟夏. 现代蜂窝移动通信系统[M]. 北京:电子工业出版社,1999:287-305.

# 第 4 章　非高斯分布电磁波极化的统计特性

为了描述电磁信号的不确定性和随机性,Hurwitz[1]首次研究了部分极化电磁波的统计特性,给出了高斯分布随机电磁波极化椭圆参数的概率密度函数。此后,国内外雷达学者一直对随机电磁波极化的统计描述给予了极大的关注。然而随着雷达分辨率的提高,其杂波的概率分布并不总是服从瑞利分布,因此很多非高斯分布函数被用来刻画地杂波和海杂波的幅度特性:对数正态被用来描述海杂波[2,3]和地杂波[4],Weibull 分布也可以用来描述海杂波[5,6]和地杂波[6-8];$K$ 分布也可以描述海杂波和地杂波的起伏特性[8-12];Frery 等[13]采用一般逆高斯分布来描述不同种类地物的杂波分布等。非高斯分布随机场的统计特性的获取,前人大多采用高斯信号经过球不变处理(SIRP[14])或蒙特卡罗仿真[15]得到。但是被广泛应用的Weibull 概率密度分布函数等并不是简单的解析形式的 SIRP 过程,因此,如何从理论上严格表征 Weibull 分布、$K$ 分布等非高斯分布随机电磁波的极化统计特性是当前极化信息处理领域的难点。

本章给出描述 Weibull 分布电磁波极化统计特性的方法,同时对 $K$ 分布电磁波的极化统计特性进行讨论。

## 4.1　Weibull 分布电磁波极化的统计特性

本节分析在 Weibull 分布假设条件下电磁波极化的统计特性。首先从理论上得出幅度及功率的概率密度函数表达式,给出波的强度、极化椭圆率角及椭圆倾角的联合概率密度函数和各参数的边缘分布函数;其次,研究 IPPV 矢量的统计分布特性,给出三个 IPPV 参数的联合概率密度函数及边缘概率密度函数;最后,讨论 Weibull 分布电磁波的信号仿真方法,并对前述理论分析进行仿真验证。这些工作为 Weibull 杂波环境下的目标检测、滤波和识别提供了理论依据。

### 4.1.1　Weibull 分布电磁波幅相的统计分布

本节主要推导基于相关高斯参数模型的 Weibull 分布电磁波的联合概率密度

函数。

设一个随机电磁波服从零均值正态分布,其服从二维联合复正态分布,$\boldsymbol{\Sigma}_{HV}$ 为协方差矩阵(由 Weibull 分布参数确定其方差),可知 $\boldsymbol{\Sigma}_{HV}$ 为四阶方阵,则它们的联合概率密度重写为

$$f(\boldsymbol{e}_{HV}) = \frac{1}{\pi^2 |\boldsymbol{\Sigma}_{HV}|} \exp\{- \boldsymbol{e}_{HV}^H \boldsymbol{\Sigma}_{HV}^{-1} \boldsymbol{e}_{HV}\} \tag{4.1}$$

式中,$\boldsymbol{e}_{HV} = (E_H, E_V)^T$,$E_H = x_H + jy_H$,$E_V = x_V + jy_V$,$\boldsymbol{\Sigma}_{HV} = \langle \boldsymbol{e}_{HV}\, \boldsymbol{e}_{HV}^H \rangle = \begin{bmatrix} \sigma_{HH} & \sigma_{HV} \\ \sigma_{VH} & \sigma_{VV} \end{bmatrix}$。$E_H$、$E_V$ 是复高斯矢量,并且满足独立 Feynman 路径条件:

$$E(x_H x_H) = E(y_H y_H) = \sigma_H^2, \quad E(x_H y_H) = E(x_H y_H) = 0, \quad E(x_V x_V) = E(y_V y_V) = \sigma_V^2$$
$$E(x_H y_H) = E(x_H y_H) = 0, \quad E(y_H y_V) = E(x_H x_V), \quad E(x_H y_V) = -E(x_V y_H)$$

将 $\boldsymbol{e}_{HV} = \begin{bmatrix} E_H \\ E_V \end{bmatrix} = \begin{bmatrix} x_H + jy_H \\ x_V + jy_V \end{bmatrix} = \begin{bmatrix} a_H^{p/2} e^{j\varphi_H} \\ a_V^{q/2} e^{j\varphi_V} \end{bmatrix}$ 代入式(4.1),易得

$$f(\boldsymbol{e}_{HV}) = f(E_H, E_V) = f(x_H, y_H, x_V, y_V)$$
$$= \frac{1}{\pi^2 |\Sigma_{HV}|} \exp\left\{-\frac{1}{|\Sigma_{HV}|} [\sigma_{VV}|E_H|^2 + \sigma_{HH}|E_V|^2 - 2\mathrm{Re}(\sigma_{HV}E_H^* E_V)]\right\} \tag{4.2}$$

1) Weibull 分布电磁波幅相的联合概率密度

Weibull 随机变量可以通过高斯变量的非线性变换(ZMNL)得到[16],即 Weibull 变量 $w = u + jv$ 可以由高斯随机变量 $g = x + jy$ 经过非线性变换得到

$$u = x(x^2 + y^2)^{1/p - 1/2}$$
$$v = y(x^2 + y^2)^{1/q - 1/2} \tag{4.3}$$

Weibull 分布电磁波的两通道数据在水平、垂直极化基下的分布变量为

$$u_H = x_H(x_H^2 + y_H^2)^{1/p - 1/2}$$
$$v_H = y_H(x_H^2 + y_H^2)^{1/p - 1/2}$$
$$u_V = x_V(x_V^2 + y_V^2)^{1/q - 1/2}$$
$$v_V = y_V(x_V^2 + y_V^2)^{1/q - 1/2} \tag{4.4}$$

式中,$p$ 和 $q$ 为 Weibull 分布的形状参数(这里两通道的 Weibull 分布形状参数可以不同)。

这样,相应极化基下 Weibull 分布电磁波的幅度和相位为

$$a_H = (u_H^2 + v_H^2)^{1/2}, \quad \varphi_H = \arctan\frac{v_H}{u_H}, \quad a_V = (u_V^2 + v_V^2)^{1/2}, \quad \varphi_V = \arctan\frac{v_V}{u_V}$$
$$\tag{4.5}$$

将式(4.3)代入式(4.5)，得到高斯变量与 Weibull 分布电磁波幅相特性的关系为

$$x_H = a_H^{p/2}\cos\varphi_H, \quad y_H = a_H^{p/2}\sin\varphi_H$$

$$x_V = a_V^{q/2}\cos\varphi_V, \quad y_V = a_V^{q/2}\sin\varphi_V \tag{4.6}$$

由于 $J\left(\dfrac{x_H, y_H, x_V, y_V}{a_H, \varphi_H, a_V, \varphi_V}\right) = \dfrac{pq}{4}a_H^{p-1}a_V^{q-1}$，因此根据概率密度变化公式为

$$f(a_H, a_V, \varphi_H, \varphi_V) = \frac{pq}{4}a_H^{p-1}a_V^{q-1}f(x_H, y_H, x_V, y_V) \tag{4.7}$$

式中，$J(\cdot)$ 为雅可比行列式。

将式(4.2)代入联合概率密度表达式(4.7)，整理可得

$$f(a_H, \varphi_H, a_V, \varphi_V) = \frac{pq a_H^{p-1}a_V^{q-1}}{4\pi^2 |\Sigma_{HV}|}$$

$$\cdot \exp\left\{-\frac{\sigma_{VV}a_H^p + \sigma_{HH}a_V^q - 2|\sigma_{HV}|a_H^{p/2}a_V^{q/2}\cos(\varphi_V - \varphi_H + \beta_{HV})}{|\Sigma_{HV}|}\right\}$$

$$\tag{4.8}$$

式中，$\beta_{HV} = \arg(\sigma_{HV})$，为 $\sigma_{HV}$ 的相位。

由于 $\varphi_H$ 和 $\varphi_V$ 总是以 $\varphi_V - \varphi_H$ 的形式出现，因此可做变量替换，令 $\varphi = \varphi_V - \varphi_H$ 和 $\Delta = \varphi_H$，因此有

$$f(a_H, a_H, \varphi, \Delta) = \frac{pq a_H^{p-1}a_V^{q-1}}{4\pi^2 |\Sigma_{HV}|}\exp\left\{-\frac{\sigma_{VV}a_H^p + \sigma_{HH}a_V^q - 2|\sigma_{HV}|a_H^{p/2}a_V^{q/2}\cos(\varphi + \beta_{HV})}{|\Sigma_{HV}|}\right\}$$

$$\tag{4.9}$$

由于式(4.9)中并未出现 $\Delta$ 项，因此对 $\Delta$ 积分，易得 Weibull 分布电磁波的幅度和相位差的联合概率密度函数为

$$f(a_H, a_V, \varphi) = \frac{pq a_H^{p-1}a_V^{q-1}}{2\pi |\Sigma_{HV}|}\exp\left\{-\frac{\sigma_{VV}a_H^p + \sigma_{HH}a_V^q - 2|\sigma_{HV}|a_H^{p/2}a_V^{q/2}\cos(\varphi + \beta_{HV})}{|\Sigma_{HV}|}\right\}$$

$$\tag{4.10}$$

2) Weibull 分布电磁波幅度和功率的概率密度函数

下面给出水平、垂直分量幅度的联合分布为

$$f(a_H, a_V) = \int_0^{2\pi}f(a_H, a_V, \varphi)\mathrm{d}\varphi = \frac{pq a_H^{p-1}a_V^{q-1}}{2\pi |\Sigma_{HV}|}$$

$$\cdot \exp\left\{-\frac{\sigma_{VV}a_H^p + \sigma_{HH}a_V^q}{|\Sigma_{HV}|}\right\}\int_0^{2\pi}\exp\left\{\frac{2|\sigma_{HV}|a_H^{p/2}a_V^{q/2}}{|\Sigma_{HV}|}\cos\delta\right\}\mathrm{d}\delta$$

式中，$\delta = \varphi + \beta_{HV}$。由零阶贝塞尔函数的定义，易得

$$f(a_H, a_V) = \frac{pq a_H^{p-1}a_V^{q-1}}{|\Sigma_{HV}|}\exp\left\{-\frac{\sigma_{VV}a_H^p + \sigma_{HH}a_V^q}{|\Sigma_{HV}|}\right\}I_0\left[\frac{2|\sigma_{HV}|a_H^{p/2}a_V^{q/2}}{|\Sigma_{HV}|}\right] \tag{4.11}$$

由 $\int_0^\infty \exp(-x)\mathrm{I}_0(a\sqrt{x})\mathrm{d}x = \exp\left(\dfrac{a}{2}\right)^2$ 可知,水平极化分量幅度的统计分布为

$$f(a_H) = \int_0^\infty f(a_H, a_V)\mathrm{d}a_V = \frac{pa_H^{p-1}}{\sigma_{HH}}\mathrm{e}^{-\frac{a_H^p}{\sigma_{HH}}} \tag{4.12}$$

同理,可得垂直极化分量幅度的统计分布为

$$f(a_V) = \frac{qa_V^{q-1}}{\sigma_{VV}}\mathrm{e}^{-\frac{a_V^q}{\sigma_{VV}}} \tag{4.13}$$

可知,随机电磁波两正交极化分量的幅度服从 Weibull 分布,这也验证了以上理论推导的正确性。

若电场在水平、垂直正交极化基下的功率记为 $A_H = a_H^2$ 与 $A_V = a_V^2$,那么易得 $A_H$ 与 $A_V$ 的联合概率密度函数为

$$f(A_H, A_V) = \left| J\left(\frac{a_H, a_V}{A_H, A_V}\right) \right| f(a_H, a_V) = \frac{1}{4\sqrt{A_H A_V}} f(\sqrt{A_H}, \sqrt{A_V}) \tag{4.14}$$

代入式(4.11),整理可得

$$f(A_H, A_V) = \frac{pqA_H^{(p-2)/2}A_V^{(q-2)/2}}{4|\Sigma_{HV}|}\exp\left\{-\frac{\sigma_{VV}A_H^{p/2} + \sigma_{HH}A_V^{q/2}}{|\Sigma_{HV}|}\right\}\mathrm{I}_0\left[\frac{2|\sigma_{HV}|A_H^{p/4}A_V^{q/4}}{|\Sigma_{HV}|}\right] \tag{4.15}$$

那么,水平极化分量功率的统计分布为

$$f(A_H) = \int_0^\infty f(A_H, A_V)\mathrm{d}A_V = \frac{pA_H^{p/2-1}}{2\sigma_{HH}}\exp\left(-\frac{A_H^{p/2}}{\sigma_{HH}}\right) \tag{4.16}$$

同理,可得垂直极化分量功率的概率密度函数为

$$f(A_V) = \int_0^\infty f(A_H, A_V)\mathrm{d}A_H = \frac{qA_V^{q/2-1}}{2\sigma_{VV}}\exp\left(-\frac{A_V^{q/2}}{\sigma_{VV}}\right) \tag{4.17}$$

可知,随机电磁波两正交极化分量的功率服从 Weibull 分布,进而易求得其数字特征。易求其一阶矩和二阶矩分别为

$$\begin{aligned} E(A_H) &= \sigma_{HH}^{2/p}\Gamma(1 + 2/p) \\ E(A_H^2) &= \sigma_{HH}^{4/p}\Gamma(1 + 4/p) \\ E(A_V) &= \sigma_{VV}^{2/q}\Gamma(1 + 2/q) \\ E(A_V^2) &= \sigma_{VV}^{4/q}\Gamma(1 + 4/q) \end{aligned} \tag{4.18}$$

式中,$\Gamma(x)$ 为 Gamma 函数。

## 4.1.2　Weibull 分布的极化相干参数与高斯分布参数的关系

由式(4.5)可知,Weibull 分布电磁波参数之间的关系为

$$u_{\mathrm{H}}=a_{\mathrm{H}}\cos\varphi_{\mathrm{H}}, \quad v_{\mathrm{H}}=a_{\mathrm{H}}\sin\varphi_{\mathrm{H}}, \quad u_{\mathrm{V}}=a_{\mathrm{V}}\cos\varphi_{\mathrm{V}}, \quad v_{\mathrm{V}}=a_{\mathrm{V}}\sin\varphi_{\mathrm{V}} \quad (4.19)$$

那么根据式(4.11),即

$$f(a_{\mathrm{H}},a_{\mathrm{V}},\varphi)=\frac{pqa_{\mathrm{H}}^{p-1}a_{\mathrm{V}}^{q-1}}{2\pi\,|\,\Sigma_{\mathrm{HV}}\,|}\exp\left\{-\frac{\sigma_{\mathrm{VV}}a_{\mathrm{H}}^{p}+\sigma_{\mathrm{HH}}a_{\mathrm{V}}^{q}-2\,|\,\sigma_{\mathrm{HV}}\,|\,a_{\mathrm{H}}^{p/2}a_{\mathrm{V}}^{q/2}\cos(\varphi+\beta_{\mathrm{HV}})}{|\,\Sigma_{\mathrm{HV}}\,|}\right\}$$

易得

$$E(u_{\mathrm{H}}u_{\mathrm{H}})=E(v_{\mathrm{H}}v_{\mathrm{H}})=\frac{1}{2}\sigma_{\mathrm{HH}}^{2/p}\Gamma\left(1+\frac{2}{p}\right)$$

$$E(u_{\mathrm{H}}v_{\mathrm{H}})=E(v_{\mathrm{H}}u_{\mathrm{H}})=0$$

$$E(x_{\mathrm{V}}x_{\mathrm{V}})=E(y_{\mathrm{V}}y_{\mathrm{V}})=\frac{1}{2}\sigma_{\mathrm{VV}}^{2/q}\Gamma\left(1+\frac{2}{q}\right)$$

$$(4.20)$$

$$E(u_{\mathrm{V}}v_{\mathrm{V}})=E(v_{\mathrm{V}}u_{\mathrm{V}})=0$$

两通道之间的相关系数为[17]

$$E(y_{\mathrm{H}}y_{\mathrm{V}})=E(x_{\mathrm{H}}x_{\mathrm{V}})$$

$$=\mathrm{Cov}(p,q,\Sigma_{\mathrm{HV}})\cos(\beta_{\mathrm{HV}})$$

$$=\sigma_{\mathrm{HH}}^{-\frac{1}{q}}\sigma_{\mathrm{VV}}^{-\frac{1}{p}}\Sigma_{\mathrm{HV}}^{1+\frac{1}{p}+\frac{1}{q}}\csc\left(\pi\left(\frac{1}{p}-\frac{1}{q}\right)\right)\cos(\beta_{\mathrm{HV}})$$

$$\bullet\left\{4^{-\frac{1}{p}}\pi^{3/2}\left(\frac{\sigma_{\mathrm{HH}}\sigma_{\mathrm{VV}}}{|\,\sigma_{\mathrm{HV}}\,|^{2}}\right)^{\frac{1}{p}}\Gamma\left(\frac{1}{2}+\frac{1}{p}\right)(4\,|\,\sigma_{\mathrm{HV}}\,|^{2}p(p(q-1)+q)\right.$$

$$\bullet\,_{2}\mathrm{F}_{1}\left(\frac{1}{2}+\frac{1}{p},\frac{3}{2}+\frac{1}{p},2+\frac{1}{p}-\frac{1}{q},\frac{\sigma_{\mathrm{HH}}\sigma_{\mathrm{VV}}}{|\,\sigma_{\mathrm{HV}}\,|^{2}}\right)\Big/\Gamma\left(2+\frac{1}{p}-\frac{1}{q}\right)$$

$$+\sigma_{\mathrm{HH}}\sigma_{\mathrm{VV}}(p+2)(3p+2)q\,_{2}\mathrm{F}_{1}\left(\frac{3}{2}+\frac{1}{p},\frac{5}{2}+\frac{1}{p},3+\frac{1}{p}-\frac{1}{q},\frac{\sigma_{\mathrm{HH}}\sigma_{\mathrm{VV}}}{|\,\sigma_{\mathrm{HV}}\,|^{2}}\right)\Big/$$

$$\Gamma\left(3+\frac{1}{p}-\frac{1}{q}\right)\right)+16p^{2}q\,|\,\sigma_{\mathrm{HV}}\,|^{2}\left(\frac{\sigma_{\mathrm{HH}}\sigma_{\mathrm{VV}}}{|\,\sigma_{\mathrm{HV}}\,|}\right)^{\frac{1}{q}}\Gamma\left(2+\frac{1}{p}\right)\Gamma\left(-\frac{2(1+p)}{p}\right)$$

$$\bullet\,\Gamma\left(\frac{1}{2}+\frac{1}{q}\right)\Gamma\left(\frac{3}{2}+\frac{1}{q}\right)\,_{2}\mathrm{F}_{1}\left(\frac{1}{2}+\frac{1}{q},\frac{3}{2}+\frac{1}{q},1-\frac{1}{p}+\frac{1}{q},\frac{\sigma_{\mathrm{HH}}\sigma_{\mathrm{VV}}}{|\,\sigma_{\mathrm{HV}}\,|^{2}}\right)$$

$$\bullet\,\sin\frac{2\pi}{q}\Big/\Gamma\left(1-\frac{1}{p}+\frac{1}{q}\right)\right\}\Big/\left(64p^{2}q\,|\,\sigma_{\mathrm{HV}}\,|^{4}\Gamma\left(2+\frac{1}{p}\right)\Gamma\left(-\frac{2(1+p)}{p}\right)\right)$$

$$(4.21)$$

$$E(x_{\mathrm{H}}y_{\mathrm{V}})=-E(x_{\mathrm{V}}y_{\mathrm{H}})=\mathrm{Cov}(p,q,\Sigma_{\mathrm{HV}})\sin(\beta_{\mathrm{HV}}) \quad (4.22)$$

如果 $p=q$,那么互相关数学期望为

$$E(y_{\mathrm{H}}y_{\mathrm{V}})=E(x_{\mathrm{H}}x_{\mathrm{V}})=\frac{\pi\,|\,\sigma_{\mathrm{HV}}\,|^{-2-\frac{2}{p}}\Sigma_{\mathrm{HV}}^{1+\frac{2}{p}}\cos(\beta_{\mathrm{HV}})}{4p}$$

$$\bullet\left\{2p\mathrm{MeijerG}\left[\left\{\left\{-\frac{3}{2}-\frac{1}{p}\right\},\left\{-2-\frac{1}{p},\frac{1}{2}-\frac{1}{p}\right\}\right\},\left\{\{-1,0\},\right.\right.\right.$$

$$\Big\{-2-\frac{1}{p}\Big\}\Big\},\frac{\sigma_{HH}\sigma_{VV}}{|\sigma_{HV}|^2}\Big] + (2+p)\,\mathrm{MeijerG}\Big[\Big\{\Big\{-\frac{2+p}{2p}\Big\},$$

$$\Big\{\frac{1}{2}-\frac{1}{p},\,-\frac{1+p}{p}\Big\}\Big\},\Big\{\{-1,0\},\Big\{-\frac{1+p}{p}\Big\}\Big\},\frac{\sigma_{HH}\sigma_{VV}}{|\sigma_{HV}|^2}\Big]\Big\}$$

$$=\mathrm{Cov}(p,\Sigma_{HV})\cos(\beta_{HV}) \tag{4.23}$$

和

$$E(x_H y_V) = -E(x_V y_H) = \mathrm{Cov}(p,\Sigma_{HV})\sin(\beta_{HV}) \tag{4.24}$$

式中,MeijerG 为梅杰函数,是大多数特殊函数的一般形式,定义 $\mathrm{MeijerG}[\{\{a_1,\cdots,$ $a_n\},\{a_{n+1},\cdots,a_p\}\},\{\{b_1,\cdots,b_m\},\{b_{m+1},\cdots,b_q\}\},z] = G_{p\,q}^{m\,n}\left(z\,\bigg|\begin{matrix}a_1,\cdots,a_p\\b_1,\cdots,b_q\end{matrix}\right)$。

如果 $p=q=2$,那么由式(4.20)~式(4.24)可得相关系数为

$$E(u_H u_V) = E(v_H v_V) = \frac{1}{2}\mathrm{Re}(\sigma_{HV}),\quad E(u_H v_V) = -E(u_V v_H) = \frac{1}{2}\mathrm{Im}(\sigma_{HV}) \tag{4.25}$$

这与 Eliyahu[18] 的结论是一致。

这样就由 Weibull 分布电磁波的方差矩阵得到了高斯方差矩阵,可以提取出式(4.10)的高斯分布参数,对于 Weibull 分布电磁波的仿真也有重要意义。

下面给出几种特殊情况下的互相关系数 $\mathrm{Cov}(p,q,\Sigma_{HV})$ 的值。

$p=1,\quad q=1$

$$\frac{3ck^3\pi}{16\sqrt{2}\,m^{7/2}}\Big\{12m\,_2F_1\Big(\frac{5}{4},\frac{7}{4},1,\frac{c^4}{m^2}\Big) + 5c^2\Big[8\,_2F_1\Big(\frac{7}{4},\frac{9}{4},1,\frac{c^4}{m^2}\Big) + {}_2F_1\Big(\frac{7}{4},\frac{9}{4},2,$$

$$\frac{c^4}{m^2}\Big) + \frac{14c^2\,_2F_1\Big(\frac{9}{4},\frac{11}{4},2,\frac{c^4}{m^2}\Big)}{m}\Big]\Big\}$$

$p=1,\quad q=2,\quad \dfrac{3c\sqrt{h}\pi}{8}\,;\quad p=2,\quad q=2,\quad \dfrac{1}{2}c\,;\, p=2,\quad q=3,\quad \dfrac{cv^{-\frac{1}{6}}}{2}\Gamma\Big(\dfrac{11}{6}\Big)$

$p=1.5,\quad q=2,\quad \dfrac{ch^{\frac{1}{6}}}{2}\Gamma\Big(\dfrac{13}{6}\Big)\,;\quad p=0.5,\quad q=2,\quad \dfrac{15\pi ch^{\frac{3}{2}}}{16}$

$p=0.5,\quad q=2.5$

$$\frac{15ck^{17/5}\sqrt{\pi}\,\Gamma\Big(\dfrac{19}{10}\Big)\Big[4hv\,_2F_1\Big(\dfrac{9}{10},\dfrac{7}{2},2,\dfrac{c^2}{hv}\Big) + 7c^2\,_2F_1\Big(\dfrac{19}{10},\dfrac{9}{2},3,\dfrac{c^2}{hv}\Big)\Big]}{16h^{29/10}v^{9/2}}$$

特别地，$q=2$ 时

$$\frac{1}{2}c\left(\frac{1}{h}\right)^{\frac{1}{2}-\frac{1}{p}}\Gamma\left(\frac{3}{2}+\frac{1}{p}\right)$$

$q=1$ 时

$$\frac{c}{p}2^{-\frac{7}{2}+\frac{1}{p}}h^{-1+\frac{1}{p}}v^{-1-\frac{1}{p}}k^{2+\frac{2}{p}}$$

$$\cdot\sqrt{\pi}m^{-\frac{7}{2}-\frac{1}{p}}\Gamma\left(\frac{1}{p}\right)\left[6m^2\Gamma\left(\frac{3}{2}+\frac{1}{p}\right){}_2F_1\left(\frac{3}{4}+\frac{1}{2p},\frac{5}{4}+\frac{1}{2p},1,\frac{c^4}{m^2}\right)-c^2m\Gamma\left(\frac{5}{2}+\frac{1}{p}\right)\right.$$

$$\cdot\left(8\,{}_2F_1\left(\frac{5}{4}+\frac{1}{2p},\frac{7}{4}+\frac{1}{2p},1,\frac{c^4}{m^2}\right)+{}_2F_1\left(\frac{5}{4}+\frac{1}{2p},\frac{7}{4}+\frac{1}{2p},2,\frac{c^4}{m^2}\right)\right)+4c^4\Gamma\left(\frac{7}{2}+\frac{1}{p}\right)$$

$$\cdot{}_2F_1\left.\left(\frac{7}{4}+\frac{1}{2p},\frac{9}{4}+\frac{1}{2p},2,\frac{c^4}{m^2}\right)\right]$$

以上 $h=\sigma_{HH}$，$v=\sigma_{VV}$，$c=|\sigma_{HV}|$，$k=|\Sigma_{HV}|$，$m=2hv-c^2$。

### 4.1.3　Weibull 分布电磁波极化椭圆参数的概率密度分布

为方便起见，下面推导中假设随机电磁波两极化通道 Weibull 分布的形状参数是相同的，即 $p=q$。

式(4.10)中，将 $a_H$、$a_V$ 用 $I_H$、$I_V$ 代替，这里 $I_H=a_H^2$，$I_V=a_V^2$。推导得到雅可比行列式为

$$J\left(\frac{a_H,a_V,\varphi}{I_H,I_V,\varphi}\right)=\frac{1}{4\sqrt{I_H I_V}}\tag{4.26}$$

易得

$$f(I_H,I_V,\varphi)=J\left(\frac{a_H,a_V,\varphi}{I_H,I_V,\varphi}\right)f(a_H,a_V,\varphi)$$

$$=\frac{p^2 I_H^{p/2-1}I_V^{p/2-1}}{8\pi|\Sigma_{HV}|}\exp\left\{-\frac{\sigma_{VV}I_H^{p/2}+\sigma_{HH}I_V^{p/2}}{|\Sigma_{HV}|}\right\}\exp\left\{\frac{2|\sigma_{HV}|I_H^{p/4}I_V^{p/4}\cos(\varphi+\beta_{HV})}{|\Sigma_{HV}|}\right\}$$

$$\tag{4.27}$$

为得到极化椭圆参数的统计分布，引入一组物理变量 $x$、$y$、$\tau$，其满足以下条件[19]：

$$\begin{aligned}
&x=I_H+I_V\\
&y=\left[(I_H-I_V)^2+4I_H I_V\cos^2\varphi\right]^{1/2},\quad -\pi\leqslant\varphi\leqslant\pi\\
&\tan 2\tau=\frac{2\sqrt{I_H I_V}\cos\varphi}{I_H-I_V},\quad -\pi/4\leqslant\tau\leqslant\pi/4
\end{aligned}\tag{4.28}$$

式中，$|\tau| \leqslant \pi/4$，$I_H \geqslant I_V$，得相应的雅可比行列式值为 $J\left(\dfrac{I_H, I_V, \varphi}{x, y, \tau}\right) = \dfrac{y}{\sqrt{x^2 - y^2}}$。

这样可以得到其联合概率密度函数为

$$f_1(x, y, \tau) = \frac{y}{\sqrt{x^2 - y^2}} \frac{p^2 \left(\dfrac{x + y\cos 2\tau}{2}\right)^{p/2-1} \left(\dfrac{x - y\cos 2\tau}{2}\right)^{p/2-1}}{4\pi |\Sigma_{HV}|}$$

$$\cdot \exp\left\{-\frac{\sigma_{VV}\left(\dfrac{x + y\cos 2\tau}{2}\right)^{p/2} + \sigma_{HH}\left(\dfrac{x - y\cos 2\tau}{2}\right)^{p/2}}{|\Sigma_{HV}|}\right\}$$

$$\cdot \exp\left\{\frac{y\sin 2\tau \left(\dfrac{x + y\cos 2\tau}{2}\right)^{p/4-1/2} \left(\dfrac{x - y\cos 2\tau}{2}\right)^{p/4-1/2} \mathrm{Re}(\sigma_{HV})}{|\Sigma_{HV}|}\right\}$$

$$\cdot \cosh\left\{-\frac{\sqrt{x^2 - y^2}\left(\dfrac{x + y\cos 2\tau}{2}\right)^{p/4-1/2} \left(\dfrac{x - y\cos 2\tau}{2}\right)^{p/4-1/2} \mathrm{Im}(\sigma_{HV})}{|\Sigma_{HV}|}\right\}$$

$$(4.29)$$

为了记录简便，令 $a = \left(\dfrac{x + y\cos 2\tau}{2}\right)$，$b = \left(\dfrac{x - y\cos 2\tau}{2}\right)$，式（4.29）变为

$$f_1(x, y, \tau) = \frac{y}{\sqrt{x^2 - y^2}} \frac{p^2 a^{p/2-1} b^{p/2-1}}{4\pi |\Sigma_{HV}|} \exp\left\{-\frac{\sigma_{VV} a^{p/2} + \sigma_{HH} b^{p/2}}{|\Sigma_{HV}|}\right\}$$

$$\cdot \exp\left\{\frac{y\sin 2\tau\, a^{p/4-1/2} b^{p/4-1/2} \mathrm{Re}(\sigma_{HV})}{|\Sigma_{HV}|}\right\} \cosh\left\{-\frac{\sqrt{x^2 - y^2}\, a^{p/4-1/2} b^{p/4-1/2} \mathrm{Im}(\sigma_{HV})}{|\Sigma_{HV}|}\right\}$$

$$(4.30)$$

当 $|\tau| \leqslant \pi/4$ 时，$I_H \leqslant I_V$，相应的雅可比行列式值为 $J\left(\dfrac{I_H, I_V, \varphi}{x, y, \tau}\right) = -\dfrac{y}{\sqrt{x^2 - y^2}}$，

其概率密度函数为

$$f_2(x, y, \tau) = \frac{y}{\sqrt{x^2 - y^2}} \frac{p^2 b^{p/2-1} a^{p/2-1}}{4\pi |\Sigma_{HV}|} \exp\left\{-\frac{\sigma_{VV} b^{p/2} + \sigma_{HH} a^{p/2}}{|\Sigma_{HV}|}\right\}$$

$$\cdot \exp\left\{-\frac{y\sin 2\tau\, b^{p/4-1/2} a^{p/4-1/2} \mathrm{Re}(\sigma_{HV})}{|\Sigma_{HV}|}\right\}$$

$$\cdot \cosh\left\{\frac{\sqrt{x^2 - y^2}\, b^{p/4-1/2} a^{p/4-1/2} \mathrm{Im}(\sigma_{HV})}{|\Sigma_{HV}|}\right\}$$

$$(4.31)$$

所以 $x$、$y$、$\tau$ 的联合概率密度函数为式（4.30）式（4.31）之和，即

$$f(x, y, \tau) = f_1(x, y, \tau) + f_2(x, y, \tau) \tag{4.32}$$

令极化椭圆长短轴分别为 $I_a$、$I_b$，其与 $x$、$y$ 的关系为 $I_a = \dfrac{1}{2}(x + y)$，$I_b =$

$\frac{1}{2}(x-y)$ [19]。令 $I=I_a+I_b$ , $\xi_\pm=\pm I_b/I_a$ , $\xi=I_b/I_a$ [19],相应的雅可比行列式值为

$$J\left(\frac{x,y,\tau}{I,\xi,\tau}\right)=-\frac{2I}{(1+\xi)^2}$$

设 $c=\left(\frac{1}{2}+\frac{(1-\xi)\cos2\tau}{2(1+\xi)}\right)$ , $d=\left(\frac{1}{2}-\frac{(1-\xi)\cos2\tau}{2(1+\xi)}\right)$ ,则相应的概率密度函数为

$$
\begin{aligned}
f_1(I,\xi_\pm,\tau)=&\frac{p^2(1-\xi)I^{p-1}c^{p/2-1}d^{p/2-1}}{8\pi\sqrt{\xi}\,(1+\xi)^2\,|\Sigma_{HV}|}\exp\left\{-\frac{\sigma_{VV}I^{p/2}c^{p/2}+\sigma_{HH}I^{p/2}d^{p/2}}{|\Sigma_{HV}|}\right\}\\
&\cdot\exp\left\{\frac{(1-\xi)\sin2\tau I^{\frac{p}{2}}c^{p/4-1/2}d^{p/4-1/2}\mathrm{Re}(\sigma_{HV})}{|\Sigma_{HV}|(1+\xi)}\right\}\\
&\cdot\exp\left\{\mp\frac{2\sqrt{\xi}I^{\frac{p}{2}}c^{p/4-1/2}d^{p/4-1/2}\mathrm{Im}(\sigma_{HV})}{|\Sigma_{HV}|(1+\xi)}\right\}
\end{aligned}
\tag{4.33}
$$

和

$$
\begin{aligned}
f_2(I,\xi_\pm,\tau)=&\frac{p^2(1-\xi)I^{p-1}d^{p/2-1}c^{p/2-1}}{8\pi\sqrt{\varepsilon}\,(1+\xi)^2\,|\Sigma_{HV}|}\exp\left\{-\frac{\sigma_{VV}I^{p/2}d^{p/2}+\sigma_{HH}I^{p/2}c^{p/2}}{|\Sigma_{HV}|}\right\}\\
&\cdot\exp\left\{-\frac{(1-\xi)\sin2\tau I^{\frac{p}{2}}d^{p/4-1/2}c^{p/4-1/2}\mathrm{Re}(\sigma_{HV})}{|\Sigma_{HV}|(1+\xi)}\right\}\\
&\cdot\exp\left\{\mp\frac{2\sqrt{\xi}I^{\frac{p}{2}}d^{p/4-1/2}c^{p/4-1/2}\mathrm{Im}(\sigma_{HV})}{|\Sigma_{HV}|(1+\xi)}\right\}
\end{aligned}
\tag{4.34}
$$

令 $A=\frac{p^2(1-\xi)c^{p/2-1}d^{p/2-1}}{8\pi\sqrt{\xi}\,(1+\xi)^2\,|\Sigma_{HV}|}$ , $h=\frac{\sigma_{VV}}{|\Sigma_{HV}|}$ , $l=\frac{\sigma_{HH}}{|\Sigma_{HV}|}$ , $f=\frac{(1-\xi)\sin2\tau c^{p/4-1/2}d^{p/4-1/2}\mathrm{Re}(\sigma_{HV})}{|\Sigma_{HV}|(1+\xi)}$ , $k=\frac{2\sqrt{\xi}d^{p/4-1/2}c^{p/4-1/2}\mathrm{Im}(\sigma_{HV})}{|\Sigma_{HV}|(1+\xi)}$ ,式(4.33)和式(4.34)变为

$$f_1(I,\xi_\pm,\tau)=AI^{p-1}\exp\{-hc^{p/2}I^{p/2}-ld^{p/2}I^{p/2}\}\exp\{fI^{p/2}\}\exp\{\mp kI^{p/2}\}\tag{4.35}$$

$$f_2(I,\xi_\pm,\tau)=AI^{p-1}\exp\{-hd^{p/2}I^{p/2}-lc^{p/2}I^{p/2}\}\exp\{-fI^{p/2}\}\exp\{\mp kI^{p/2}\}\tag{4.36}$$

利用式(4.35)和式(4.36)对 $I$ 积分,得

$$
\begin{aligned}
f_1(\xi_\pm,\tau)=&A\int_0^\infty I^{p-1}\exp\{-hc^{p/2}I^{p/2}-ld^{p/2}I^{p/2}\}\exp\{fI^{p/2}\}\exp\{\mp kI^{p/2}\}\mathrm{d}I\\
=&-\frac{2A}{p}\frac{\partial}{\partial(hc^{p/2}+ld^{p/2})}\int_0^\infty\exp\{-(hc^{p/2}+ld^{p/2})I^{p/2}\}\exp\{(f\mp k)\cdot I^{p/2}\}\mathrm{d}I^{p/2}\\
=&\frac{2A}{p}\frac{1}{(hc^{p/2}+ld^{p/2}\pm k-f)^2}
\end{aligned}
$$

故

$$f_1(\xi_\pm,\tau)=\frac{2A}{p\ (hc^{p/2}+ld^{p/2}\pm k-f)^2},\quad f_2(\xi_\pm,\tau)=\frac{2A}{p\ (hd^{p/2}+lc^{p/2}\pm k+f)^2}$$
$$(4.37)$$

设 $|\varepsilon|=\sqrt{\xi}$，$k=\dfrac{2\varepsilon d^{p/4-1/2}c^{p/4-1/2}\mathrm{Im}(\sigma_{HV})}{|\Sigma_{HV}|(1+\xi)}$，$B=2\varepsilon A$，椭圆参数 $(\varepsilon,\tau)(-1\leqslant$

$\varepsilon\leqslant 1)$的联合概率密度函数为

$$f(\varepsilon,\tau)=\frac{2B}{p}\left[\frac{1}{(hc^{p/2}+ld^{p/2}+k-f)^2}+\frac{1}{(hd^{p/2}+lc^{p/2}+k+f)^2}\right]\quad(4.38)$$

当 $p=2$ 时，式(4.38)与 Eliyahu[18] 的式(18)是一致的。

　　如果 $\tau$ 定义为波的矢量端点与椭圆长轴的夹角，那么式(4.38)变为

$$f_+(\varepsilon,\tau_+)=\frac{2B}{p}\left[\frac{1}{(hc^{p/2}+ld^{p/2}+k-f)^2}\right]\quad(4.39)$$

如果 $\tau$ 定义为波的矢量端点与椭圆短轴的夹角，那么式(4.38)变为

$$f_-(\varepsilon,\tau_-)=\frac{2B}{p}\left[\frac{1}{(hd^{p/2}+lc^{p/2}+k+f)^2}\right]\quad(4.40)$$

由式(4.38)可得其边缘分布分别为

$$f(\varepsilon)=\int_{-\pi/2}^{\pi/2}f(\varepsilon,\tau_\pm)\mathrm{d}\tau,\quad f(\tau)=\int_{-1}^{1}f(\varepsilon,\tau_\pm)\mathrm{d}\varepsilon\quad(4.41)$$

　　如果 $p=2$，那么 $\varepsilon$ 和 $\tau_\pm$ 的概率密度函数与 Barakat[20] 和 Eliyahu[18] 的结论是一致的。

### 4.1.4　Weibull 分布电磁波 IPPV 的统计特性

　　根据 Stokes 子矢量 $\boldsymbol{g}_{HV}=(g_{HV1},g_{HV2},g_{HV3})$ 与幅度相位差 $(a_H,a_V,\varphi)$ 的变换关系[21,22]有

$$\begin{cases}a_H^2=\dfrac{1}{2}(g_{HV0}+g_{HV1})\\[2mm]a_V^2=\dfrac{1}{2}(g_{HV0}-g_{HV1})\\[2mm]\varphi=\arg(g_{HV2}+\mathrm{j}g_{HV3})\end{cases}\quad(4.42)$$

式中，$\arg(g_{HV2}+\mathrm{j}g_{HV3})$ 是 $g_{HV2}+\mathrm{j}g_{HV3}$ 的相位，因此对应的雅可比行列式值为

$$J\left(\frac{g_{HV1},g_{HV2},g_{HV3}}{a_H,a_V,\varphi}\right)=4g_{HV0}\sqrt{g_{HV2}^2+g_{HV3}^2}=4g_{HV0}\sqrt{g_{HV0}^2-g_{HV1}^2}\quad(4.43)$$

因此 Stokes 子矢量 $\boldsymbol{g}_{HV}$ 的概率密度函数为

$$f(\boldsymbol{g}_{\mathrm{HV}}) = \frac{f(a_{\mathrm{H}}, a_{\mathrm{V}}, \varphi)}{4 g_{\mathrm{HV0}} \sqrt{g_{\mathrm{HV0}}^2 - g_{\mathrm{HV1}}^2}}$$

$$= \frac{p^2}{16 \pi g_{\mathrm{HV0}} |\Sigma_{\mathrm{HV}}|} \left( \frac{g_{\mathrm{HV0}} + g_{\mathrm{HV1}}}{2} \right)^{p/2-1} \left( \frac{g_{\mathrm{HV0}} - g_{\mathrm{HV1}}}{2} \right)^{p/2-1}$$

$$\cdot \exp\left\{ -\frac{\sigma_{\mathrm{VV}} \left( \dfrac{g_{\mathrm{HV0}} + g_{\mathrm{HV1}}}{2} \right)^{p/2} + \sigma_{\mathrm{HH}} \left( \dfrac{g_{\mathrm{HV0}} - g_{\mathrm{HV1}}}{2} \right)^{p/2}}{|\Sigma_{\mathrm{HV}}|} \right\}$$

$$\cdot \exp\left\{ \frac{\left( \dfrac{g_{\mathrm{HV0}} + g_{\mathrm{HV1}}}{2} \right)^{p/4-1/2} \left( \dfrac{g_{\mathrm{HV0}} - g_{\mathrm{HV1}}}{2} \right)^{p/4-1/2} (g_{\mathrm{HV2}} \mathrm{Re}(\sigma_{\mathrm{HV}}) - g_{\mathrm{HV3}} \mathrm{Im}(\sigma_{\mathrm{HV}}))}{|\Sigma_{\mathrm{HV}}|} \right\}$$

$$\tag{4.44}$$

对于 Stokes 子矢量 $(g_{\mathrm{HV0}}, g_{\mathrm{HV1}}, g_{\mathrm{HV2}})$，有以下变换关系：

$$\psi \begin{bmatrix} x \\ y \\ z \end{bmatrix} = \varphi(\boldsymbol{g}_{\mathrm{HV}}) = \begin{bmatrix} g_{\mathrm{HV0}} \\ g_{\mathrm{HV1}} \\ g_{\mathrm{HV2}} \end{bmatrix} = \begin{bmatrix} \sqrt{g_{\mathrm{HV1}}^2 + g_{\mathrm{HV2}}^2 + g_{\mathrm{HV3}}^2} \\ g_{\mathrm{HV1}} \\ g_{\mathrm{HV2}} \end{bmatrix} \tag{4.45}$$

由式(4.45)可知，其反变换有两个解，记为 $\boldsymbol{g}_{\mathrm{HV}}{}^{(i)} = h^{(i)}(\psi), i = 1, 2$。

当 $i = 1$ 时，有

$$\boldsymbol{g}_{\mathrm{HV}} = \begin{bmatrix} g_{\mathrm{HV1}} \\ g_{\mathrm{HV2}} \\ g_{\mathrm{HV3}} \end{bmatrix} = \begin{bmatrix} y \\ z \\ \sqrt{x^2 - y^2 - z^2} \end{bmatrix} \tag{4.46}$$

对应的雅可比行列式为

$$J_1 \left( \frac{g_{\mathrm{HV1}}, g_{\mathrm{HV2}}, g_{\mathrm{HV3}}}{x, y, z} \right) = \frac{x}{\sqrt{x^2 - y^2 - z^2}} \tag{4.47}$$

当 $i = 2$ 时，其逆变换为

$$\boldsymbol{g}_{\mathrm{HV}} = \begin{bmatrix} x, & y, & -\sqrt{x^2 - y^2 - z^2} \end{bmatrix}^{\mathrm{T}} \tag{4.48}$$

对应的雅可比行列式为

$$J_2 \left( \frac{g_{\mathrm{HV1}}, g_{\mathrm{HV2}}, g_{\mathrm{HV3}}}{x, y, z} \right) = -\frac{x}{\sqrt{x^2 - y^2 - z^2}} \tag{4.49}$$

那么 $\psi$ 的概率密度函数为

$$f_\psi(\psi) = f_{G_{\mathrm{HV}}}(y, z, \sqrt{x^2 - y^2 - z^2}) \left| \frac{x}{\sqrt{x^2 - y^2 - z^2}} \right|$$

$$+ f_{G_{\mathrm{HV}}}(y, z, -\sqrt{x^2 - y^2 - z^2}) \left| \frac{-x}{\sqrt{x^2 - y^2 - z^2}} \right|$$

$$= \frac{x}{\sqrt{x^2-y^2-z^2}}\left[f_{G_{\mathrm{HV}}}\left(y,z,\sqrt{x^2-y^2-z^2}\right)+f_{G_{\mathrm{HV}}}\left(y,z,-\sqrt{x^2-y^2-z^2}\right)\right]$$

$$=\frac{pq\left(\dfrac{x+y}{2}\right)^{p/2-1}\left(\dfrac{x-y}{2}\right)^{p/2-1}}{8\pi\left|\sum_{\mathrm{HV}}\right|\sqrt{x^2-y^2-z^2}}\exp\left\{-\frac{\sigma_{\mathrm{VV}}\left(\dfrac{x+y}{2}\right)^{p/2}+\sigma_{\mathrm{HH}}\left(\dfrac{x-y}{2}\right)^{p/2}}{\left|\Sigma_{\mathrm{HV}}\right|}\right\}$$

$$\cdot\exp\left\{\frac{z\left(\dfrac{x+y}{2}\right)^{p/4-1/2}\left(\dfrac{x-y}{2}\right)^{p/4-1/2}\mathrm{Re}(\sigma_{\mathrm{HV}})}{\left|\Sigma_{\mathrm{HV}}\right|}\right\}$$

$$\cdot\cosh\left\{\frac{\sqrt{x^2-y^2-z^2}\left(\dfrac{x+y}{2}\right)^{p/4-1/2}\left(\dfrac{x-y}{2}\right)^{p/4-1/2}\mathrm{Im}(\sigma_{\mathrm{HV}})}{\left|\Sigma_{\mathrm{HV}}\right|}\right\} \qquad (4.50)$$

为求 IPPV 参数的概率密度分布函数,可令 $x=g_{\mathrm{HV0}}$,故有 $g_{\mathrm{HV1}}=\widetilde{g}_{\mathrm{HV1}}x$,$g_{\mathrm{HV2}}=\widetilde{g}_{\mathrm{HV2}}x$。将其代入式(4.50)易得

$$f_{X\widetilde{G}_1\widetilde{G}_2}(x,\widetilde{g}_{\mathrm{HV1}},\widetilde{g}_{\mathrm{HV2}})=\frac{p^2\left(\dfrac{1+\widetilde{g}_{\mathrm{HV1}}}{2}\right)^{p/2-1}\left(\dfrac{1-\widetilde{g}_{\mathrm{HV1}}}{2}\right)^{p/2-1}}{8\pi\left|\Sigma_{\mathrm{HV}}\right|\sqrt{1-\widetilde{g}_{\mathrm{HV1}}^2-\widetilde{g}_{\mathrm{HV2}}^2}}x^{p-1}$$

$$\cdot\exp\left\{-\frac{\sigma_{\mathrm{VV}}\left(\dfrac{1+\widetilde{g}_{\mathrm{HV1}}}{2}\right)^{p/2}x^{p/2}+\sigma_{\mathrm{HH}}\left(\dfrac{1-\widetilde{g}_{\mathrm{HV1}}}{2}\right)^{p/2}x^{p/2}}{\left|\Sigma_{\mathrm{HV}}'\right|}\right\}$$

$$\cdot\exp\left\{\frac{\widetilde{g}_{\mathrm{HV2}}\left(\dfrac{1+\widetilde{g}_{\mathrm{HV1}}}{2}\right)^{p/4-1/2}\left(\dfrac{1-\widetilde{g}_{\mathrm{HV1}}}{2}\right)^{p/4-1/2}\mathrm{Re}(\sigma_{\mathrm{HV}})}{\left|\Sigma_{\mathrm{HV}}\right|}x^{\frac{p}{2}}\right\}$$

$$\cdot\cosh\left\{\frac{\sqrt{1-\widetilde{g}_{\mathrm{HV1}}^2-\widetilde{g}_{\mathrm{HV2}}^2}\left(\dfrac{1+\widetilde{g}_{\mathrm{HV1}}}{2}\right)^{p/4-1/2}\left(\dfrac{1-\widetilde{g}_{\mathrm{HV1}}}{2}\right)^{p/4-1/2}\mathrm{Im}(\sigma_{\mathrm{HV}})}{\left|\Sigma_{\mathrm{HV}}\right|}x^{\frac{p}{2}}\right\}$$

$$=Ax^{p-1}\exp(-hx^{p/2}-lx^{p/2})\exp(fx^{\frac{p}{2}})\cosh(kx^{\frac{p}{2}}) \qquad (4.51)$$

式中

$$A=\frac{p^2\left(\dfrac{1+\widetilde{g}_{\mathrm{HV1}}}{2}\right)^{p/2-1}\left(\dfrac{1-\widetilde{g}_{\mathrm{HV1}}}{2}\right)^{p/2-1}}{8\pi\left|\Sigma_{\mathrm{HV}}\right|\sqrt{1-\widetilde{g}_{\mathrm{HV1}}^2-\widetilde{g}_{\mathrm{HV2}}^2}},\quad B=\frac{A}{p}$$

$$h=\frac{\sigma_{\mathrm{VV}}\left(\dfrac{1+\widetilde{g}_{\mathrm{HV1}}}{2}\right)^{p/2}}{\left|\Sigma_{\mathrm{HV}}\right|},\quad l=\frac{\sigma_{\mathrm{HH}}\left(\dfrac{1-\widetilde{g}_{\mathrm{HV1}}}{2}\right)^{p/2}}{\left|\Sigma_{\mathrm{HV}}\right|}$$

$$f=\frac{\widetilde{g}_{\mathrm{HV2}}\left(\dfrac{1+\widetilde{g}_{\mathrm{HV1}}}{2}\right)^{p/4-1/2}\left(\dfrac{1-\widetilde{g}_{\mathrm{HV1}}}{2}\right)^{p/4-1/2}\mathrm{Re}(\sigma_{\mathrm{HV}})}{\left|\Sigma_{\mathrm{HV}}\right|}$$

$$k=\frac{\sqrt{1-\widetilde{g}_{\mathrm{HV1}}^2-\widetilde{g}_{\mathrm{HV2}}^2}\left(\dfrac{1+\widetilde{g}_{\mathrm{HV1}}}{2}\right)^{p/4-1/2}\left(\dfrac{1-\widetilde{g}_{\mathrm{HV1}}}{2}\right)^{p/4-1/2}\mathrm{Im}(\sigma_{\mathrm{IIV}})}{\left|\Sigma_{\mathrm{HV}}\right|}$$

对式(4.51)中的 $x$ 积分可得

$$f_{\widetilde{G}_1\widetilde{G}_2}(\widetilde{g}_{HV1},\widetilde{g}_{HV2}) = A\int_0^\infty x^{p-1}\exp(-(h+l-f)x^{p/2})\cosh(kx^{p/2})\,\mathrm{d}x$$

$$= -\frac{2A}{p}\frac{\partial}{\partial h}\int_0^\infty \exp(-(h+l-f)x^{p/2})\cosh(kx^{p/2})\,\mathrm{d}x^{p/2}$$

$$= \frac{A}{p}\left[\frac{1}{(h+l-f-k)^2}+\frac{1}{(h+l-f+k)^2}\right] \qquad (4.52)$$

$$= B\left[\frac{1}{(h+l-f-k)^2}+\frac{1}{(h+l-f+k)^2}\right]$$

式中

$$k = \frac{\widetilde{g}_{HV3}\left(\dfrac{1+\widetilde{g}_{HV1}}{2}\right)^{p/4-1/2}\left(\dfrac{1-\widetilde{g}_{HV1}}{2}\right)^{p/4-1/2}\mathrm{Im}(\sigma_{HV})}{|\Sigma_{HV}|}$$

因此,IPPV 的联合概率密度函数为

$$f_{\widetilde{G}_1\widetilde{G}_2\widetilde{G}_3}(\widetilde{g}_{HV1},\widetilde{g}_{HV2},\widetilde{g}_{HV3}) = C\delta\left(1-\sqrt{\widetilde{g}_{HV1}^2+\widetilde{g}_{HV2}^2+\widetilde{g}_{HV3}^2}\right)\frac{1}{(h+l-f-k)^2}$$

$$(4.53)$$

式中

$$C = \frac{p\left(\dfrac{1+\widetilde{g}_{HV1}}{2}\right)^{p/2-1}\left(\dfrac{1-\widetilde{g}_{HV1}}{2}\right)^{p/2-1}}{8\pi|\Sigma_{HV}|}$$

当 $p=2$ 时,式(4.53)与 Eliyahu[18] 的结果是一致的。

同样可得 $(\widetilde{g}_{HV1},\widetilde{g}_{HV3})$ 的联合概率密度函数为

$$f_{\widetilde{G}_1\widetilde{G}_3}(\widetilde{g}_{HV1},\widetilde{g}_{HV3}) = B\left[\frac{1}{(h+l-f-k)^2}+\frac{1}{(h+l+f-k)^2}\right] \qquad (4.54)$$

式中

$$f = \frac{\sqrt{1-\widetilde{g}_{HV1}^2-\widetilde{g}_{HV3}^2}\left(\dfrac{1+\widetilde{g}_{HV1}}{2}\right)^{p/4-1/2}\left(\dfrac{1-\widetilde{g}_{HV1}}{2}\right)^{p/4-1/2}\mathrm{Re}(\sigma_{HV})}{|\Sigma_{HV}|}$$

$$k = \frac{\widetilde{g}_{HV3}\left(\dfrac{1+\widetilde{g}_{HV1}}{2}\right)^{p/4-1/2}\left(\dfrac{1-\widetilde{g}_{HV1}}{2}\right)^{p/4-1/2}\mathrm{Im}(\sigma_{HV})}{|\Sigma_{HV}|}$$

现在推导 $(\widetilde{g}_{HV2},\widetilde{g}_{HV3})$ 的联合概率密度函数。应用类似的方法可将式(4.50)变为

$$f_\alpha(\alpha) = f_{G_{HV}}\left(\sqrt{x^2-y^2-z^2},y,z\right)\left|\frac{x}{\sqrt{x^2-y^2-z^2}}\right|$$

$$+ f_{G_{HV}}\left(-\sqrt{x^2-y^2-z^2},y,z\right)\left|\frac{-x}{\sqrt{x^2-y^2-z^2}}\right|$$

$$= \frac{x}{\sqrt{x^2-y^2-z^2}}\left[f_{G_{HV}}\left(\sqrt{x^2-y^2-z^2},y,z\right) + f_{G_{HV}}\left(-\sqrt{x^2-y^2-z^2},y,z\right)\right]$$

$$= \frac{p^2\left(\dfrac{y^2+z^2}{2}\right)^{p/2-1}}{16\pi\,|\Sigma_{HV}|\sqrt{x^2-y^2-z^2}}\exp\left\{\frac{y\left(\dfrac{y^2+z^2}{2}\right)^{p/4-1/2}\mathrm{Re}(\sigma_{HV})}{|\Sigma_{HV}|}\right\}$$

$$\cdot \exp\left\{\frac{z\left(\dfrac{y^2+z^2}{2}\right)^{p/4-1/2}\mathrm{Im}(\sigma_{HV})}{|\Sigma_{HV}|}\right\}$$

$$\cdot \left\{\exp\left\{-\frac{\sigma_{VV}\left(\dfrac{x+\sqrt{x^2-y^2-z^2}}{2}\right)^{p/2} + \sigma_{HH}\left(\dfrac{x-\sqrt{x^2-y^2-z^2}}{2}\right)^{p/2}}{|\Sigma_{HV}|}\right\}\right.$$

$$\left. + \exp\left\{-\frac{\sigma_{VV}\left(\dfrac{x-\sqrt{x^2-y^2-z^2}}{2}\right)^{p/2} + \sigma_{HH}\left(\dfrac{x+\sqrt{x^2-y^2-z^2}}{2}\right)^{p/2}}{|\Sigma_{HV}|}\right\}\right\}$$

$$(4.55)$$

$\alpha$ 定义为矢量

$$\psi\begin{bmatrix}x\\y\\z\end{bmatrix} = \varphi(\boldsymbol{g}_{HV}) = \begin{bmatrix}g_{HV0}\\g_{HV2}\\g_{HV3}\end{bmatrix} = \begin{bmatrix}\sqrt{g_{HV1}^2+g_{HV2}^2+g_{HV3}^2}\\g_{HV2}\\g_{HV3}\end{bmatrix} \quad (4.56)$$

由式(4.55)易知

$$f_\alpha(\alpha_+) = \frac{p^2\left(\dfrac{y^2+z^2}{2}\right)^{p/2-1}}{16\pi\,|\Sigma_{HV}|\sqrt{x^2-y^2-z^2}}\exp\left\{\frac{y\left(\dfrac{y^2+z^2}{2}\right)^{p/4-1/2}\mathrm{Re}(\sigma_{HV})}{|\Sigma_{HV}|}\right\}$$

$$\cdot \exp\left\{\frac{z\left(\dfrac{y^2+z^2}{2}\right)^{p/4-1/2}\mathrm{Im}(\sigma_{HV})}{|\Sigma_{HV}|}\right\}$$

$$\cdot \exp\left\{-\frac{\sigma_{VV}\left(\dfrac{x+\sqrt{x^2-y^2-z^2}}{2}\right)^{p/2} + \sigma_{HH}\left(\dfrac{x-\sqrt{x^2-y^2-z^2}}{2}\right)^{p/2}}{|\Sigma_{HV}|}\right\}$$

$$(4.57)$$

和

$$f_\alpha(\alpha_-) = \frac{p^2\left(\dfrac{y^2+z^2}{2}\right)^{p/2-1}}{16\pi\,|\Sigma_{HV}|\sqrt{x^2-y^2-z^2}}\exp\left\{\frac{y\left(\dfrac{y^2+z^2}{2}\right)^{p/4-1/2}\mathrm{Re}(\sigma_{HV})}{|\Sigma_{HV}|}\right\}$$

$$\cdot \exp\left\{\frac{z\left(\dfrac{y^2+z^2}{2}\right)^{p/4-1/2}\mathrm{Im}(\sigma_{HV})}{|\Sigma_{HV}|}\right\}$$

$$\cdot \exp\left\{-\frac{\sigma_{VV}\left(\dfrac{x-\sqrt{x^2-y^2-z^2}}{2}\right)^{p/2}+\sigma_{HH}\left(\dfrac{x+\sqrt{x^2-y^2-z^2}}{2}\right)^{p/2}}{|\Sigma_{HV}|}\right\}$$

$$\tag{4.58}$$

式中，$\alpha_+$ 定义为 $g_{HV1}$ 为正时的矢量；$\alpha_-$ 为 $g_{HV1}$ 为负时的矢量。

令 $x=g_{HV0}$，得 $g_{HV2}=\widetilde{g}_{HV2}x$，$g_{HV3}=\widetilde{g}_{HV3}x$。由式(4.57)得

$$f_{X\widetilde{G}_2\widetilde{G}_{3+}}(x,\widetilde{g}_{HV2},\widetilde{g}_{HV3})$$

$$=\frac{p^2\left(\dfrac{\widetilde{g}^2_{\ HV2}+\widetilde{g}^2_{HV3}}{4}\right)^{p/2-1}}{16\pi|\Sigma_{HV}|\sqrt{1-\widetilde{g}^2_{HV2}-\widetilde{g}^2_{HV3}}}x^{p-1}$$

$$\cdot \exp\left\{-\frac{\sigma_{VV}\left(\dfrac{1+\sqrt{1-\widetilde{g}^2_{HV2}-\widetilde{g}^2_{HV3}}}{2}\right)^{p/2}x^{p/2}+\sigma_{HH}\left(\dfrac{1-\sqrt{1-\widetilde{g}^2_{HV2}-\widetilde{g}^2_{HV3}}}{2}\right)^{p/2}x^{p/2}}{|\Sigma_{HV}|}\right\}$$

$$\cdot \exp\left\{\frac{\widetilde{g}_{HV2}\left(\dfrac{\widetilde{g}^2_{HV2}+\widetilde{g}^2_{HV3}}{4}\right)^{p/4-1/2}\mathrm{Re}(\sigma_{HV})}{|\Sigma_{HV}|}x^{\frac{p}{2}}\right\}$$

$$\cdot \exp\left\{\frac{\widetilde{g}_{HV3}\left(\dfrac{\widetilde{g}^2_{HV2}+\widetilde{g}^2_{HV3}}{4}\right)^{p/4-1/2}\mathrm{Im}(\sigma_{HV})}{|\Sigma_{HV}|}x^{\frac{p}{2}}\right\}$$

$$=Ax^{p-1}\exp(-hx^{p/2}-lx^{p/2})\exp(fx^{\frac{p}{2}})\exp(kx^{\frac{p}{2}}) \tag{4.59}$$

式中

$$A=\frac{p^2\left(\dfrac{\widetilde{g}^2_{HV2}+\widetilde{g}^2_{HV3}}{4}\right)^{p/2-1}}{16\pi|\Sigma_{HV}|\sqrt{1-\widetilde{g}^2_{HV2}-\widetilde{g}^2_{HV3}}},\quad h_+=\frac{\sigma_{VV}\left(\dfrac{1+\sqrt{1-\widetilde{g}^2_{HV2}-\widetilde{g}^2_{HV3}}}{2}\right)^{p/2}}{|\Sigma_{HV}|}$$

$$l_+=\frac{\sigma_{HH}\left(\dfrac{1-\sqrt{1-\widetilde{g}^2_{HV2}-\widetilde{g}^2_{HV3}}}{2}\right)^{p/2}}{|\Sigma_{HV}|},\quad f=\frac{\widetilde{g}_{HV2}\left(\dfrac{\widetilde{g}^2_{HV2}+\widetilde{g}^2_{HV3}}{4}\right)^{p/4-1/2}\mathrm{Re}(\sigma_{HV})}{|\Sigma_{HV}|}$$

$$k=\frac{\widetilde{g}_{HV3}\left(\dfrac{\widetilde{g}^2_{HV2}+\widetilde{g}^2_{HV3}}{4}\right)^{p/4-1/2}\mathrm{Im}(\sigma_{HV})}{|\Sigma_{HV}|}$$

对式(4.59)中的 $x$ 积分可得

$$f_{\widetilde{G}_2\widetilde{G}_{3+}}(\widetilde{g}_{HV2},\widetilde{g}_{HV3})=A\int_0^{\infty}x^{p-1}\exp(-(h_++l_+-f-k)x^{p/2})\mathrm{d}x$$

$$= -\frac{2A}{p} \frac{\partial}{\partial h} \int_0^\infty \exp(-(h_+ + l_+ - f - k)x^{p/2}) \mathrm{d}x^{p/2}$$

$$= \frac{2A}{p} \frac{1}{(h_+ + l_+ - f - k)^2} \tag{4.60}$$

同理可得

$$f_{\widetilde{G}_2\widetilde{G}_{3-}}(\widetilde{g}_{\mathrm{HV2}}, \widetilde{g}_{\mathrm{HV3}}) = A\int_0^\infty x^{p-1} \exp(-(h_- + l_- - f - k)x^{p/2}) \mathrm{d}x$$

$$= -\frac{2A}{p} \frac{\partial}{\partial h} \int_0^\infty \exp(-(h_- + l_- - f - k)x^{p/2}) \mathrm{d}x^{p/2}$$

$$= \frac{2A}{p} \frac{1}{(h_- + l_- - f - k)^2} \tag{4.61}$$

因此，$(\widetilde{g}_{\mathrm{HV2}}, \widetilde{g}_{\mathrm{HV3}})$ 的联合概率密度为

$$f_{\widetilde{G}_2\widetilde{G}_3}(\widetilde{g}_{\mathrm{HV2}}, \widetilde{g}_{\mathrm{HV3}}) = \frac{2A}{p}\left(\frac{1}{(h_+ + l_+ - f - k)^2} + \frac{1}{(h_- + l_- - f - k)^2}\right) \tag{4.62}$$

式中

$$h_- = \frac{\sigma_{\mathrm{VV}}\left(\dfrac{1 - \sqrt{1 - \widetilde{g}_{\mathrm{HV2}}^2 - \widetilde{g}_{\mathrm{HV3}}^2}}{2}\right)^{p/2}}{|\Sigma_{\mathrm{HV}}|}, \quad l_- = \frac{\sigma_{\mathrm{HH}}\left(\dfrac{1 + \sqrt{1 - \widetilde{g}_{\mathrm{HV2}}^2 - \widetilde{g}_{\mathrm{HV3}}^2}}{2}\right)^{p/2}}{|\Sigma_{\mathrm{HV}}|}$$

由式(4.11)得

$$f(A_{\mathrm{H}}, A_{\mathrm{V}}) = \frac{pq A_{\mathrm{H}}^{(p-2)/2} A_{\mathrm{V}}^{(p-2)/2}}{4|\Sigma_{\mathrm{HV}}|} \exp\left\{-\frac{\sigma_{\mathrm{VV}} A_{\mathrm{H}}^{p/2} + \sigma_{\mathrm{HH}} A_{\mathrm{V}}^{p/2}}{|\Sigma_{\mathrm{HV}}|}\right\} \mathrm{I}_0\left[\frac{2|\sigma_{\mathrm{HV}}| A_{\mathrm{H}}^{p/4} A_{\mathrm{V}}^{p/4}}{|\Sigma_{\mathrm{HV}}|}\right] \tag{4.63}$$

式中，$A_{\mathrm{H}}$、$A_{\mathrm{V}}$ 为两通道的强度变量。易得其与 Stokes 参数的关系为

$$g_{\mathrm{HV0}} = A_{\mathrm{H}} + A_{\mathrm{V}}, \quad g_{\mathrm{HV1}} = A_{\mathrm{H}} - A_{\mathrm{V}} \tag{4.64}$$

所以

$$f(g_{\mathrm{HV0}}, g_{\mathrm{HV1}}) = \frac{p^2 \left(\dfrac{g_{\mathrm{HV0}} + g_{\mathrm{HV1}}}{2}\right)^{p/2-1} \left(\dfrac{g_{\mathrm{HV0}} - g_{\mathrm{HV1}}}{2}\right)^{p/2-1}}{8|\Sigma_{\mathrm{HV}}|}$$

$$\cdot \exp\left\{-\frac{\sigma_{\mathrm{VV}} \left(\dfrac{g_{\mathrm{HV0}} + g_{\mathrm{HV1}}}{2}\right)^{p/2} + \sigma_{\mathrm{HH}} \left(\dfrac{g_{\mathrm{HV0}} + g_{\mathrm{HV1}}}{2}\right)^{p/2}}{|\Sigma_{\mathrm{HV}}|}\right\} \tag{4.65}$$

$$\cdot \mathrm{I}_0\left[\frac{2|\sigma_{\mathrm{HV}}| \left(\dfrac{g_{\mathrm{HV0}} + g_{\mathrm{HV1}}}{2}\right)^{p/4} \left(\dfrac{g_{\mathrm{HV0}} + g_{\mathrm{HV1}}}{2}\right)^{p/4}}{|\Sigma_{\mathrm{HV}}|}\right]$$

令 $a = g_{HV0}$，$b = \dfrac{g_{HV1}}{g_{HV0}}$，得

$$f_{AB}(a,b) = g_{HV0} f(g_{HV0}, g_{HV1}) = a f(a, ab) \tag{4.66}$$

故

$$
\begin{aligned}
f(\widetilde{g}_{HV1}) &= A \int_0^\infty x^{p-1} \exp\{-(h+l)x^{p/2}\} \mathrm{I}_0[k x^{p/2}] \, \mathrm{d}x \\
&= A\left(-\frac{2}{p}\right) \frac{\partial}{\partial h} \int_0^\infty \exp[-(h+l)x^{p/2}] \mathrm{I}_0[k x^{p/2}] \, \mathrm{d}x^{p/2} \\
&= \frac{-2A}{p} \frac{\partial}{\partial h} \int_0^\infty \exp[-(h+l)t] \mathrm{I}_0[kt] \, \mathrm{d}t \\
&= \frac{2A(h+l)}{p\,[(h+l)^2 - k^2]^{3/2}}
\end{aligned} \tag{4.67}
$$

式中

$$
A = \frac{p^2 \left(\dfrac{1+b}{2}\right)^{p/2-1} \left(\dfrac{1-b}{2}\right)^{p/2-1}}{8\,|\Sigma_{HV}|}, \qquad
h = \frac{\sigma_{VV} \left(\dfrac{1+b}{2}\right)^{p/2}}{|\Sigma_{HV}|}
$$

$$
l = \frac{\sigma_{HH} \left(\dfrac{1-b}{2}\right)^{p/2}}{|\Sigma_{HV}|}, \qquad
k = \frac{2\,|\sigma_{HV}| \left(\dfrac{1+b}{2}\right)^{p/4} \left(\dfrac{1-b}{2}\right)^{p/4}}{|\Sigma_{HV}|}
$$

令 $B = \dfrac{A}{p}$，式（4.67）简化为

$$f(\widetilde{g}_{HV1}) = \frac{2A(h+l)}{p\,[(h+l)^2 - k^2]^{3/2}} = \frac{2B(h+l)}{[(h+l)^2 - k^2]^{3/2}} \tag{4.68}$$

另外两个 IPPV 参数的概率密度函数为

$$
\begin{aligned}
f(\widetilde{g}_{HV2}) &= \int_{-1}^1 f_{\widetilde{G}_1 \widetilde{G}_2}(\widetilde{g}_{HV1}, \widetilde{g}_{HV2}) \, \mathrm{d}\widetilde{g}_{HV1} \\
f(\widetilde{g}_{HV3}) &= \int_{-1}^1 f_{\widetilde{G}_1 \widetilde{G}_3}(\widetilde{g}_{HV1}, \widetilde{g}_{HV3}) \, \mathrm{d}\widetilde{g}_{HV1}
\end{aligned} \tag{4.69}
$$

因为 Weibull 分布变量不是球不变变量，所以式（4.69）不能简化为式（4.68）的形式。

### 4.1.5　仿真实验与结果分析

1. Weibull 分布电磁信号的仿真方法

首先从简单的复高斯分布出发，得出在特征基下两路独立随机电磁信号，然后通过极化基变换的方法，产生一般极化基下复高斯分布随机电磁信号；然后利

用 Weibull 分布参数与复高斯分布参数的对应关系,将特征极化基下 Weibull 分布随机电磁信号通过与复高斯分布参数的非线性变换关系变换到复高斯特征基下,然后通过复高斯模拟的方法进行处理;针对一般极化基下 Weibull 分布先把极化参数化归到高斯参数,然后变换到特征基下,这样就可以利用上述方法进行处理。

1) 特征极化基下复高斯分布电磁信号的仿真

定义 $(\hat{h}, \hat{v})$ 为一般极化基,$(\hat{a}, \hat{b})$ 为特征极化基。首先考虑极化通道独立情况下的模拟,极化通道相干情况下的模拟可以通过极化基的变换实现。此时

$$\boldsymbol{\Sigma}_{AB} = \langle \boldsymbol{e}_{AB} \, \boldsymbol{e}_{AB}^{\mathrm{H}} \rangle = \begin{bmatrix} \sigma_{AA} & 0 \\ 0 & \sigma_{BB} \end{bmatrix} = \begin{bmatrix} 1 & 0 \\ 0 & \lambda \end{bmatrix} \sigma_{AA} \qquad (4.70)$$

对于水平分量 $E_A = (x_A, y_A)$,其实部和虚部是不相关也就是独立的,且其均值和方差是相同的,为式(4.70)方差的一半,即

$$E(x_A) = E(y_A) = 0, \quad E(x_A^2) = E(y_A^2) = \frac{\sigma_{AA}}{2} \qquad (4.71)$$

同理,对于另一正交极化分量,有

$$E(x_B) = E(y_B) = 0, \quad E(x_B^2) = E(y_B^2) = \frac{\sigma_{BB}}{2} \qquad (4.72)$$

那么复高斯分布随机电磁信号的产生步骤如下:

(1) 根据特征基下的相干矩阵 $\boldsymbol{\Lambda}$,利用式(4.71)和式(4.72)确定各分量的方差;

(2) 根据各分量的方差 $\frac{\sigma_{AA}}{2}$、$\frac{\sigma_{BB}}{2}$ 生成 $N$ 个独立同分布的正态随机变量,重复四次,得到四维正交正态分布,也就是特征基下随机变量 $(x_A, y_A, x_B, y_B)^{\mathrm{T}}$,这样就完成了特征极化基下的高斯分布极化信号模拟。

下面给出仿真实例,不妨假定相干矩阵为 $\boldsymbol{\Lambda} = \begin{bmatrix} 1 & 0 \\ 0 & 2 \end{bmatrix}$,样本数为 $10^4$,单通道幅度概率密度理论值与仿真值如图 4.1 所示,可见两者是一致的。

2) 一般极化基下复高斯分布电磁信号的仿真

对于一般极化基下随机电磁信号,可以首先仿真特征极化基下的信号,然后通过极化基的变化得到期望的一般极化基下的随机电磁信号。

极化基坐标矢量的变换公式为[21]

$$E(\boldsymbol{HV}) = \boldsymbol{U}^{\mathrm{H}} E(\boldsymbol{AB}) \qquad (4.73)$$

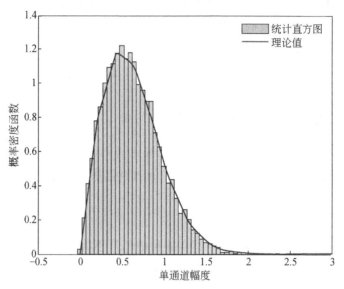

图 4.1　特征极化基下幅度概率密度函数的理论值与仿真值

相干矩阵的变换公式为[21]

$$\boldsymbol{\Sigma}_{\mathrm{HV}} = \boldsymbol{U}^{\mathrm{H}} \boldsymbol{\Lambda} \boldsymbol{U} \tag{4.74}$$

式中,$\boldsymbol{U}$ 为二阶酉矩阵,$\boldsymbol{U}^{\mathrm{H}} = \boldsymbol{U}^{-1}$;$\boldsymbol{\Lambda}$ 为特征相干矩阵,为对角阵,可以记为 $\boldsymbol{\Lambda} = \begin{bmatrix} \sigma_{AA} & 0 \\ 0 & \sigma_{BB} \end{bmatrix}$。

这样,一般极化基下的复高斯分布随机电磁信号仿真步骤为:

(1) 根据相干矩阵 $\begin{bmatrix} \sigma_{HH} & \sigma_{HV} \\ \sigma_{VH} & \sigma_{VV} \end{bmatrix}$,进行对角化处理,得到特征基下的相干矩阵 $\boldsymbol{\Lambda} = \begin{bmatrix} \sigma_{AA} & 0 \\ 0 & \sigma_{BB} \end{bmatrix}$ 以及基变换过渡矩阵 $\boldsymbol{U}$;

(2) 基于特征基下相干矩阵,根据各分量的方差 $\frac{\sigma_{AA}}{2}$、$\frac{\sigma_{BB}}{2}$ 生成 $N$ 个独立同分布的正态随机变量,重复四次,得到四维正交正态分布,也就是特征基下随机变量 $(x_A, y_A, x_B, y_B)^{\mathrm{T}}$;

(3) 根据(1)中得到的过渡矩阵以及极化基变换公式,将上述生成的正态随机变量进行逆基变换,得到满足一般极化基下的概率密度分布的随机变量 $(x_{\mathrm{H}}, y_{\mathrm{H}}, x_{\mathrm{V}}, y_{\mathrm{V}})^{\mathrm{T}}$。

下面给出仿真实例,不妨假设此时的复高斯相干矩阵为 $\boldsymbol{\Sigma}_{\mathrm{HV}}=\begin{bmatrix} 2 & 1+\mathrm{j} \\ 1-\mathrm{j} & 3 \end{bmatrix}$,仿真样本数为 $10^4$,单通道幅度概率密度理论值与仿真直方图分布如图 4.2 所示,可见精确度很高。通过对多次仿真进行统计分析表明,仿真的理论值与真实值相差很小,其标准差小于 $10^{-2}$ 数量级,精度很高。

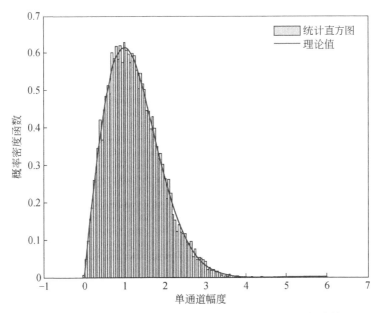

图 4.2  一般极化基下幅度概率密度函数的理论值与仿真值

3) Weibull 分布电磁信号的仿真

令 Weibull 分布电磁信号在极化正交基 $(\hat{\boldsymbol{h}},\hat{\boldsymbol{v}})$ 下的分量为 $\boldsymbol{e}_{\mathrm{HV}}=(E_{\mathrm{H}},E_{\mathrm{V}})^{\mathrm{T}}=(u_{\mathrm{H}},v_{\mathrm{H}},u_{\mathrm{V}},v_{\mathrm{V}})^{\mathrm{T}}$,其中水平 Weibull 分布形状参数为 $p$,垂直 Weibull 分布形状参数为 $q$;$(x_{\mathrm{H}},y_{\mathrm{H}},x_{\mathrm{V}},y_{\mathrm{V}})^{\mathrm{T}}$ 为与之相应的复高斯分布随机矢量,概率分布满足式(4.1),对应关系为

$$
\begin{aligned}
u_{\mathrm{H}}=x_{\mathrm{H}}(x_{\mathrm{H}}^2+y_{\mathrm{H}}^2)^{1/p-1/2}, \quad v_{\mathrm{H}}=y_{\mathrm{H}}(x_{\mathrm{H}}^2+y_{\mathrm{H}}^2)^{1/p-1/2} \\
u_{\mathrm{V}}=x_{\mathrm{V}}(x_{\mathrm{V}}^2+y_{\mathrm{V}}^2)^{1/q-1/2}, \quad v_{\mathrm{V}}=y_{\mathrm{V}}(x_{\mathrm{V}}^2+y_{\mathrm{V}}^2)^{1/q-1/2}
\end{aligned} \tag{4.75}
$$

令 $a_{\mathrm{H}}=(u_{\mathrm{H}}^2+v_{\mathrm{H}}^2)^{1/2}$,$\varphi_{\mathrm{H}}=\arctan\dfrac{v_{\mathrm{H}}}{u_{\mathrm{H}}}$;$a_{\mathrm{V}}=(u_{\mathrm{V}}^2+v_{\mathrm{V}}^2)^{1/2}$,$\varphi_{\mathrm{V}}=\arctan\dfrac{v_{\mathrm{V}}}{u_{\mathrm{V}}}$,那么易得

$$
f(a_{\mathrm{H}},a_{\mathrm{V}},\varphi)=\frac{pqa_{\mathrm{H}}^{p-1}a_{\mathrm{V}}^{q-1}}{2\pi\,|\boldsymbol{\Sigma}_{\mathrm{HV}}|}\exp\left\{-\frac{\sigma_{\mathrm{VV}}a_{\mathrm{H}}^p+\sigma_{\mathrm{HH}}a_{\mathrm{V}}^q-2\,|\sigma_{\mathrm{HV}}|\,a_{\mathrm{H}}^{p/2}a_{\mathrm{V}}^{q/2}\cos(\varphi+\beta_{\mathrm{HV}})}{|\boldsymbol{\Sigma}_{\mathrm{HV}}|}\right\}
$$

$$\tag{4.76}$$

式中，$\sigma_{HV} = |\sigma_{HV}| e^{j\theta_{HV}}$。经推导其 Weibull 相干参数与高斯分布相干参数的关系如式(4.24)所示。

这样，Weibull 分布电磁信号的模拟步骤如下：

(1) 根据以上公式，由 Weibull 参数 $\begin{bmatrix} \sigma_{uHuH} & \sigma_{uHuV} \\ \sigma_{uVuH} & \sigma_{uVuV} \end{bmatrix}$ 推出相应的高斯分布参数 $\begin{bmatrix} \sigma_{HH} & \sigma_{HV} \\ \sigma_{VH} & \sigma_{VV} \end{bmatrix}$，也可以将参数对应关系制成表格进行查表得到；

(2) 根据得到的高斯相干矩阵 $\begin{bmatrix} \sigma_{HH} & \sigma_{HV} \\ \sigma_{VH} & \sigma_{VV} \end{bmatrix}$ 进行对角化处理，得到特征基下的相干矩阵 $\begin{bmatrix} \sigma_{AA} & 0 \\ 0 & \sigma_{BB} \end{bmatrix}$ 以及基变换过渡矩阵 $U$；

(3) 基于特征基下相干矩阵，根据各分量的方差 $\sigma_{AA}/2$、$\sigma_{BB}/2$ 生成 $N$ 个独立同分布的正态随机变量，重复四次，得到四维正交正态分布，也就是 $(x_A, y_A, x_B, y_B)^T$；

(4) 利用过渡矩阵 $U$，将上述生成的正态随机变量进行逆基变换，得到符合一般极化基下的概率密度分布的正态随机变量 $(x_H, y_H, x_V, y_V)^T$；

(5) 对(4)中生成的随机变量进行 Weibull 参数的处理，即按照式(4.75)变换，这样就得到了所需的 Weibull 分布随机电磁波的随机变量 $(u_H, v_H, u_V, v_V)^T$。

Weibull 随机矢量仿真流程如图 4.3 所示。

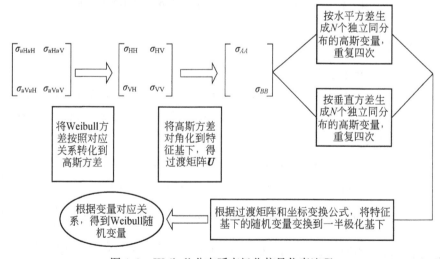

图 4.3　Weibull 分布瞬态极化信号仿真流程

　　下面给出仿真实例，针对一个特定的 Weibull 分布进行仿真验证以上算法的正确性。令 $p=1.5, q=2$，此时的互协方差系数为 $\dfrac{|\sigma_{HV}||\sigma_{HH}^{1/6}|}{2}\Gamma\left(\dfrac{13}{6}\right)$，自协方差为 $E(u_{H}u_{H})=\dfrac{1}{2}\sigma_{HH}^{2/p}\Gamma\left(1+\dfrac{2}{p}\right)$，另一通道的自协方差 $E(u_{V}u_{V})=\dfrac{1}{2}\sigma_{VV}^{2/q}\Gamma\left(1+\dfrac{2}{q}\right)$，

这样，如果 Weibull 相干矩阵为 $\begin{bmatrix} \Gamma\left(\dfrac{7}{3}\right) & \Gamma\left(\dfrac{13}{6}\right)\dfrac{(1+\mathrm{j}\sqrt{3})}{2} \\ \Gamma\left(\dfrac{13}{6}\right)\dfrac{(1-\mathrm{j}\sqrt{3})}{2} & 5 \end{bmatrix}$，即

$E(u_{H}u_{H})=\dfrac{1}{2}\Gamma\left(\dfrac{7}{3}\right)$，$E(u_{V}u_{V})=\dfrac{5}{2}$，互协方差系数为 $\Gamma\left(\dfrac{13}{6}\right)$，$\beta_{HV}=\pi/3$，那么可知此时的复高斯方差阵为 $\begin{bmatrix} 1 & 1+\mathrm{j}\sqrt{3} \\ 1-\mathrm{j}\sqrt{3} & 5 \end{bmatrix}$。下面对其进行对角化，采用（2）中的方法求解即可。

　　仿真样本数为 $10^{4}$，单通道幅度概率密度理论值与仿真直方图如图 4.4 所示，可见精确度是很高的。

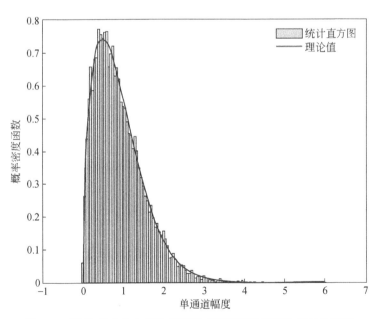

图 4.4　Weibull 分布电磁波幅度概率密度函数的理论值与仿真值

## 2. 仿真实验设计与结果分析

为了验证以上理论推导的正确性,用计算机来模拟 Weibull 分布电磁波的概率密度分布统计直方图,并与理论值进行比较。当然,实际的 Weibull 分布参数要通过具体的环境获得,然后通过式(4.20)～式(4.22)获取对应的高斯分布参数。

这里假设高斯分布参数为 $\boldsymbol{\Sigma}_{\mathrm{HV}} = \begin{bmatrix} \sigma_{\mathrm{HH}} & \sigma_{\mathrm{HV}} \\ \sigma_{\mathrm{VH}} & \sigma_{\mathrm{VV}} \end{bmatrix} = \begin{bmatrix} 1 & \sqrt{2}\,(1+\mathrm{j}) \\ \sqrt{2}\,(1-\mathrm{j}) & 8 \end{bmatrix}$ 且 Weibull 形状参数为 $p=3$,易知其水平、垂直尺度参数分别为 $q_{\mathrm{H}}=1$,$q_{\mathrm{V}}=2$,且其方差矩阵为

$$\boldsymbol{W}_{\mathrm{HV}} = \begin{bmatrix} 0.902745 & 0.89186(1+\mathrm{j}) \\ 0.89186(1-\mathrm{j}) & 3.61098 \end{bmatrix}$$

椭圆参数的概率密度分布函数的参数为

$$c = \left( \frac{1}{2} + \frac{(1-\varepsilon^2)\cos 2\tau}{2(1+\varepsilon^2)} \right), \quad d = \left( \frac{1}{2} - \frac{(1-\varepsilon^2)\cos 2\tau}{2(1+\varepsilon^2)} \right), \quad B = \frac{9(1-\varepsilon^2)c^{1/2}d^{1/2}}{16\pi\,(1+\varepsilon^2)^2}$$

$$f = \frac{\sqrt{2}\,(1-\varepsilon^2)\sin(2\tau)c^{1/4}d^{1/4}}{4(1+\varepsilon^2)}, \quad h=2, \quad l=\frac{1}{4}, \quad k=\frac{\sqrt{2}\,\varepsilon d^{1/4}c^{1/4}}{2(1+\varepsilon^2)}$$

如果 $\tau$ 定义为波的矢量端点与椭圆长轴的夹角,那么式(4.39)变为

$$f(\varepsilon, \tau_+) = \frac{2B}{3} \left[ \frac{1}{(2c^{3/2} + d^{3/2}/4 + k - f)^2} \right] \tag{4.77}$$

如果 $\tau$ 定义为波的矢量端点与椭圆短轴的夹角,那么式(4.40)变为

$$f(\varepsilon, \tau_-) = \frac{2B}{3} \left[ \frac{1}{(2d^{3/2} + c^{3/2}/4 + k + f)^2} \right] \tag{4.78}$$

很明显,两者之间满足 $f(\varepsilon, \tau_+) = f\left(\varepsilon, \dfrac{\pi}{2} - \tau_-\right)$。

IPPV 参数的概率密度分布的参数为

$$A = \frac{9\left(\dfrac{\widetilde{g}_{\mathrm{HV2}}^2 + \widetilde{g}_{\mathrm{HV3}}^2}{4}\right)^{1/2}}{64\pi\sqrt{1 - \widetilde{g}_{\mathrm{HV2}}^2 - \widetilde{g}_{\mathrm{HV3}}^2}}, \quad h_+ = 2\left(\frac{1 + \sqrt{1 - \widetilde{g}_{\mathrm{HV2}}^2 - \widetilde{g}_{\mathrm{HV3}}^2}}{2}\right)^{3/2}$$

$$l_+ = \frac{\left(\dfrac{1 - \sqrt{1 - \widetilde{g}_{\mathrm{HV2}}^2 - \widetilde{g}_{\mathrm{HV3}}^2}}{2}\right)^{3/2}}{4}, \quad f = \frac{\widetilde{g}_{\mathrm{HV2}}\,(\widetilde{g}_{\mathrm{HV2}}^2 + \widetilde{g}_{\mathrm{HV3}}^2)^{1/4}}{4}$$

$$k = \frac{\widetilde{g}_{\mathrm{HV3}}\,(\widetilde{g}_{\mathrm{HV2}}^2 + \widetilde{g}_{\mathrm{HV3}}^2)^{1/4}}{4}, \quad h_- = 2\left(\frac{1 - \sqrt{1 - \widetilde{g}_{\mathrm{HV2}}^2 - \widetilde{g}_{\mathrm{HV3}}^2}}{2}\right)^{3/2}$$

$$l_{-}=\frac{\left[\dfrac{1+\sqrt{1-\tilde{g}_{HV2}^{2}-\tilde{g}_{HV3}^{2}}}{2}\right]^{3/2}}{4}$$

因此，$(\tilde{g}_{HV2},\tilde{g}_{HV3})$ 的联合概率密度为

$$f_{\tilde{G}_{2}\tilde{G}_{3}}(\tilde{g}_{HV2},\tilde{g}_{HV3})=\frac{2A}{3}\left(\frac{1}{(h_{+}+l_{+}-f-k)^{2}}+\frac{1}{(h_{-}+l_{-}-f-k)^{2}}\right)\quad(4.79)$$

若

$$B=\frac{3\left(\dfrac{1+\tilde{g}_{HV1}}{2}\right)^{1/2}\left(\dfrac{1-\tilde{g}_{HV1}}{2}\right)^{1/2}}{32},\quad h=2\left(\frac{1+\tilde{g}_{HV1}}{2}\right)^{3/2}$$

$$l=\frac{\left(\dfrac{1-\tilde{g}_{HV1}}{2}\right)^{3/2}}{4},\quad k=\left(\frac{1+\tilde{g}_{HV1}}{2}\right)^{3/4}\left(\frac{1-\tilde{g}_{HV1}}{2}\right)^{3/4}$$

则 IPPV 的第一分量的概率密度函数为

$$f(\tilde{g}_{HV1})=\frac{2B(h+l)}{\left[(h+l)^{2}-k^{2}\right]^{3/2}}\quad(4.80)$$

通过以上分析，绘制出其仿真值（$10^{4}$ 次蒙特卡罗仿真结果）与理论值的曲线，如图 4.5～图 4.9 所示。

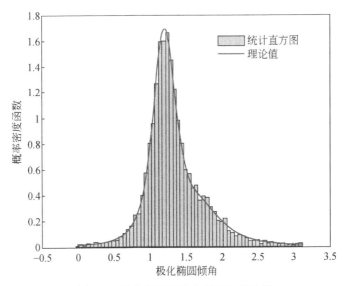

图 4.5　极化椭圆倾角仿真值与理论值

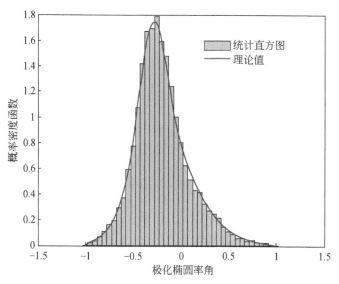

图 4.6　极化椭圆率角仿真值与理论值

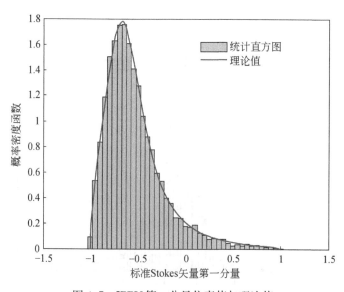

图 4.7　IPPV 第一分量仿真值与理论值

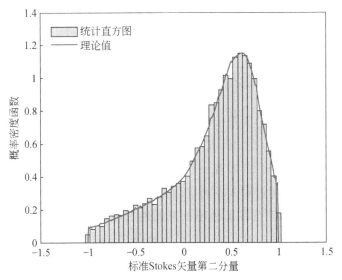

图 4.8　IPPV 第二分量仿真值与理论值

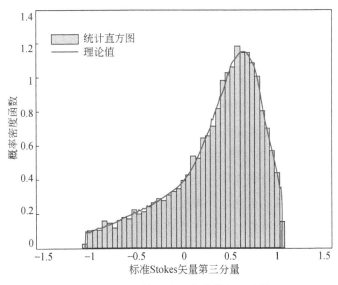

图 4.9　IPPV 第三分量仿真值与理论值

　　由以上各图可以看出,其椭圆倾角集中在 1.2rad 左右,这对目标的检测、识别等后续信息处理是相当有利的。由图 4.6 可见,极化椭圆率角正切值基本位于 $-0.2$ 左右,电磁波的椭圆率角特性还是比较集中的。图 4.7~图 4.9 的理论值稍带锯齿,这是由数值积分不够准确造成的,理论上它是光滑曲线,这并不影响统计直方图与理论值的比较。可以看出,仿真值与理论值是一致的。

## 4.2　K 分布电磁波极化的统计特性

对于早期的雷达系统,受限于较低的雷达分辨率,分辨单元内的杂波由大量独立同分布的随机散射信号叠加而成,根据中心极限定理,在描述杂波统计特性时常采用高斯分布统计分布模型(或者采用瑞利模型表征杂波幅度分布)。然而随着高分辨雷达设备的出现,通过对实际测量杂波数据的统计研究发现,除了传统高斯模型,许多非高斯类统计模型在某些场景下展现出较高斯模型更好的拟合效果,例如,对海杂波采用高分辨雷达系统并以低擦地角观测时,一方面分辨单元中仅存在有限数量的散射点;另一方面海浪的起伏可能造成更大的散射截面积,从而出现“海尖峰”现象,这些尖峰使得杂波幅度的分布具有了更长的“拖尾”,从而背离了高斯分布,具有了非高斯分布的统计特性,文献[23]通过对实测数据的研究指出,K 分布更适合描述单个极化通道中杂波信号的统计特性。

K 分布由 Jakeman 在 1980 年研究噪声统计特性时提出[24],因其参量能够描述杂波的散射机理,且在特定条件下能够退化为一般的瑞利分布而得到广泛的应用。之后,为适应雷达多通道多脉冲的处理模式,又扩展出了多维 K 分布联合概率密度函数模型。作为复合高斯分布(又称瑞利混合模型[25,26])的典型代表,K 分布矢量可视为局部复高斯矢量与 Gamma 分布随机变量的乘积矢量。

本节主要研究 K 分布随机电磁信号极化的极化统计特性。首先推导 K 分布随机电磁信号幅相的联合概率密度函数;其次介绍一种分离极化技术,得到 K 分布情况下电磁信号等效的极化统计特性;最后重点研究 K 分布情况下随机电磁信号极化度估计量的统计特性。这些工作将为后续极化检测器设计、极化滤波抗干扰等应用研究提供基础支持。

### 4.2.1　电磁波幅相的联合分布

考虑随机电磁信号在一组正交极化基下服从二维联合 K 分布,极化 Jones 观测矢量仍用 $\xi$ 表示。由于服从 K 分布,因此借鉴 Novak 提出的 K 分布矢量乘积模型[27],该矢量可被分解为彼此独立的具有 Gamma 分布的随机变量 $\tau$ 和具有复高斯分布的二维随机矢量 $z$ 的乘积形式,即可表示为

$$\boldsymbol{\xi} = \begin{bmatrix} \xi_{\mathrm{H}} \\ \xi_{\mathrm{V}} \end{bmatrix} = \begin{bmatrix} a_{\mathrm{H}}\exp(\mathrm{j}\varphi_{\mathrm{H}}) \\ a_{\mathrm{V}}\exp(\mathrm{j}\varphi_{\mathrm{V}}) \end{bmatrix} = \sqrt{\tau}\,\boldsymbol{z} \tag{4.81}$$

式中, $\tau$ 为纹理分量, 服从 Gamma 分布, 其概率密度函数可写为

$$f(\tau) = \frac{r}{\Gamma(r)}\,(r\tau)^{r-1}\mathrm{e}^{-r\tau}, \quad \tau > 0 \tag{4.82}$$

式中, $r$ 为分布参数; $\Gamma(r)$ 为 Gamma 函数。

式(4.81)中, $z$ 为散斑分量, 服从零均值二维复高斯分布

$$\boldsymbol{z} : \mathbf{CG}_2(0, \boldsymbol{\Sigma}) \tag{4.83}$$

即有

$$f(\boldsymbol{z}) = \frac{1}{\pi^2\,|\boldsymbol{\Sigma}|}\exp\{-\boldsymbol{z}^{\mathrm{H}}\,\boldsymbol{\Sigma}^{-1}\boldsymbol{z}\} \tag{4.84}$$

式中, $\boldsymbol{\Sigma}$ 为 $z$ 的协方差矩阵; $\boldsymbol{z} = \begin{bmatrix} Z_{\mathrm{H}} \\ Z_{\mathrm{V}} \end{bmatrix} = \begin{bmatrix} x_{\mathrm{H}} + \mathrm{j}y_{\mathrm{H}} \\ x_{\mathrm{V}} + \mathrm{j}y_{\mathrm{V}} \end{bmatrix}$, 服从零均值高斯分布。

这样就将 $K$ 分布随机电磁信号的起伏特性分成两部分的乘积, 高斯分布部分决定其均值与相位信息, $\chi$ 分布部分确定其形状参数 $r$, 当 $r$ 较小时, $\chi$ 分布具有长拖尾, 并意味着有尖峰杂波, 而 $r$ 趋于无穷时, $\chi$ 分布接近于瑞利分布。对于高分辨低擦角的海杂波, $r$ 的值在 $0.1\sim3$。$K$ 分布杂波的各阶矩特征在瑞利分布和对数正态分布的各阶矩之间。

因此, $\boldsymbol{\xi}$ 的概率密度分布可表示为

$$\begin{aligned} f(\boldsymbol{\xi}) &= f(x_{\mathrm{H}}, y_{\mathrm{H}}, x_{\mathrm{V}}, y_{\mathrm{V}}, \tau) \\ &= f(\tau)f(x_{\mathrm{H}}, y_{\mathrm{H}}, x_{\mathrm{V}}, y_{\mathrm{V}}) \\ &= \frac{r\,(r\tau)^{r-1}}{\pi^2\Gamma(r)\,|\boldsymbol{\Sigma}|}\exp\{-\boldsymbol{z}^{\mathrm{H}}\boldsymbol{\Sigma}^{-1}\boldsymbol{z} - r\tau\} \\ &= \frac{r\,(r\tau)^{r-1}}{\pi^2\Gamma(r)\,|\boldsymbol{\Sigma}|}\exp\Big\{-\frac{1}{|\boldsymbol{\Sigma}|}\big[\sigma_{\mathrm{VV}}\,|Z_{\mathrm{H}}|^2 + \sigma_{\mathrm{HH}}\,|Z_{\mathrm{V}}|^2 - 2\mathrm{Re}(\sigma_{\mathrm{HV}}Z_{\mathrm{H}}^* Z_{\mathrm{V}})\big] - r\tau\Big\} \end{aligned} \tag{4.85}$$

由式(4.81)和式(4.84)可推得

$$\begin{aligned} x_{\mathrm{H}} &= \frac{1}{\sqrt{\tau}}a_{\mathrm{H}}\cos\varphi_{\mathrm{H}}, \quad y_{\mathrm{H}} = \frac{1}{\sqrt{\tau}}a_{\mathrm{H}}\sin\varphi_{\mathrm{H}} \\ x_{\mathrm{V}} &= \frac{1}{\sqrt{\tau}}a_{\mathrm{V}}\cos\varphi_{\mathrm{V}}, \quad y_{\mathrm{V}} = \frac{1}{\sqrt{\tau}}a_{\mathrm{V}}\sin\varphi_{\mathrm{V}} \end{aligned} \tag{4.86}$$

和

$$J\left(\frac{x_{\mathrm{H}},y_{\mathrm{H}},x_{\mathrm{V}},y_{\mathrm{V}},\tau}{a_{\mathrm{H}},\varphi_{\mathrm{H}},a_{\mathrm{V}},\varphi_{\mathrm{V}},\tau}\right)=\frac{a_{\mathrm{H}}a_{\mathrm{V}}}{\tau^2} \tag{4.87}$$

这样就可求出 $\xi$ 的幅度相位的联合概率密度函数,进而推出其极化特性。

$$f(a_{\mathrm{H}},\varphi_{\mathrm{H}},a_{\mathrm{V}},\varphi_{\mathrm{V}},\tau)=\frac{a_{\mathrm{H}}a_{\mathrm{V}}r^r}{\pi^2\Gamma(r)|\boldsymbol{\Sigma}|}\tau^{r-3}\exp\left\{-r\tau-\frac{B}{\tau}\right\} \tag{4.88}$$

式中, $B=\dfrac{1}{|\boldsymbol{\Sigma}|}\left[\sigma_{\mathrm{VV}}a_{\mathrm{H}}^2+\sigma_{\mathrm{HH}}a_{\mathrm{V}}^2-2|\sigma_{\mathrm{HV}}|a_{\mathrm{H}}a_{\mathrm{V}}\cos(\varphi_{\mathrm{V}}-\varphi_{\mathrm{H}}+\beta_{\mathrm{HV}})\right]$, $\beta_{\mathrm{HV}}$ 为 $\sigma_{\mathrm{HV}}$ 的相位。

对式(4.88)中的 $\tau$ 积分,可推得

$$f(a_{\mathrm{H}},\varphi_{\mathrm{H}},a_{\mathrm{V}},\varphi_{\mathrm{V}})=\frac{a_{\mathrm{H}}a_{\mathrm{V}}r^r}{\pi^2\Gamma(r)|\boldsymbol{\Sigma}|}\int_0^{\infty}\tau^{r-3}\exp\left\{-r\tau-\frac{B}{\tau}\right\}\mathrm{d}\tau \tag{4.89}$$

令 $\varphi=\varphi_{\mathrm{V}}-\varphi_{\mathrm{H}}$,那么

$$\begin{aligned}f(a_{\mathrm{H}},a_{\mathrm{V}},\varphi)&=\int_0^{2\pi}\frac{a_{\mathrm{H}}a_{\mathrm{V}}r^r}{\pi^2\Gamma(r)|\boldsymbol{\Sigma}|}\int_0^{\infty}\tau^{r-3}\exp\left\{-r\tau-\frac{B}{\tau}\right\}\mathrm{d}\tau\mathrm{d}\varphi_{\mathrm{H}}\\&=\frac{2a_{\mathrm{H}}a_{\mathrm{V}}r^r}{\pi\Gamma(r)|\boldsymbol{\Sigma}|}\int_0^{\infty}\tau^{r-3}\exp\left\{-r\tau-\frac{A}{\tau}\right\}\mathrm{d}\tau\end{aligned} \tag{4.90}$$

式中, $A=\dfrac{1}{|\boldsymbol{\Sigma}_{\mathrm{HV}}|}\left[\sigma_{\mathrm{VV}}a_{\mathrm{H}}^2+\sigma_{\mathrm{HH}}a_{\mathrm{V}}^2-2|\sigma_{\mathrm{HV}}|a_{\mathrm{H}}a_{\mathrm{V}}\cos(\varphi+\beta_{\mathrm{HV}})\right]$。

式(4.90)的积分过于复杂,很难得到解析的形式,下面讨论分离极化技术。由式(4.81)可知,任意时刻的极化特性在忽略幅度的前提下,$K$ 分布的极化特性与高斯分布的极化特性是完全一致的,不同的是与高斯独立的 $\chi$ 分布对幅度的调制引起的幅度变换,当然,这也会引起 Stokes 矢量的幅度变化,但是从瞬态极化的观点来看,$K$ 分布与其分离独立高斯分布的极化特性可认为是一致的。因此,对于 $K$ 分布的极化特性,完全可以通过其独立分离的高斯分布来描述,这就是所谓的分离极化技术。这样,首先通过信号分离技术得到高斯分布独立信号和 $\chi$ 分布独立信号,因为高斯分布独立信号部分表征了其极化特性,所以只要计算高斯分布的极化特性就可以表征 $K$ 分布信号的极化特性,这为 $K$ 分布的极化表征提供了方便快捷的方法,$K$ 分布部分归一化极化特性就在信号分离的前提下取得了简单快捷的极化表征方法[15,28]。

### 4.2.2　电磁波极化度估计量的统计特性

#### 1. $K$ 分布杂波极化协方差矩阵的概率密度函数

定义用于估计极化参量的第 $n$ 组观测矢量样本(也可认为是某距离分辨单元

的第 $n$ 个脉冲重复周期的极化采样)可表示为

$$\boldsymbol{\xi}(n)=\begin{bmatrix}\xi_1(n)\\\xi_2(n)\end{bmatrix}=\sqrt{\tau(n)}\,z(n) \tag{4.91}$$

式中,1 和 2 代表任意正交极化基。对 $N$ 组样本矢量自相关函数进行平均处理,估计杂波的极化协方差矩阵,将式(4.91)代入可得

$$\hat{\boldsymbol{\Sigma}}=\frac{1}{N}\sum_{n=1}^{N}\boldsymbol{\xi}(n)\boldsymbol{\xi}(n)^{\mathrm{H}}=\frac{1}{N}\sum_{n=1}^{N}\tau(n)z(n)z(n)^{\mathrm{H}} \tag{4.92}$$

通常,纹理分量被视为一种缓变的调制分量,其时间相关性远高于散斑分量,因此在一定的时间内(如雷达驻留周期内),可认为杂波纹理分量 $\tau(n)$ 不随时间改变,即与 $n$ 无关,从而式(4.92)变为

$$\hat{\boldsymbol{\Sigma}}=\frac{\tau}{N}\sum_{n=1}^{N}z(n)z(n)^{\mathrm{H}}=\tau\hat{\boldsymbol{\Sigma}}_z \tag{4.93}$$

式中, $\hat{\boldsymbol{\Sigma}}_z$ 为散斑分量协方差矩阵 $\boldsymbol{\Sigma}_z$ 的估计值,根据 2.6 节介绍可知,该矩阵服从二维复 Wishart 分布,套用式(2.198),可以直接给出 $\hat{\boldsymbol{\Sigma}}_z$ 的概率密度函数

$$f(\hat{\boldsymbol{\Sigma}}_z)=\frac{N^{2N}\,|\hat{\boldsymbol{\Sigma}}_z|^{N-2}}{\pi\Gamma(N)\Gamma(N-1)\,|\boldsymbol{\Sigma}_z|^{N}}\exp[-N\mathrm{tr}(\boldsymbol{\Sigma}_z^{-1}\hat{\boldsymbol{\Sigma}}_z)] \tag{4.94}$$

由式(4.93),做 $\hat{\boldsymbol{\Sigma}}_z\to\hat{\boldsymbol{\Sigma}}$ 的变量替换,则变量替换对应的雅可比系数为

$$J\left(\frac{\hat{\boldsymbol{\Sigma}}_z}{\hat{\boldsymbol{\Sigma}}}\right)=\det\left[\mathrm{diag}\left(\frac{1}{\tau},\frac{1}{\tau},\frac{1}{\tau},\frac{1}{\tau}\right)\right]=\frac{1}{\tau^4} \tag{4.95}$$

式中, diag 代表对角矩阵; det 表示计算矩阵的行列式。将该雅可比系数结合变量替换代入式(4.94),再对变量 $\tau$ 做边缘概率密度函数积分,则 $\hat{\boldsymbol{\Sigma}}$ 的概率密度函数可由式(4.96)计算

$$f(\hat{\boldsymbol{\Sigma}})=\int_0^{\infty}J\left(\frac{\hat{\boldsymbol{\Sigma}}_z}{\hat{\boldsymbol{\Sigma}}}\right)f_{\hat{\boldsymbol{\Sigma}}_z}(\hat{\boldsymbol{\Sigma}}/\tau)f(\tau)\mathrm{d}\tau \tag{4.96}$$

分别将式(4.82)、式(4.94)和式(4.95)代入式(4.96)可得

$$\begin{aligned}f(\hat{\boldsymbol{\Sigma}})&=\int_0^{\infty}\frac{N^{2N}\,|\hat{\boldsymbol{\Sigma}}/\tau|^{N-2}}{\pi\tau^4\Gamma(N)\Gamma(N-1)\,|\boldsymbol{\Sigma}_z|^{N}}\exp\left[-N\mathrm{tr}\left(\boldsymbol{\Sigma}_z^{-1}\frac{\hat{\boldsymbol{\Sigma}}}{\tau}\right)\right]\frac{r}{\Gamma(r)}(r\tau)^{r-1}\mathrm{e}^{-r\tau}\mathrm{d}\tau\\&=\frac{N^{2N}\,|\hat{\boldsymbol{\Sigma}}|^{N-2}r^r}{\pi\Gamma(r)\Gamma(N)\Gamma(N-1)\,|\boldsymbol{\Sigma}_z|^{N}}\int_0^{\infty}\tau^{r-2N-1}\exp\left[-\frac{N}{\tau}\mathrm{tr}(\boldsymbol{\Sigma}_z^{-1}\hat{\boldsymbol{\Sigma}})-r\tau\right]\mathrm{d}\tau\end{aligned}$$

$$\tag{4.97}$$

式(4.97)中的积分项的计算可利用文献[29]中的积分表达式(3.471-9),处理后可得二维 $K$ 分布杂波极化协方差矩阵的概率密度函数为

$$f(\hat{\boldsymbol{\Sigma}}) = \frac{2\,|\,\hat{\boldsymbol{\Sigma}}\,|^{\,N-2}\,(Nr)^{(r+2N)/2}\,\mathrm{tr}\,(\boldsymbol{\Sigma}_z^{-1}\hat{\boldsymbol{\Sigma}})^{(r-2N)/2}}{\pi\Gamma(N)\Gamma(N-1)\,|\,\boldsymbol{\Sigma}_z\,|^{\,N}\Gamma(\alpha)}\mathrm{K}_{r-2N}\big[\,2\sqrt{Nr\cdot\mathrm{tr}(\boldsymbol{\Sigma}_z^{-1}\hat{\boldsymbol{\Sigma}})}\,\big]$$

$$(4.98)$$

式中，$\mathrm{K}_{r-2N}(\cdot)$ 称为第二类修正贝塞尔函数[30]。

**2. $K$ 分布杂波极化度的概率密度函数**

为了最终得到 $K$ 分布杂波极化度估计量的概率密度函数，首先应基于式(4.98)，给出极化协方差矩阵特征值的联合分布函数。由于已知 $\hat{\boldsymbol{\Sigma}}$ 为 Hermitian 矩阵，因此可对其进行酉分解，即

$$\hat{\boldsymbol{\Sigma}} = \begin{bmatrix} \hat{\sigma}_{11} & \hat{\sigma}_{12} \\ \hat{\sigma}_{12}^{*} & \hat{\sigma}_{22} \end{bmatrix} = \boldsymbol{U}\boldsymbol{D}\boldsymbol{U}^{\mathrm{H}} \tag{4.99}$$

式中，$\boldsymbol{U}$ 为酉矩阵；$\boldsymbol{D}$ 为 $\hat{\boldsymbol{\Sigma}}$ 的特征值构成的对角矩阵，两个特征值分别为 $\lambda_1$ 和 $\lambda_2$，不妨假设 $\lambda_1 \geqslant \lambda_2$，同时可令

$$\boldsymbol{U} = \begin{bmatrix} \cos\theta & \mathrm{e}^{\mathrm{j}\delta}\sin\theta \\ \mathrm{e}^{-\mathrm{j}\delta}\sin\theta & -\cos\theta \end{bmatrix} \tag{4.100}$$

为获取特征值的联合概率密度函数，进行

$$[\hat{\sigma}_{11},\hat{\sigma}_{22},\mathrm{Re}(\hat{\sigma}_{12}),\,\mathrm{Im}(\hat{\sigma}_{12})] \rightarrow (\lambda_1,\lambda_2,\theta,\delta)$$

的变量替换，根据文献[31]的研究结论可知，该变换对应的雅可比系数为

$$J = (\lambda_1 - \lambda_2)^2\left|\frac{\sin 2\theta}{2}\right| \tag{4.101}$$

将新变量结合雅可比系数代入式(4.98)，整理后可得新的联合概率密度函数为

$$f(\lambda_1,\lambda_2,\theta,\delta) = \frac{(Nr)^{(r+2N)/2}\,(\lambda_1\lambda_2)^{N-2}\,(\lambda_1-\lambda_2)^2}{\pi\Gamma(N)\Gamma(N-1)\,(s_1 s_2)^N\Gamma(r)}\,|\sin(2\theta)|\,\frac{\mathrm{K}_{r-2N}\big[\,2\sqrt{NrT}\,\big]}{T^{-(r-2N)/2}}$$

$$(4.102)$$

式中，$s_1$ 和 $s_2$ 为杂波真实协方差矩阵 $\boldsymbol{\Sigma}_z$ 的两个特征值，同样不妨假设 $s_1 \geqslant s_2$；而式中 $T = \mathrm{tr}(\boldsymbol{\Sigma}_z^{-1}\hat{\boldsymbol{\Sigma}})$，将分解式(4.99)代入 $T$ 后整理可得

$$T = \mathrm{tr}\left[\boldsymbol{U}^{\mathrm{H}}\begin{bmatrix} s_1^{-1} & 0 \\ 0 & s_2^{-1} \end{bmatrix}\boldsymbol{U}\begin{bmatrix} \lambda_1 & 0 \\ 0 & \lambda_2 \end{bmatrix}\right]$$

$$= \left(\frac{\lambda_1}{s_1} + \frac{\lambda_2}{s_2} - \frac{\lambda_1}{s_2} - \frac{\lambda_2}{s_1}\right)\frac{\cos 2\theta}{2} + \frac{1}{2}\left(\frac{\lambda_1}{s_1} + \frac{\lambda_2}{s_2} + \frac{\lambda_1}{s_2} + \frac{\lambda_2}{s_1}\right) \tag{4.103}$$

将其简记为 $T = A\cos 2\theta + B$，其中

$$\begin{cases} A = \dfrac{1}{2}\left(\dfrac{\lambda_1}{s_1} + \dfrac{\lambda_2}{s_2} - \dfrac{\lambda_1}{s_2} - \dfrac{\lambda_2}{s_1}\right) \\[3mm] B = \dfrac{1}{2}\left(\dfrac{\lambda_1}{s_1} + \dfrac{\lambda_2}{s_2} + \dfrac{\lambda_1}{s_2} + \dfrac{\lambda_2}{s_1}\right) \end{cases}$$

于是通过对式(4.102)中的变量 $\theta$ 和 $\delta$ 依次积分,可得特征值的联合概率密度函数

$$f(\lambda_1,\lambda_2) = \frac{(Nr)^{(r+2N)/2}\,(\lambda_1\lambda_2)^{N-2}\,(\lambda_1-\lambda_2)^2}{\pi\Gamma(N)\Gamma(N-1)\,(s_1 s_2)^N\Gamma(r)} \tag{4.104}$$
$$\cdot \int_{-\pi}^{\pi}\int_{0}^{\frac{\pi}{2}} |\sin(2\theta)|\,\frac{\mathrm{K}_{r-2N}\big[2\sqrt{NrT}\,\big]}{T^{-(r-2N)/2}}\mathrm{d}\theta\mathrm{d}\delta$$

由于式(4.104)中的积分项不含变量 $\delta$,因此只需考虑对 $\theta$ 的积分。单独考虑式(4.104)中的积分项,令

$$I = \int_{0}^{\frac{\pi}{2}} \sin(2\theta)\,\frac{\mathrm{K}_{r-2N}\big[2\sqrt{NrT}\,\big]}{T^{-(r-2N)/2}}\mathrm{d}\theta$$
$$\overset{x=\cos(2\theta)}{=}\ \frac{1}{2}\int_{-1}^{1}(Ax+B)^{(r-2N)/2}\mathrm{K}_{r-2N}\big[2\sqrt{Nr(Ax+B)}\,\big]\mathrm{d}x \tag{4.105}$$
$$\overset{y=2\sqrt{Nr(Ax+B)}}{=}\ \frac{-1}{2^{r-2N+2}A\,(Nr)^{\frac{r-2N}{2}+1}}\int_{2\sqrt{Nr(B-A)}}^{2\sqrt{Nr(B+A)}} y^{r-2N+1}\mathrm{K}_{r-2N}(y)\mathrm{d}y$$

根据第二类修正贝塞尔函数的性质[32]有

$$\frac{\mathrm{d}}{\mathrm{d}z}(z^{v}\mathrm{K}_{v}) = -z^{v}\mathrm{K}_{v-1} \tag{4.106}$$

将其代入式(4.105)整理后可得

$$I = \frac{1}{2\sqrt{Nr}A}\Big\{(B+A)^{\frac{r-2N+1}{2}}\mathrm{K}_{r-2N+1}\big[2\sqrt{Nr(B+A)}\,\big]$$
$$- (B-A)^{\frac{r-2N+1}{2}}\mathrm{K}_{r-2N+1}\big[2\sqrt{Nr(B-A)}\,\big]\Big\} \tag{4.107}$$

将积分项 $I$ 代入式(4.104),得到 $\boldsymbol{\hat{\Sigma}}$ 特征值 $(\lambda_1,\lambda_2)$ 的联合概率密度函数

$$f(\lambda_1,\lambda_2) = \frac{2\,(Nr)^{(r+2N-1)/2}\,(\lambda_1\lambda_2)^{N-2}(\lambda_1-\lambda_2)}{\Gamma(N)\Gamma(N-1)\,(s_1 s_2)^{N-1}\Gamma(r)(s_1-s_2)}$$
$$\cdot \left\{\left(\frac{\lambda_1}{s_1}+\frac{\lambda_2}{s_2}\right)^{\frac{r-2N+1}{2}}\mathrm{K}_{r-2N+1}\left[2\sqrt{Nr\left(\frac{\lambda_1}{s_1}+\frac{\lambda_2}{s_2}\right)}\,\right]\right. \tag{4.108}$$
$$\left. - \left(\frac{\lambda_1}{s_2}+\frac{\lambda_2}{s_1}\right)^{\frac{r-2N+1}{2}}\mathrm{K}_{r-2N+1}\left[2\sqrt{Nr\left(\frac{\lambda_1}{s_2}+\frac{\lambda_2}{s_1}\right)}\,\right]\right\}$$

观察式(4.108)可知,相比于高斯分布假设下极化协方差矩阵特征值的联合概率密度函数,$K$ 分布条件下的特征值联合概率密度函数,不仅与样本数 $N$ 以及真实协方差矩阵 $\boldsymbol{\Sigma}_z$ 的特征值 $s_1$ 和 $s_2$ 有关,而且还是纹理分量的分布参数 $r$ 的函数。

根据极化度估计量与特征值之间的关系，进行如下变量替换：

$$\begin{cases} \hat{p} = \dfrac{\lambda_1 - \lambda_2}{\lambda_1 + \lambda_2} \\ q = \lambda_1 - \lambda_2 \end{cases} \tag{4.109}$$

该变量替换的雅可比系数为

$$|J| = \frac{q}{2\hat{p}^2}$$

将上式与式(4.109)一同代入式(4.108)整理后可得新变量的联合概率密度函数为

$$\begin{aligned}
f(\hat{p}, q) = & \frac{(Nr)^{(r+2N-1)/2} (1-\hat{p}^2)^{N-2} q^{N+\frac{r}{2}-\frac{3}{2}}}{4^{N-2} \Gamma(N) \Gamma(N-1) \Gamma(r) (s_1 s_2)^{N-1} (s_1 - s_2) \hat{p}^{2N-2}} \\
& \cdot \left\{ (\beta - \gamma)^{\frac{r-2N+1}{2}} K_{r-2N+1} [2\sqrt{Nr(\beta-\gamma)q}] \right. \\
& \left. - (\beta + \gamma)^{\frac{r-2N+1}{2}} K_{r-2N+1} [2\sqrt{Nr(\beta+\gamma)q}] \right\}
\end{aligned} \tag{4.110}$$

式中

$$\begin{cases} \beta = \dfrac{s_1 + s_2}{2 s_1 s_2} \dfrac{1}{\hat{p}} \\ \gamma = \dfrac{s_1 + s_2}{2 s_1 s_2} P \end{cases} \tag{4.111}$$

式中，$P = \dfrac{s_1 - s_2}{s_1 + s_2}$ 为杂波的真实极化度。

对式(4.110)中变量 $q$ 积分可得极化度的概率密度函数

$$\begin{aligned}
f(\hat{p}) = & \int_0^\infty f(\hat{p}, q) \mathrm{d}q \\
= & \frac{(Nr)^{(r+2N-1)/2} (1-\hat{p}^2)^{N-2}}{4^{N-2} \Gamma(N) \Gamma(N-1) (s_1 s_2)^{N-1} \Gamma(r) (s_1 - s_2) \hat{p}^{2N-2}} \\
& \cdot \left\{ (\beta - \gamma)^{\frac{r-2N+1}{2}} \int_0^\infty q^{N+\frac{r}{2}-\frac{3}{2}} K_{r-2N+1} [2\sqrt{Nr(\beta-\gamma)q}] \mathrm{d}q \right. \\
& \left. - (\beta + \gamma)^{\frac{r-2N+1}{2}} \int_0^\infty q^{N+\frac{r}{2}-\frac{3}{2}} K_{r-2N+1} [2\sqrt{Nr(\beta+\gamma)q}] \mathrm{d}q \right\}
\end{aligned} \tag{4.112}$$

为计算积分项，做变量替换 $w = \sqrt{q}$ ，将其代入式(4.112)后可得

$$\begin{aligned}
f(\hat{p}) = & \frac{2 (Nr)^{(r+2N-1)/2} (1-\hat{p}^2)^{N-2}}{4^{N-2} \Gamma(N) \Gamma(N-1) (s_1 s_2)^{N-1} \Gamma(r) (s_1 - s_2) \hat{p}^{2N-2}} \\
& \cdot \left\{ (\beta - \gamma)^{\frac{r-2N+1}{2}} \int_0^\infty w^{2N+r-2} K_{r-2N+1} [2\sqrt{Nr(\beta-\gamma)} \, w] \mathrm{d}w \right. \\
& \left. - (\beta + \gamma)^{\frac{r-2N+1}{2}} \int_0^\infty w^{2N+r-2} K_{r-2N+1} [2\sqrt{Nr(\beta+\gamma)} \, w] \mathrm{d}w \right\}
\end{aligned} \tag{4.113}$$

利用文献[30]中的式（6.561-16）处理式（4.113）中的积分项可得

$$f(\hat{p}) = \frac{(1-\hat{p}^2)^{N-2}\left[(\beta-\gamma)^{1-2N} - (\beta+\gamma)^{1-2N}\right]}{2^{2N-3}\hat{p}^{2N-2}B(N,N-1)(s_1s_2)^{N-1}(s_1-s_2)}$$

$$= \frac{4^{1-N}(1-\hat{p}^2)^{N-2}\hat{p}(1-P^2)^N}{B(N,N-1)P}\left[(1-\hat{p}P)^{1-2N} - (1+\hat{p}P)^{1-2N}\right] \tag{4.114}$$

不难发现，式（4.114）建立的 $K$ 分布条件下杂波极化度估计量的概率密度函数恰与 2.6 节中得到的零均值复高斯分布下的极化度统计模型相同。究其原因，主要是由于 $K$ 分布杂波中的纹理分量在雷达驻留期内具有时间独立性。因此在乘积模型中，纹理分量近似为常系数，从而不会改变极化协方差矩阵的特征值，也就不会影响作为特征值函数的极化度估计量。在该条件下，甚至可以大胆假设，只要是由乘积模型构建的复合高斯分布杂波，其极化度估计量统计模型和高斯分布情形相同，都将呈现如式（4.114）所示的形式。正是由于极化度统计模型对杂波或干扰的统计分布模型不敏感，当将其作为检验统计量用于杂波中目标检测时，将具有其他检验统计量所不具备的环境适应性优势。

对于真实极化度较低的海杂波，可令式（4.114）中的 $P \to 0$，经计算可得

$$\lim_{P\to 0} f_0(\hat{p}) = \frac{\Gamma(2N)(1-\hat{p}^2)^N\,^2\hat{p}^2}{2^{2K-3}\Gamma(N)\Gamma(N-1)} \tag{4.115}$$

该式与 3.5 节给出的秩 0 情形下极化概率密度函数相同。在第 5 章关于极化检测器的研究中，将基于上述杂波极化度统计特性，设计新的极化检测算法。

## 参 考 文 献

[1] Hurwitz H. The statistical properties of unpolarized lights[J]. Journal of the Optical Society of America B ,1945,35(8),525-531.

[2] Trunk G V, George S F. Detection of targets I non-Gaussian sea clutter [J]. IEEE Transactions on Aerospace and Electronic Systems,AES-6,1970,5;620-628.

[3] Daley J C,Ransone J T,Burke J A,et al. Sea Clutter Measurements on Four Frequencies[R]. Report 6806. Washington;Naval Research Laboratory,1968.

[4] Valenzuela G R,Laing M B. Point-Scatter Formation of Terrain Clutter Statistics[R]. Report 7459. Washington;Naval Research Laboratory,1972.

[5] Schleher D C. Radar detection in Weibull clutter[J]. IEEE Transactions on Aerospace and E-lectronic Systems,AES-12,1976,6;736-743.

[6] Sekine M,Mao Y. Weibull Radar Clutter[M]. London; Peter Peregrinus Ltd. 1990.

[7] Boothe R R. The Weibull Distribution Applied to the Ground Clutter Backscatter Coefficient

[R]. Report RE-TR-69-15. Alabana,1969.

[8] Skine M,Ohtani S,Musha T,et al. Weibull distributed ground clutter[J]. IEEE Transactions on Aerospace and Electronic Systems,AES-17,1981,4:596-598.

[9] Oliver C J. Representation of radar sea clutter[J]. IEE Proceedings,1988,135:497-500.

[10] Ward K D. Compound representation of high resolution sea clutter[J]. Electronic Letters, 1981,17(16):561-563.

[11] Watts S,Ward K D. Spatial correlation in $K$-distribution sea clutter[J]. IEE Proceeding, 1987,134(6):526-532.

[12] Jakeman E, Pusey P N. A model for non-Rayleigh sea echo[J]. IEEE Transactions on Antennas and Propagation,AP-24,1976,6:806-814.

[13] Frery C,Muller H J,Yanasse C C F. A model for extremely heterogeneous clutter[J]. IEEE Transactions on Geoscience and Remote Sensing,1997,35(3):648-659.

[14] Yao K. A representation theorem and its applications to spherically-invariant random process[J]. IEEE Transactions on Information Theory,1973,19(5):600-608.

[15] Lee J S, Hoppel K W, Mango S A, et al. Intensity and phase statistics of multilook polarimetric and interferometric SAR imagery[J]. IEEE Transactions on Geoscience and Remote Sensing,1994,32(5):1017-1028.

[16] Li G,Yu K B. Modeling and simulation of coherent Weibull clutter[J]. IEE Proceedings, 1989,136(1):2-12.

[17] Alexander A. Table of Definite and Infinite Integrals[M]. New York: Elsevier Science Publishing Company,1983.

[18] Eliyahu D. Statistics of Stokes variables for correlated Gaussian fields[J]. Physical Review E,1994,50(3):2381-2384.

[19] Cohen S M, Eliyahua D, Freund I, et al. Vector statistics of multiply scattered waves in random systems[J]. Physical Review A,1991,43(10):5748-5752.

[20] Barakat R. The statistical properties of partially polarized light[J]. OPTICA ACTA,1985, 32(3):295-312.

[21] 庄钊文,肖顺平,王雪松. 雷达极化信息处理及其应用[M]. 北京：国防工业出版社,1999.

[22] 王雪松. 宽带极化信息处理的研究[M]. 长沙：国防科技大学出版社,2005.

[23] Farina A,Gini F,Greco M V,et al. High resolution sea clutter data: Statistical analysis of recorded live data[J]. IEE Proceedings Radar Sonar Navigation,1997,144(3): 121-130.

[24] Jakeman E. On the statistics of $K$-distribution noise[J]. Journal of Physics A: Mathematical and General,1980,13: 31-48.

[25] Trunk G V. Radar properties of non-Rayleigh sea clutter[J]. IEEE Transactions on

Aerospace and Electronic Systems,1972,88:196-204.

[26] Trunk G V. Non-Rayleigh Sea Clutter Properties and Detection of Targets[R]. Report-7986. Washington:Naval Research Laboratory,1976.

[27] Novak L M,Sechtin M B,Cardullo M J. Studies of target detection algorithms that use po-larimetric radar data[J]. IEEE Transactions on Aerospace and Electronic Systems,1989, 25(2):150-165.

[28] Lee J S,Schuler D L,Lang R H,et al. *K*-distribution for multi-look processed polarimetric SAR imagery[J]. IEEE,International Geoscience and Remote Sensing Symposium,Piscataway,1994: 2179-2181.

[29] Goodman N R. Statistical analysis based on a certain multivariate complex Gaussian distribution(an introduction)[J]. The Annals of Mathematical Statistics,1963,34:152-177.

[30] Abramowitz M,Stegun I. Handbook of Mathematical Functions[M]. New York:Dover Publications,1965.

[31] Shirman Y D. Computer Simulation of Aerial Target Radar Scattering, Recognition, Detection,and Tracking[M]. Boston:Artech House,2002.

[32] 叶其孝,沈永欢. 实用数学手册[M]. 北京:科学出版社,2006.

# 第 5 章　雷达目标信号的极化检测

信号检测是雷达、声呐、通信和遥测等诸多领域共同关心的基础问题。在现代战争条件下,复杂多变的战场环境对各种电磁探测性能提出了越来越高的要求,促使人们进一步开发利用电磁信号中的有用信息,以尽可能提高系统探测性能。极化已被充分证明能够提供额外的信息增强杂波中的目标检测能力[1-20]。

目前,已有关于极化检测器设计的研究主要可以分为两大类。

第一类是假设杂波信号在各个极化通道内均服从相同的随机分布,基于Neyman-Pearson准则,通过似然比方法获取检验统计量。此类检测器通常将信号的极化分量视为一种同分布的多通道联合,这种无差别的假设对目标与杂波间极化特征差异的挖掘尚不够充分。特别是在实际杂波分布特性与假设分布模型不同时,检测器的性能会受到严重影响。

第二类是假设目标与杂波具有相对固定的极化散射特征,利用回波极化状态差异作为检验量(如文献[17]中利用 Stokes 矢量间距变化作为检验统计量)。然而,此类检测器更适用于具有慢起伏特性的高极化度杂波中的目标检测问题,对于极化状态快起伏且分布非高斯的杂波环境,为改善雷达探测性能,亟待开发能够综合利用极化特征和分布特性的检测方法。

本章针对微弱信号检测、均匀杂波中小目标信号的检测和非均匀杂波中目标信号的检测问题进行探讨,分别介绍基于瞬态极化统计量的微弱信号检测、基于瞬态极化统计量变换的均匀杂波中小目标信号检测以及基于极化度的非均匀杂波中目标检测方法。

## 5.1　基于瞬态极化统计量的目标信号检测

本节首先基于极化积累的思想,给出极化聚类中心的统计分布,提出特征极化基下微弱信号检测算法,同时计算出 CFAR 表达式和恒虚警率下检测概率的解析表达式;然后,通过极化基的变换给出均匀杂波中小目标信号的检测方案;最后,仿真结果表明,在低信噪比下该算法可以明显改善雷达检测性能,这对于反隐身、预警和空间探测等领域有着重要的指导意义。

### 5.1.1　微弱目标信号的极化检测

在空间隐身目标探测等应用领域中,主要体现为目标的散射很弱,信噪比较低,此时雷达接收回波中主要包括雷达接收机噪声和隐身目标回波信号,两路极化通道接收机噪声可认为是不相关的,可等效视为特征极化基下目标信号的极化检测问题。

1. 目标散射回波与接收机噪声的 ISVS 表征及特性

当以单色或准单色波激励目标时,其散射波在水平、垂直极化基 $(\hat{\boldsymbol{h}}, \hat{\boldsymbol{v}})$(特征极化基)下目标散射波的瞬时 Stokes 子矢量为[4]

$$\boldsymbol{g}_{\mathrm{S}}(t) = \begin{bmatrix} g_1(t) \\ g_2(t) \\ g_3(t) \end{bmatrix} = \begin{bmatrix} E_{\mathrm{SH}}^2 - E_{\mathrm{SV}}^2 \\ 2E_{\mathrm{SH}}E_{\mathrm{SV}}\cos(\varphi_{\mathrm{H0}} - \varphi_{\mathrm{V0}}) \\ 2E_{\mathrm{SH}}E_{\mathrm{SV}}\sin(\varphi_{\mathrm{H0}} - \varphi_{\mathrm{V0}}) \end{bmatrix}, \quad t \in [\tau_{\mathrm{d}}, \tau_{\mathrm{d}} + \tau_{\mathrm{P}}] \quad (5.1)$$

若以频率 $f_{\mathrm{S}}$ 对雷达目标散射波进行采样,那么相应的瞬态 Stokes 子矢量序列(简记为 ISVS)为[4,18]

$$\boldsymbol{\Upsilon}_{\mathrm{S}} = \{\boldsymbol{g}_{\mathrm{S}}(i), i = 1, 2, \cdots, N_{\mathrm{S}}\}, \quad N_{\mathrm{S}} = [f_{\mathrm{S}}\tau_{\mathrm{P}}] \quad (5.2)$$

可见,单色电磁波激励下雷达目标散射波的瞬态 Stokes 子矢量及其 ISVS 为恒定值,即其在 Poincare 球空间(Stokes 子矢量空间)上始终为一个点,Poincare 球心至该点的矢量方向表征目标散射波的极化信息,而其长度表征散射波的能量信息。

对于任一时刻,极化雷达接收机噪声 $\boldsymbol{n}(t)$ 均可视为服从零均值正态分布的随机变量,即有

$$\boldsymbol{n}(t) = \begin{bmatrix} n_{\mathrm{H}}(t) \\ n_{\mathrm{V}}(t) \end{bmatrix} \sim N(0, \boldsymbol{\Sigma}_n), \quad t \in \boldsymbol{T} \quad (5.3)$$

式中, $\boldsymbol{\Sigma}_n = \sigma_{\mathrm{HH}} \begin{bmatrix} 1 & 0 \\ 0 & \lambda \end{bmatrix}$ , $\sigma_{\mathrm{HH}} = kT_0 BF_n$ , $\boldsymbol{\Sigma}_n = \sigma_n^2$ 为接收机噪声的协方差矩阵。$k$ 为玻尔兹曼常量, $k = 1.38 \times 10^{-23} \mathrm{J/K}$ ; $T_0 = 290\mathrm{K}$ ; $B$ 为接收机带宽; $F_n$ 为接收机噪声系数; $\lambda$ 为极化接收通道噪声方差之比,用来表征两个极化通道的不平衡性。

同理,若以频率 $f_{\mathrm{S}}$ 对接收机噪声进行采样,那么其相应的 ISVS 在特征极化基 $(\hat{\boldsymbol{h}}, \hat{\boldsymbol{v}})$ 下可表示为

$$\Upsilon_n = \{ \boldsymbol{g}_n(i), i = 1, 2, \cdots, N_s \} \tag{5.4}$$

接收机噪声的 ISVS 是随机分布在 Poincare 球空间上的,并不是空间中的固定一点,可见,通过刻画雷达接收信号和噪声的 ISVS 的分布特性可以有效地区分信号和噪声。

对于接收机噪声的任一采样值,其瞬时 Stokes 子矢量各分量的概率密度函数为

$$f_{G_1}(g_{n1}) = \begin{cases} \dfrac{1}{\sigma_{HH}(\lambda+1)} \exp\left\{ -\dfrac{g_{n1}}{\sigma_{HH}} \right\}, & g_{n1} \geqslant 0 \\[3mm] \dfrac{1}{\sigma_{HH}(\lambda+1)} \exp\left\{ \dfrac{g_{n1}}{\lambda\sigma_{HH}} \right\}, & g_{n1} < 0 \end{cases} \tag{5.5}$$

和

$$f_{G_j}(g_{nj}) = \frac{1}{2\sigma_{HH}\sqrt{\lambda}} \exp\left\{ -\frac{|g_{nj}|}{\sigma_{HH}\sqrt{\lambda}} \right\}, \quad j = 2, 3 \tag{5.6}$$

那么,由式(5.5)和式(5.6)可推得接收机噪声任一采样瞬态 Stokes 子矢量分量的一阶矩和二阶矩的矩特征为

$$\begin{aligned} E[g_{n1}] &= \sigma_{HH}(\lambda-1) \\ E[g_{n1}^2] &= 2\sigma_{HH}^2(\lambda^2-\lambda+1) \end{aligned} \tag{5.7}$$

同理可以求出其他分量的矩特征

$$\langle g_{n1}, g_{n2} \rangle = 0, \quad \langle g_{n1}, g_{n3} \rangle = 0, \quad \langle g_{n2}, g_{n3} \rangle = 0 \tag{5.8}$$

### 2. 目标信号存在时接收信号极化聚类中心的统计分布

为了能够给出信号存在时接收信号的极化分布特征,针对信号的时变特性,通过 ISVS 来刻画其极化分布特性,也就是极化聚类中心的统计分布,定义

$$\boldsymbol{G} = \begin{bmatrix} G_1 \\ G_2 \\ G_3 \end{bmatrix} = \frac{1}{M} \sum_{i=1}^{M} \boldsymbol{g}(i) = \begin{bmatrix} \dfrac{1}{M} \sum_{i=1}^{M} g_1(i) \\[3mm] \dfrac{1}{M} \sum_{i=1}^{M} g_2(i) \\[3mm] \dfrac{1}{M} \sum_{i=1}^{M} g_3(i) \end{bmatrix} \tag{5.9}$$

式中, $g_k(i)$ 为第 $i$ 个不相关采样点 ISVS 的第 $k$ 个分量,其中 $k = 1, 2, 3, i = 1, 2, \cdots, M$。$\boldsymbol{g}_T = (g_{T1}, g_{T2}, g_{T3})^T$ 为信号存在时接收信号的 Stokes 子矢量均值,信号的确定极化 Stokes 矢量为 $\boldsymbol{g}_{T0} = (g_{T01}, g_{T02}, g_{T03})^T$,噪声的极化 Stokes 子矢量均值

为 $\boldsymbol{g}_N = (g_{N1}, g_{N2}, g_{N3})^T$，其中 $\boldsymbol{g}_T = g_{T0} + g_N$。

容易证明，$G_1$ 分量的一阶矩和二阶矩分别为

$$\langle G_1 \rangle = \frac{1}{M} \sum_{i=1}^{M} \langle g_1(i) \rangle = \langle g_1 \rangle = \sigma_{HH}(\lambda - 1) + g_{T1}$$

$$\text{var}[G_1] = \frac{\text{var}[g_1]}{M} = \frac{\sigma_{HH}^2 + \sigma_{VV}^2 + 2d_H^2 \sigma_{HH} + 2d_V^2 \sigma_{VV}}{M} \tag{5.10}$$

式中，$d_H, d_V$ 为确定性信号的正交分量幅度。在微弱目标探测的情况下，信噪比一般很低，所以式(5.10)可简化为

$$\text{var}[G_1] : \frac{\sigma_{HH}^2 + \sigma_{VV}^2}{M} \tag{5.11}$$

若 $M$ 足够大，则根据中心极限定理可知，$G_1$ 近似服从正态分布。$G_1$ 的概率密度函数为

$$f(G_1) = \frac{1}{\sigma_{HH}\sqrt{2\pi(\lambda^2 + 1)}} \exp\left\{ -\frac{(G_1 - \sigma_{HH}(\lambda - 1) - g_{T1})^2}{2\sigma_{HH}^2(\lambda^2 + 1)} \right\} \tag{5.12}$$

若 $M$ 较小，此时 $G_1$ 的分布不可视为正态分布，则可以按照概率密度函数变换方法求解，这里不再赘述。在进行 $G_2$ 分量和 $G_3$ 分量统计分布的求解时，均假定 $M$ 足够大。

同理可知，$G_2$ 的概率密度函数为

$$f(G_2) = \frac{1}{2\sigma_{HH}\sqrt{\pi\lambda/M}} \exp\left\{ -\frac{(G_2 - g_{T2})^2}{4\lambda\sigma_{HH}^2/M} \right\} \tag{5.13}$$

$G_3$ 分量的概率密度函数为

$$f(G_3) = \frac{1}{2\sigma_{HH}\sqrt{\pi\lambda/M}} \exp\left\{ -\frac{(G_3 - g_{T3})^2}{4\lambda\sigma_{HH}^2/M} \right\} \tag{5.14}$$

$\boldsymbol{G} = (G_1, G_2, G_3)^T$ 的三个 Stokes 统计分量都是正态随机变量，故 $\boldsymbol{G} = (G_1, G_2, G_3)^T$ 的联合概率密度为

$$f(\boldsymbol{G}) = \frac{1}{\pi^2 |\boldsymbol{K}|} \exp\left\{ -\frac{1}{2}(\boldsymbol{G} - \boldsymbol{g}_T)^H \boldsymbol{K}^{-1}(\boldsymbol{G} - \boldsymbol{g}_T) \right\} \tag{5.15}$$

式中，$\boldsymbol{K}$ 为协方差矩阵，易知 $\boldsymbol{K} = \begin{bmatrix} \text{var}(G_1) & 2(\sigma_{HH} - \sigma_{VV})d_H d_V/M & 0 \\ 2(\sigma_{HH} - \sigma_{VV})d_H d_V/M & \text{var}(G_2) & 0 \\ 0 & 0 & \text{var}(G_3) \end{bmatrix}$。

在微弱信号条件下，$\boldsymbol{K} = \begin{bmatrix} \text{var}[G_1] & & \\ & \text{var}[G_2] & \\ & & \text{var}[G_3] \end{bmatrix}$。为方便起见，下面的讨

论主要集中在微弱信号条件下，也就是 $\boldsymbol{G}=(G_1,G_2,G_3)^T$ 中的 3 个变量统计独立的情况。

3. 基于极化聚类中心的微弱信号检测算法设计

在微弱信号条件下，这里取信号极化聚类中心的统计近似值。雷达回波信号检测实质上是一个二元假设检验。问题可转化为

$$H_0:\boldsymbol{G}=\boldsymbol{G}_n$$
$$H_1:\boldsymbol{G}=(G_1,G_2,G_3)^T+\boldsymbol{G}_n \tag{5.16}$$

式中，$\boldsymbol{G}_n$ 为噪声的极化聚类中心。将其概率密度分别记为 $f(\boldsymbol{G}\mid H_0)$ 和 $f(\boldsymbol{G}\mid H_1)$，由此即得似然比检测判决关系式为

$$\Lambda(G)=\ln\frac{f(\boldsymbol{G}\mid H_1)}{f(\boldsymbol{G}\mid H_0)}\mathop{\gtrless}\limits_{H_0}^{H_1}\eta \tag{5.17}$$

式中，$\eta$ 为检测门限，它由具体的检测准则决定。由似然比函数定义式可知，它必然是 $G$ 的函数，如果求得 $\Lambda(G)$ 的概率密度为 $f_\Lambda(\lambda\mid H_0)$ 和 $f_\Lambda(\lambda\mid H_1)$，那么就可以针对具体的检验准则计算其检验性能。例如，对于 Neyman-Pearson 准则，要求检测虚警概率维持在一定水平以内，即要求

$$P_{fa}=\int_\eta^\infty f_\Lambda(\lambda\mid H_0)d\lambda\le\alpha$$

式中，$\alpha$ 为虚警概率水平。由此式可以导出

$$\lambda\ge\lambda_\alpha$$

式中，$\lambda_\alpha$ 即为恒虚警率(CFAR)检测门限，相应可得到检测概率为

$$P_d=\int_{\lambda_\alpha}^\infty f_\Lambda(\lambda\mid H_1)d\lambda$$

将 $\boldsymbol{G}$ 的概率密度公式(5.15)代入似然比检验判决式(5.17)中得

$$(\boldsymbol{G}-\boldsymbol{g}_N)^H\boldsymbol{K}^{-1}(\boldsymbol{G}-\boldsymbol{g}_n)-(\boldsymbol{G}-\boldsymbol{g}_T)^H\boldsymbol{K}^{-1}(\boldsymbol{G}-\boldsymbol{g}_T)\mathop{\gtrless}\limits_{H_0}^{H_1}\eta \tag{5.18}$$

化简可得

$$\boldsymbol{G}^H\boldsymbol{K}^{-1}\boldsymbol{g}_{T0}\mathop{\gtrless}\limits_{H_0}^{H_1}\frac{1}{2}(\eta+\boldsymbol{g}_T^H\boldsymbol{K}^{-1}\boldsymbol{g}_T-\boldsymbol{g}_N^H\boldsymbol{K}^{-1}\boldsymbol{g}_N) \tag{5.19}$$

式中

$$\boldsymbol{b}=\boldsymbol{K}^{-1}\boldsymbol{g}_{T0},\quad A=\boldsymbol{g}_{T0}^H\boldsymbol{K}^{-1}\boldsymbol{g}_{T0},\quad c=\boldsymbol{g}_T^H\boldsymbol{K}^{-1}\boldsymbol{g}_T-\boldsymbol{g}_N^H\boldsymbol{K}^{-1}\boldsymbol{g}_N$$

则式(5.19)化简为

$$\boldsymbol{b}^{\mathrm{H}}\boldsymbol{G} \underset{H_0}{\overset{H_1}{\gtrless}} \frac{1}{2}(\eta + \boldsymbol{c}) \tag{5.20}$$

注意到 $\boldsymbol{b}$ 是确定性 $3 \times 1$ 矢量,而 $\boldsymbol{G}$ 服从高斯分布,故知

$$\begin{cases} \boldsymbol{b}^{\mathrm{H}}\boldsymbol{G} \,|\, H_0 \sim N(\boldsymbol{b}^{\mathrm{H}}\,\boldsymbol{g}_{\mathrm{N}}, \boldsymbol{b}^{\mathrm{H}} Kb) = \boldsymbol{N}(\boldsymbol{b}^{\mathrm{H}}\,\boldsymbol{g}_{\mathrm{N}}, \boldsymbol{A}) \\ \boldsymbol{b}^{\mathrm{H}}\boldsymbol{G} \,|\, H_1 \sim N(\boldsymbol{b}^{\mathrm{H}}\,\boldsymbol{g}_{\mathrm{T}}, \boldsymbol{A}) \end{cases} \tag{5.21}$$

若记 $z = \boldsymbol{b}^{\mathrm{H}}\boldsymbol{G}$ , $\boldsymbol{b}_{\mathrm{N}} = \boldsymbol{b}^{\mathrm{H}}\,\boldsymbol{g}_{\mathrm{N}} = \boldsymbol{b}^{\mathrm{H}}(\sigma_{\mathrm{HH}}(\lambda-1), 0, 0)^{\mathrm{T}}$ , $\boldsymbol{b}_{\mathrm{T}} = \boldsymbol{b}^{\mathrm{H}}\,\boldsymbol{g}_{\mathrm{T}}$ , $\boldsymbol{A} = \boldsymbol{b}_{\mathrm{T}} - \boldsymbol{b}_{\mathrm{N}}$ ,则可得检验统计量 $z$ 的条件概率密度为

$$\begin{cases} z \,|\, H_0 \sim N(\boldsymbol{b}_{\mathrm{N}}, \boldsymbol{A}) \\ z \,|\, H_1 \sim N(\boldsymbol{b}_{\mathrm{T}}, \boldsymbol{A}) \end{cases} \tag{5.22}$$

设似然比检验统计量 $z$ 的检验门限为 $\lambda$ ,虚警概率限定在 $\alpha$ 水平之内,则有

$$P_{\mathrm{fa}} = \int_{\lambda}^{\infty} f(z \,|\, H_0)\mathrm{d}z \leqslant \alpha$$

将 $z$ 的条件概率密度代入即可求得

$$\lambda \geqslant \lambda_{\alpha} = -\sqrt{A}\Phi^{-1}(\alpha) + b_{\mathrm{N}} \tag{5.23}$$

由此即得相应的检测概率为

$$P_{\mathrm{d}} = \int_{\lambda_{\alpha}}^{\infty} f(z \,|\, H_1)\mathrm{d}z = \Phi[\sqrt{A} + \Phi^{-1}(\alpha)] \tag{5.24}$$

式中, $\Phi(\cdot)$ 为标准正态概率积分, $\Phi^{-1}(\cdot)$ 为其反函数。

### 4. 信号极化方式未知的极化检测

对未知参数采用最大似然估计,并把该估计当成真值来进行似然比检验。针对本节的假设与以上分析, $g_{\mathrm{T}}$ 的最大似然估计就是 $\boldsymbol{G}$ ,代入广义似然比中,得到判决规则为

$$(\boldsymbol{G} - \boldsymbol{g}_{\mathrm{N}})^{\mathrm{H}} K^{-1} (\boldsymbol{G} - \boldsymbol{g}_{\mathrm{N}}) \underset{H_0}{\overset{H_1}{\gtrless}} \eta \tag{5.25}$$

若记 $z = (\boldsymbol{G} - \boldsymbol{g}_{\mathrm{N}})^{\mathrm{H}} K^{-1} (\boldsymbol{G} - \boldsymbol{g}_{\mathrm{N}})$ ,则可得检验统计量 $z$ 在不同假设下的概率分布函数:在噪声条件下随机变量 $(\boldsymbol{G} - \boldsymbol{g}_{\mathrm{N}})$ 是均值为 0 的正态分布,那么 $z = (\boldsymbol{G} - \boldsymbol{g}_{\mathrm{N}})^{\mathrm{H}} \boldsymbol{K}^{-1} (\boldsymbol{G} - \boldsymbol{g}_{\mathrm{N}})$ 在此条件下的分布就是 3 个标准正态分布 $N(0,1)$ 的平方和,此时 $z$ 应当服从分布 $\chi^2 : \chi^2(3)$ ,进而有

$$f(z \,|\, H_0) = \begin{cases} \dfrac{1}{2^{n/2}\Gamma(n/2)} z^{n/2-1} \mathrm{e}^{-z/2}, & z > 0 \\ 0, & \text{其他} \end{cases} \tag{5.26}$$

在存在信号的条件下,因为高斯分布不再是 $N(0,1)$ 的标准正态分布,所以它们并不服从以上分布。

根据 Neyman-Pearson 准则,设似然比检验统计量 $z$ 的检验门限为 $\lambda$ ,虚警概率限定在 $\alpha$ 水平之内,则有

$$P_{\mathrm{fa}} = \int_{\lambda}^{\infty} f(z \mid H_0) \mathrm{d}z \leqslant \alpha$$

将 $z$ 的条件概率密度代入上式即可求得

$$\lambda \geqslant \lambda_{\alpha} = \chi_{\alpha}^{2}(3) \tag{5.27}$$

检测概率为

$$P_{\mathrm{d}} = \int_{\lambda_{\alpha}}^{\infty} f(z \mid H_1) \mathrm{d}z \tag{5.28}$$

### 5.1.2 均匀杂波中小目标信号的极化检测

存在杂波的条件下,雷达接收信号的协方差矩阵一般不再为对称矩阵,可视为一般极化基下目标信号的极化检测问题。

#### 1. 正交极化基的变换

针对 Hermitian 矩阵 $\boldsymbol{\Sigma}_n$ ,$(\hat{\boldsymbol{a}}, \hat{\boldsymbol{b}})$ 为一般极化基,$\boldsymbol{\Sigma}_n = \boldsymbol{\Sigma}_{AB} = \begin{bmatrix} \sigma_{AA} & \sigma_{AB} \\ \sigma_{BA} & \sigma_{BB} \end{bmatrix} = \boldsymbol{U}^{\mathrm{H}} \begin{bmatrix} \lambda_1 & \\ & \lambda_2 \end{bmatrix} \boldsymbol{U} = \boldsymbol{U}^{\mathrm{H}} \boldsymbol{\Lambda} \boldsymbol{U}$,$\lambda_1$、$\lambda_2$ 为协方差矩阵的特征值,$\boldsymbol{U}$ 为特征极化基过渡酉矩阵,此时的极化称为特征极化,$\boldsymbol{\Lambda} = \begin{bmatrix} \lambda_1 & \\ & \lambda_2 \end{bmatrix}$ 称为特征协方差[4]。

$$\boldsymbol{j}_{AB}(t) = R\{[\boldsymbol{U}^{\mathrm{H}} \boldsymbol{e}_{HV}(t)] \bigotimes [\boldsymbol{U}^{\mathrm{H}} \boldsymbol{e}_{HV}(t)]^*\} = R(\boldsymbol{U}^{\mathrm{H}} \bigotimes \boldsymbol{U}^{\mathrm{T}}) R^{-1} \boldsymbol{j}_{HV}(t), \quad t \in \boldsymbol{T}$$

若记 $\boldsymbol{Q} = \boldsymbol{R}(\boldsymbol{U} \bigotimes \boldsymbol{U}^*) \boldsymbol{R}^{-1}$ ,则 $\boldsymbol{Q}$ 矩阵满足如下性质[2]:

(1) $\boldsymbol{Q}$ 矩阵为酉矩阵,即有 $\boldsymbol{Q}^{\mathrm{T}} \boldsymbol{Q} = \boldsymbol{I}_4$ ;

(2) $\boldsymbol{Q}$ 矩阵可以写成准对角形式,即有 $\boldsymbol{Q} = \begin{bmatrix} 1 & \boldsymbol{0} \\ \boldsymbol{0} & \boldsymbol{Q}_3 \end{bmatrix}$ ,$\boldsymbol{Q}_3$ 也为酉矩阵。

因而,该电磁波在一般极化基 $(\hat{\boldsymbol{a}}, \hat{\boldsymbol{b}})$ 下的 Stokes 子矢量可表示为

$$\boldsymbol{g}_{AB}(t) = \boldsymbol{Q}_3^{\mathrm{H}} \boldsymbol{g}_{HV}(t), \quad t \in \boldsymbol{T} \tag{5.29}$$

同理,其协方差矩阵的变换公式为

$$\boldsymbol{\Sigma}_{AB} = \boldsymbol{Q}_3^H \boldsymbol{\Sigma}_{HV} \boldsymbol{Q}_3 \tag{5.30}$$

其协方差矩阵的逆变换公式为

$$\boldsymbol{\Sigma}_{AB}^{-1} = (\boldsymbol{Q}_3^H \boldsymbol{\Sigma}_{HV} \boldsymbol{Q}_3)^{-1} = \boldsymbol{Q}_3^{-1} \boldsymbol{\Sigma}_{HV}^{-1} (\boldsymbol{Q}_3^H)^{-1}$$

由于 $\boldsymbol{Q}_3^H \boldsymbol{Q}_3 = \boldsymbol{I}$，因此有

$$\boldsymbol{\Sigma}_{AB}^{-1} = (\boldsymbol{Q}_3^H \boldsymbol{\Sigma}_{HV} \boldsymbol{Q}_3)^{-1} = \boldsymbol{Q}_3^{-1} \boldsymbol{\Sigma}_{HV}^{-1} (\boldsymbol{Q}_3^H)^{-1} = \boldsymbol{Q}_3^H \boldsymbol{\Sigma}_{HV}^{-1} \boldsymbol{Q}_3 \tag{5.31}$$

2. 极化聚类中心表征及其统计分布

对于任一时刻，有 $\boldsymbol{n}(t) = \begin{bmatrix} n_A(t) \\ n_B(t) \end{bmatrix} \sim N(0, \boldsymbol{\Sigma}_n), t \in \boldsymbol{T}$，其中 $\boldsymbol{\Sigma}_n = \boldsymbol{\Sigma}_{AB} = \begin{bmatrix} \sigma_{AA} & \sigma_{AB} \\ \sigma_{BA} & \sigma_{BB} \end{bmatrix}$。其瞬态 Stokes 子矢量各分量的概率密度函数[18]为

$$f_{G_{AB1}}(\boldsymbol{g}_{AB1}) = \begin{cases} \dfrac{1}{Q_{AB}} \exp\left\{ \dfrac{\sigma_{AA} - \sigma_{BB} - Q_{AB}}{2|\boldsymbol{\Sigma}_{AB}|} g_{AB1} \right\}, & \boldsymbol{g}_{AB1} \geqslant 0 \\ \dfrac{1}{Q_{AB}} \exp\left\{ \dfrac{\sigma_{AA} - \sigma_{BB} + Q_{AB}}{2|\boldsymbol{\Sigma}_{AB}|} g_{AB1} \right\}, & \boldsymbol{g}_{AB1} < 0 \end{cases} \tag{5.32}$$

式中，$Q_{AB} = \sqrt{(\sigma_{AA} + \sigma_{BB})^2 - 4|\sigma_{AB}|^2}$。同理可知其他 Stokes 子矢量的概率分布函数[18]。

那么，可推得接收机噪声任一采样瞬态 Stokes 子矢量各分量的一阶矩和二阶矩特征分别为

$$E[\boldsymbol{g}_{AB1}] = \sigma_{AA} - \sigma_{BB} \tag{5.33}$$

那么，$\boldsymbol{g}_{AB1}$ 的二阶矩为

$$E[\boldsymbol{g}_{AB1}^2] = 2(\sigma_{AA}^2 + \sigma_{BB}^2 - \sigma_{AA}\sigma_{BB} - |\sigma_{AB}|^2) \tag{5.34}$$

$$\text{var}[\boldsymbol{g}_{AB1}] = \sigma_{AA}^2 + \sigma_{BB}^2 - 2|\sigma_{AB}|^2 \tag{5.35}$$

同理可以得出 $\boldsymbol{g}_{AB2}$、$\boldsymbol{g}_{AB3}$ 的统计数字特征。

若将 $\boldsymbol{\Sigma}_{AB}$ 展开为列矢量，并记为

$$\boldsymbol{l}_{AB} = [\sigma_{BB}, \sigma_{BA}, \sigma_{AB}, \sigma_{AA}]^T$$

则 Stokes 子矢量 $\boldsymbol{g}_{AB}$ 的联合概率密度函数表达式可以写为如下的简化形式：

$$f(\boldsymbol{g}_{AB}) = \frac{1}{4\pi g_{AB0}|\boldsymbol{\Sigma}_{AB}|} \exp\left\{ -\frac{(\boldsymbol{R}_m \boldsymbol{l}_{AB})^T \boldsymbol{j}_{AB}}{2|\boldsymbol{\Sigma}_{AB}|} \right\} = \frac{1}{4\pi g_{AB0}|\boldsymbol{\Sigma}_{AB}|} \exp\left\{ -\frac{(\boldsymbol{L}_{AB})^T \boldsymbol{j}_{AB}}{2|\boldsymbol{\Sigma}_{AB}|} \right\}$$

$$\tag{5.36}$$

式中，$\boldsymbol{j}_{AB} = [g_{AB0}, \boldsymbol{g}_{AB}^{\mathrm{T}}]^{\mathrm{T}}$，$\boldsymbol{R}_m = \begin{bmatrix} 1 & 0 & 0 & 1 \\ 1 & 0 & 0 & -1 \\ 0 & -1 & -1 & 0 \\ 0 & \mathrm{j} & -\mathrm{j} & 0 \end{bmatrix}$，$\boldsymbol{L}_{HV} = \begin{bmatrix} L_0 \\ L_1 \\ L_2 \\ L_3 \end{bmatrix} = \begin{bmatrix} \sigma_{BB} + \sigma_{AA} \\ \sigma_{BB} - \sigma_{AA} \\ -2\mathrm{Re}(\sigma_{AB}) \\ 2\mathrm{Im}(\sigma_{AB}) \end{bmatrix}$。

在特征极化基下，电磁波的 Stokes 子矢量 $\boldsymbol{g}_{HV}$ 的相关矩阵为对角阵，即

$$\boldsymbol{\Psi}_{HV} = \langle \boldsymbol{g}_{HV} \boldsymbol{g}_{HV}^{\mathrm{H}} \rangle = \mathrm{diag}(\sigma_{HV1}, \sigma_{HV3}, \sigma_{HV3}) \tag{5.37}$$

在一般极化基条件下，Stokes 矢量的相关矩阵为

$$\boldsymbol{\Psi}_{AB} = \langle \boldsymbol{g}_{AB} \boldsymbol{g}_{AB}^{\mathrm{H}} \rangle = \langle \boldsymbol{Q}_3^{\mathrm{H}} \boldsymbol{g}_{HV} \boldsymbol{g}_{HV}^{\mathrm{H}} \boldsymbol{Q}_3 \rangle = \boldsymbol{Q}_3^{\mathrm{H}} \boldsymbol{\Psi}_{HV} \boldsymbol{Q}_3 \tag{5.38}$$

可见在非特征极化基下 Stokes 子矢量通常是相关的。

$\boldsymbol{G} = (G_1, G_2, G_3)^{\mathrm{T}}$ 的 3 个 Stokes 统计分量都是正态随机变量但并不一定相互独立，所以联合分布的概率[19]为

$$f(\boldsymbol{G}) = \frac{1}{\pi^2 |\boldsymbol{\Sigma}_{AB}|} \exp\{-(\boldsymbol{G} - \boldsymbol{g}_{ABT})^{\mathrm{H}} \boldsymbol{\Sigma}_{AB}^{-1} (\boldsymbol{G} - \boldsymbol{g}_{ABT})\} \tag{5.39}$$

式中，$\boldsymbol{\Sigma}_{AB}$ 为协方差矩阵，$\boldsymbol{\Sigma}_{AB}^{-1} = \boldsymbol{Q}_3^{\mathrm{H}} \boldsymbol{\Sigma}_{HV}^{-1} \boldsymbol{Q}_3$，下标 $AB$ 表示当前极化基。

### 3. 基于极化聚类中心的目标信号检测算法及其优化设计

由式(5.22)可知，检验统计量 $z = \boldsymbol{b}_{AB}^{\mathrm{H}} \boldsymbol{G}_{AB}$ 的条件概率密度为

$$\begin{cases} z \mid H_0 \sim N(b_{ABN}, A_{AB}) \\ z \mid H_1 \sim N(b_{ABT}, A_{AB}) \end{cases} \tag{5.40}$$

式中，$\boldsymbol{b}_{AB} = \boldsymbol{\Sigma}_{AB}^{-1} \boldsymbol{g}_{ABT0}$，$A_{AB} = \boldsymbol{g}_{ABT0}^{\mathrm{H}} \boldsymbol{\Sigma}_{AB}^{-1} \boldsymbol{g}_{ABT0}$，符号含义同上。

根据 Stokes 子矢量的极化基变换公式可知，检验统计量为

$$\boldsymbol{b}_{AB}^{\mathrm{H}} \boldsymbol{G}_{AB} = (\boldsymbol{K}_{AB}^{-1} \boldsymbol{g}_{ABT0})^{\mathrm{H}} \boldsymbol{G}_{AB} = (\boldsymbol{Q}_3^{\mathrm{H}} \boldsymbol{\Sigma}_{HV}^{-1} \boldsymbol{Q}_3 \boldsymbol{Q}_3^{\mathrm{H}} \boldsymbol{g}_{HVT0})^{\mathrm{H}} \boldsymbol{Q}_3^{\mathrm{H}} \boldsymbol{g}_{HV} = \boldsymbol{g}_{HVT0}^{\mathrm{H}} \boldsymbol{\Sigma}_{HV}^{-1} \boldsymbol{g}_{HV}$$

$z \mid H_0$ 概率密度参数的均值变换为

$$\begin{aligned} \boldsymbol{b}_{ABN} &= \boldsymbol{g}_{ABT0}^{\mathrm{H}} \boldsymbol{\Sigma}_{AB}^{-1} \boldsymbol{g}_{ABN} = (\boldsymbol{Q}_3^{\mathrm{H}} \boldsymbol{g}_{HVT0})^{\mathrm{H}} (\boldsymbol{Q}_3^{\mathrm{H}} \boldsymbol{\Sigma}_{HV}^{-1} \boldsymbol{Q}_3)(\boldsymbol{Q}_3^{\mathrm{H}} \boldsymbol{g}_{HVN}) \\ &= \boldsymbol{g}_{HVT0}^{\mathrm{H}} \boldsymbol{\Sigma}_{HV}^{-1} \boldsymbol{g}_{HVN} = \boldsymbol{b}_{HVN} \end{aligned} \tag{5.41}$$

$z \mid H_1$ 概率密度参数的均值变换为

$$\begin{aligned} \boldsymbol{b}_{ABT0} &= \boldsymbol{g}_{ABT0}^{\mathrm{H}} \boldsymbol{\Sigma}_{AB}^{-1} \boldsymbol{g}_{ABT0} = (\boldsymbol{Q}_3^{\mathrm{H}} \boldsymbol{g}_{HVT0})^{\mathrm{H}} (\boldsymbol{Q}_3^{\mathrm{H}} \boldsymbol{\Sigma}_{HV}^{-1} \boldsymbol{Q}_3)(\boldsymbol{Q}_3^{\mathrm{H}} \boldsymbol{g}_{HVT0}) \\ &= \boldsymbol{g}_{HVT0}^{\mathrm{H}} \boldsymbol{\Sigma}_{HV}^{-1} \boldsymbol{g}_{HVT0} = \boldsymbol{b}_{HVT0} \end{aligned} \tag{5.42}$$

$z$ 概率密度参数的方差变换为

$$\begin{aligned} \boldsymbol{A}_{AB} &= \boldsymbol{g}_{ABT0}^{\mathrm{H}} \boldsymbol{\Sigma}_{AB}^{-1} \boldsymbol{g}_{ABT0} = (\boldsymbol{Q}_3^{\mathrm{H}} \boldsymbol{g}_{HVT0})^{\mathrm{H}} \boldsymbol{Q}_3^{\mathrm{H}} \boldsymbol{\Sigma}_{HV}^{-1} \boldsymbol{Q}_3 (\boldsymbol{Q}_3^{\mathrm{H}} \boldsymbol{g}_{HVT0}) \\ &= \boldsymbol{g}_{HVT0}^{\mathrm{H}} \boldsymbol{\Sigma}_{HV}^{-1} \boldsymbol{g}_{HVT0} = A_{HV} \end{aligned} \tag{5.43}$$

　　所以,此检验统计量的概率密度分布是极化不变量。也就是说,不同极化基下的极化检测性能是信号噪声的固有属性,并不随极化基的变化而改变。

　　下面给出极化检测优化算法流程:

　　(1) 将噪声协方差进行对角化处理,得出西变换矩阵 $\boldsymbol{U}^{\mathrm{H}}$ ,计算 $\boldsymbol{Q}$、$\boldsymbol{Q}_3^{\mathrm{H}}$;

　　(2) 利用西变换矩阵将信号极化形式 $\boldsymbol{g}_{\mathrm{ABT0}}$ 转化为特征极化 $\boldsymbol{g}_{\mathrm{HVT0}} = \boldsymbol{Q}_3 \boldsymbol{g}_{\mathrm{ABT0}}$;

　　(3) 设似然比检验统计量 $z$ 的检验门限为 $\lambda$ ,虚警概率限定在 $\alpha$ 水平之内,则

$$\lambda \geqslant \lambda_\alpha = -\sqrt{A} \Phi^{-1}(\alpha) + b_{\mathrm{HVN}}$$

　　(4) 根据式(5.27)计算样本统计量 $G$ ,检验统计量 $z = \boldsymbol{g}_{\mathrm{HVT0}}^{\mathrm{H}} \boldsymbol{\Sigma}_{\mathrm{HV}}^{-1} \boldsymbol{g}_{\mathrm{HV}}$ ;

　　(5) 将检验统计量 $z$ 与门限 $\lambda \geqslant \lambda_\alpha = -\sqrt{A} \Phi^{-1}(\alpha) + b_{\mathrm{HVN}}$ 做比较,即可以检测出信号是否存在,相应的检测概率为

$$P_{\mathrm{d}} = \int_{\lambda_\alpha}^{\infty} f(z \mid H_1) \mathrm{d}z = \Phi[\sqrt{A} + \Phi^{-1}(\alpha)] \tag{5.44}$$

### 5.1.3　仿真实验与结果分析

　　下面通过计算机仿真来分析以上方法的检测性能。首先,给出信噪比的定义 (令 $\lambda_1 = \sigma$)

$$\mathrm{SNR} = \frac{\dfrac{1}{T} \int_T [\, |e_{\mathrm{HS}}(t)|^2 + |e_{\mathrm{VS}}(t)|^2 \,] \mathrm{d}t}{\sigma_{AA} + \sigma_{BB}}$$

式中, $\boldsymbol{\Sigma}_n = \boldsymbol{\Sigma}_{AB} = \begin{bmatrix} \sigma_{AA} & \sigma_{AB} \\ \sigma_{BA} & \sigma_{BB} \end{bmatrix} = \boldsymbol{U}^{\mathrm{H}} \boldsymbol{\Lambda} \boldsymbol{U} = \boldsymbol{U}^{\mathrm{H}} \begin{bmatrix} \lambda_1 & \\ & \lambda\lambda_1 \end{bmatrix} \boldsymbol{U}$,其中 $\lambda_2 = \lambda\lambda_1$,目标回波信号 $\boldsymbol{e}_{\mathrm{HVS}}(t) = \begin{bmatrix} d_1 \\ d_2 \end{bmatrix} \mathrm{e}^{\mathrm{j}2\pi f_0 t + \mathrm{j}2\pi f_\mathrm{d} t} = \begin{bmatrix} d \\ \gamma d \end{bmatrix} \mathrm{e}^{\mathrm{j}2\pi f_0 t + \mathrm{j}2\pi f_\mathrm{d} t}$ , $f_\mathrm{d}$ 为多普勒频移,$\gamma$ 为正数(极化在此时为线极化),通过噪声功率与信噪比就可以求出信号的幅度。为分析方便,以下假设 $\gamma = 0$。

　　(1) $\lambda = 1$ 时,令其恒虚警率水平 $\alpha = 10^{-6}$,SNR $= -5\mathrm{dB}$,此时检测概率随不相干采样点数 $M$ 的变化曲线如图 5.1 所示。由图 5.1 可知,当 $M \geqslant 270$ 时,检测概率基本不再随采样点数的增加而增加,处于极限检测状态 $P_\mathrm{d} \approx 1$,以下仿真均取 $M = 300$。此时检测性能与其他 SNR 最优滤波器比较相同,性能提高 $8.8\mathrm{dB}$。

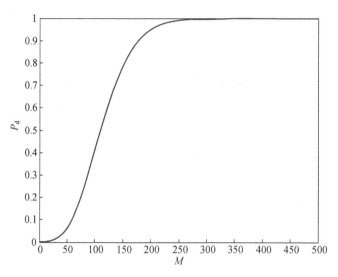

图 5.1　检测概率随采样点数的变化曲线

（2）在不同 $\lambda$ 下，采样点数 $M$ 优化的检测概率随信噪比的变化曲线如图 5.2 所示，所以 $\lambda$ 的取值对检测概率的影响是较小的，并且 $\lambda$ 和 $1/\lambda$ 具有完全相同的检测性能，保证了算法的稳定性。当 SNR＝－5dB 时，$\lambda \in (0.01, 100)$，其检测概率在 99.90％以上，当 $\lambda \in (0.01, 100)$、SNR＝－6dB 时，其检测概率在 92.79％以上。相对于普通单极化雷达，平均有 15～20dB 的性能改善；并且很明显比常规的 ISVS 的极化检测方法要优越很多，噪声方差失配（差别）不是很严重时，相同条件达到同一检测概率的情况下，性能改善 1～5dB；极化失配 10 倍时，与最优 SNR 检测器比较，其检测性能提高 10％；极化通道噪声方差失配越大，本算法的优越性就体现得越明显，说明新算法有很高的稳定性、适应性和高效性。

　　根据以上分析可知，对于仿真条件下的微弱信号检测，其检测概率几乎完全取决于信噪比以及采样点数，受 $\lambda$ 的影响较小，这对于反隐身、预警和空间探测等应用领域的研究具有重要的指导意义。

　　（3）蒙特卡罗仿真次数为 $10^5$ 条件下，通过不同的噪声方差之比确定检测门限

$$\lambda_a = -\sqrt{A}\,\Phi^{-1}(\alpha) + b_{\mathrm{N}} = -\mathrm{SNR}\left(\Phi^{-1}(\alpha)\sqrt{M\left(1 + \frac{2\lambda}{\lambda^2 + 1}\right)} - \left(1 - \frac{2}{\lambda^2 + 1}\right)M\right),$$

在上面的相同条件下，在误差允许的范围内验证了结论的正确性。相同条件下，仿真结果与理论检测概率的比较如图 5.3(a)所示。

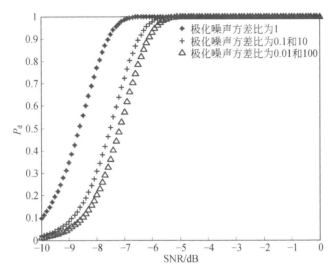

图 5.2　不同 λ 且 M 优化的条件下检测概率随信噪比(dB)的变化曲线

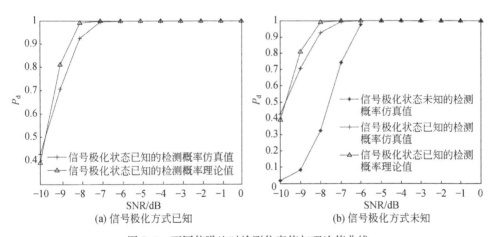

图 5.3　不同信噪比时检测仿真值与理论值曲线

（4）在确定性信号的极化方式未知的情况下，采用以上的假设条件，即 $\alpha = 10^{-6}$、SNR $= -5$ dB、$\lambda = 0.8$ 时极化波的检测概率为 99.90%。相同条件下检测概率随信噪比的曲线如图 5.3(b)所示。

经大量仿真分析验证，未确定信号极化方式的检测性能与已知信号极化的检测性能在足够采样点的情况下相差不大，这就为这种检测器的实用性与可扩展性提供了极大的方便。

（5）如果噪声方差矩阵 $\begin{bmatrix} \sigma_{HH} & \sigma_{HV} \\ \sigma_{VH} & \sigma_{VV} \end{bmatrix} = \begin{bmatrix} 0.9 & -0.1 \\ -0.1 & 0.9 \end{bmatrix}$，那么此时 $\lambda = 1.25$，假定恒虚警概率为 $\alpha = 10^{-6}$、SNR$=-5$dB、蒙特卡罗仿真次数为 $10^5$，在采样点数足够（取 $M = 300$）的情况下，检测概率随信号极化参数 $\gamma$ 的变化规律如图 5.4（a）所示。如果噪声方差矩阵 $\begin{bmatrix} \sigma_{HH} & \sigma_{HV} \\ \sigma_{VH} & \sigma_{VV} \end{bmatrix} = \begin{bmatrix} 0.9 & 0 \\ 0 & 0.9 \end{bmatrix}$，那么此时 $\lambda = 1$，假定恒虚警概率为 $\alpha = 10^{-6}$，信噪比 SNR$=-5$dB，蒙特卡罗仿真次数为 $10^5$，采样点数足够（取 $M = 300$）的情况下，检测概率随信号极化参数 $\gamma$ 的变化规律如图 5.4（b）所示。

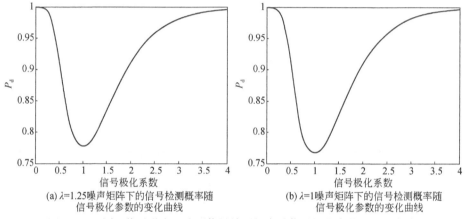

(a) $\lambda = 1.25$噪声矩阵下的信号检测概率随信号极化参数的变化曲线　　(b) $\lambda = 1$噪声矩阵下的信号检测概率随信号极化参数的变化曲线

图 5.4　不同 $\lambda$ 值时噪声矩阵下信号检测概率随信号极化参数的变化曲线

（6）在 SNR$=-5$dB、$\gamma = 0.5$、蒙特卡罗仿真次数为 $10^5$、采样点数足够（取 $M = 300$）的情况下，检测概率随噪声极化参数 $\lambda$ 的变化规律如图 5.5（a）所示。在

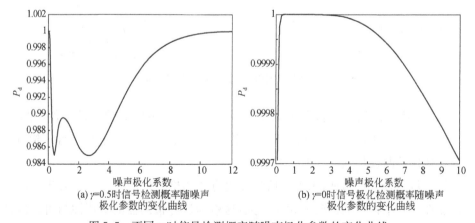

(a) $\gamma = 0.5$时信号检测概率随噪声极化参数的变化曲线　　(b) $\gamma = 0$时信号极化检测概率随噪声极化参数的变化曲线

图 5.5　不同 $\gamma$ 时信号检测概率随噪声极化参数的变化曲线

SNR＝－5dB、$\gamma=0$、蒙特卡罗仿真次数为$10^5$、采样点数足够(取 $M=300$)的情况下,检测概率随噪声极化参数 $\lambda$ 的变化规律如图 5.5(b)所示。

(7) 在 SNR＝－5dB、蒙特卡罗仿真次数为$10^5$、采样点数足够(取 $M=500$)的情况下,检测概率随信号极化参数 $\gamma$ 和噪声极化参数 $\lambda$ 的变化规律如图 5.6 所示。

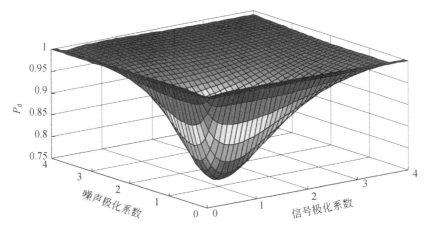

图 5.6　信号检测概率随噪声极化参数以及信号极化参数变化的三维曲线

## 5.2　基于极化度的非均匀杂波中目标信号检测

杂波是由地海面上大量随机散射点反射回波叠加而成的雷达信号。实际中若干强散射点造成了杂波空间分布的非均匀性,这些强散射点同样可被看成一类多点源干扰。在非均匀杂波中,检测慢速或静态目标始终被认为是一个极具挑战性的问题。这主要是因为:一方面杂波与目标多普勒差异不明显,另一方面非均匀性导致传统检测器使用的参考单元样本难以准确估计待检测单元杂波特性。极化已被证明能够提供额外的信息来增强这类杂波中的目标检测能力。

现有杂波中的目标极化检测方法在设计过程中通常首先假设杂波具有特定的高斯或非高斯分布,检验统计量均是在分布假设的基础上建立的,然而,海杂波环境往往具有非均匀复合高斯分布特性,且研究表明即使在相同的观测条件下,不同的极化通道内的海杂波展现的分布特性也不尽相同,例如,文献[21]对海杂波统计特性的研究结论显示,其在 VV 通道内服从 $K$ 分布,而在 HH 通道中则更接近于对数正态分布。由此,在设计目标检测器时,基于各极化通道具有相同分布的假设显然已经与实际情形不符。

　　近年来,研究人员发现,除极化状态参量,用以表征极化纯度的物理量同样可以用于目标检测。法国图卢兹大学的 Shirvany 等提出利用极化度估计量作为检验统计量设计检测器,并将其应用于自然环境中人造金属目标的检测时,取得了较好的检测性能,该类方法可应用于海面浮标、舰船、油井的检测以及均匀农田环境中高压电线塔的检测[22,23]。加拿大遥感中心的 Touzi 等发现,通过优化极化度检验量能够增强海面舰船的检测性能[3]。虽然上述文献给出了实际的检测结果,但对于极化度检测器的性能尚缺少理论分析,同时缺乏与其他现有极化检测器的性能对比,因此本章将利用前面对极化度统计特性的研究成果,设计并深入探讨极化度检测器的理论性能,进一步结合极化滤波技术和极化度检验技术设计一种新的组合极化检测器,对比分析各类极化检测器在不同杂波条件下的适用性。

　　根据前面的研究结论可知,极化度参量在描述杂波极化特性时,无论是在高斯还是在复合高斯分布条件下都具有相同的概率密度函数模型。利用极化度统计量关于高斯或非高斯分布的不敏感性优势,本节考虑将极化度作为检验统计量开展非均匀杂波中目标检测技术研究。

### 5.2.1　极化雷达回波模型

　　考虑杂波环境中一个具有确定极化散射矩阵的慢速或静态目标被一部具有极化测量能力的雷达系统照射,雷达接收信号中既包含目标对雷达发射信号的后向散射回波,同时也包括目标所在分辨单元及其周围大量随机散射点回波的合成杂波信号。假设已知雷达发射信号极化以及波形,则目标散射回波可表示为二维矢量

$$\boldsymbol{s}(t) = \boldsymbol{S}\boldsymbol{T}_p x(t-\tau) \mathrm{e}^{\mathrm{j}2\pi f_0(t-\tau)} \tag{5.45}$$

式中,$\boldsymbol{T}_p = [\cos\gamma \quad \sin\gamma \mathrm{e}^{\mathrm{j}\eta}]^{\mathrm{T}}$,代表雷达发射极化的二维 Jones 矢量,$(\gamma,\eta)$ 为雷达发射极化的相位描述子;$x$ 包含目标散射回波强度及雷达发射波形等与极化无关的信息;$\tau$ 为回波时延;$f_0$ 为发射信号载频,由于目标慢速运动,因此假设多普勒调制信息可忽略;矩阵 $\boldsymbol{S}$ 代表目标的极化散射矩阵,可写为

$$\boldsymbol{S} = \begin{bmatrix} s_{\mathrm{HH}} & s_{\mathrm{HV}} \\ s_{\mathrm{VH}} & s_{\mathrm{VV}} \end{bmatrix} \tag{5.46}$$

　　对于单站条件下的互易性目标,散射矩阵中的交叉极化散射系数满足 $s_{\mathrm{HV}} = s_{\mathrm{VH}}^*$。

　　当进一步考虑采用极化阵列天线接收时,不妨假设阵元个数为 $M$,且目标位于 $(\theta,\varphi)$ 方向,这里 $\theta$ 为相对于波束中心的俯仰角,$\varphi$ 对应方位角。那么目标所在

位置的阵列空域导向矢量可定义为 $M \times 1$ 维列向量

$$\boldsymbol{T}_{\mathrm{s}}(\theta,\varphi) = \begin{bmatrix} \mathrm{e}^{\mathrm{j}2\pi d_1(\theta,\varphi)/\lambda} \\ \mathrm{e}^{\mathrm{j}2\pi d_2(\theta,\varphi)/\lambda} \\ \vdots \\ \mathrm{e}^{\mathrm{j}2\pi d_M(\theta,\varphi)/\lambda} \end{bmatrix} \tag{5.47}$$

式中，$d_m(\theta,\varphi)$ 代表当波达方向为 $(\theta,\varphi)$ 时，第 $m$ 个阵元（$m=1,2,\cdots,M$）的相对参考点的波达路程差。结合式(5.45)构建目标回波信号模型为

$$\boldsymbol{\xi}_{\mathrm{s}}(t-\tau) = \boldsymbol{T}_{\mathrm{s}}(\theta,\varphi) \bigotimes \boldsymbol{s}(t-\tau) = \boldsymbol{T}(\theta,\varphi)x(t-\tau)\mathrm{e}^{\mathrm{j}2\pi f_0(t-\tau)} \tag{5.48}$$

式中，$\boldsymbol{T}(\theta,\varphi)$ 定义为目标的极化空域联合导向矢量

$$\boldsymbol{T}(\theta,\varphi) = \boldsymbol{T}_{\mathrm{s}}(\theta,\varphi) \bigotimes \boldsymbol{S}\boldsymbol{T}_{\mathrm{p}} \tag{5.49}$$

假设杂波信号在各通道内构成的矢量为 $\boldsymbol{\xi}_{\mathrm{c}}(t)$，通道噪声矢量为 $\boldsymbol{q}(t)$，则三个矢量的叠加构成雷达观测信号，经下变频、数字化采样和匹配滤波处理后，任意采样点的观测信号可表示为

$$\begin{aligned} \boldsymbol{\xi}(k) &= \boldsymbol{\xi}_{\mathrm{s}}(k) + \boldsymbol{\xi}_{\mathrm{c}}(k) + \boldsymbol{q}(k) \\ &= \boldsymbol{T}(\theta,\varphi)x(k) + \boldsymbol{\xi}_{\mathrm{c}}(k) + \boldsymbol{q}(k) \end{aligned} \tag{5.50}$$

式中，$k=1,2,\cdots,K$ 为距离向采样序号；$\boldsymbol{\xi}(k)$ 为 $2M \times 1$ 维观测矢量。

### 5.2.2　基于极化度检验统计量的检测器设计

在上述雷达模型基础上，下面将设计基于极化度检验统计量的检测器。假设目标位于单个距离单元内，基于最基本的二元假设检验理论，做出无目标判决时满足 $H_0$，而做出有目标判断时则满足 $H_1$，相应的回波模型表示为

$$\begin{cases} H_0 : \boldsymbol{\xi} = \boldsymbol{\xi}_{\mathrm{c}} + \boldsymbol{q} \\ H_1 : \boldsymbol{\xi} = \boldsymbol{\xi}_{\mathrm{s}} + \boldsymbol{\xi}_{\mathrm{c}} + \boldsymbol{q} \end{cases} \tag{5.51}$$

式中，$\boldsymbol{\xi}_{\mathrm{c}}$ 表示杂波信号矢量。由于上述假设模型独立于采样距离单元的选取，因此这里省略了快时间样本序号 $k$。

当 $H_0$ 成立时，仅含杂波和噪声的观测矢量服从零均值复合高斯分布统计特性，这里复合高斯分布包含各类能够由乘积模型建立的分布（同样包含复高斯分布，乘积模型中的纹理分量为缓变量）。当 $H_1$ 成立时，由于目标具有固定极化散射矩阵，且假设目标的极化空域导向矢量在雷达驻留期内维持不变，因此可以认为 $\boldsymbol{\xi}_{\mathrm{s}}$ 为确定极化矢量。杂波的随机特征不受目标是否存在的影响，因此由目标和杂波合成的观测样本将服从均值为 $\boldsymbol{\xi}_{\mathrm{s}}$ 的复合高斯分布，可表示为

$$\xi_n : \mathbf{CMG}(\xi_s, \boldsymbol{\Sigma}_{c+q}), \quad n=1,\cdots,N \tag{5.52}$$

式中，$n$ 表示待检测距离单元在雷达驻留期内的第 $n$ 次观测；$N$ 为总的观测次数；$\mathbf{CMG}(\xi_s, \boldsymbol{\Sigma}_{c+q})$ 代表均值为 $\xi_s$、协方差矩阵为 $\boldsymbol{\Sigma}_{c+q}$ 的复合高斯分布。

将观测样本的极化度估计量作为新的检验统计量，设计检测器处理流程如下：首先利用待检测距离单元的 $N$ 次观测样本，按式(5.53)估计协方差矩阵

$$\hat{\boldsymbol{\Sigma}} = \frac{1}{N} \sum_{n=1}^{N} \xi_n \xi_n^{\mathrm{H}} \tag{5.53}$$

随后，利用协方差矩阵元素与极化度参量之间的关系式(2.195)，估计极化度作为检验统计量

$$T_{\mathrm{DoP}} = \frac{\sqrt{\operatorname{tr}(\hat{\boldsymbol{\Sigma}})^2 - 4\det(\hat{\boldsymbol{\Sigma}})}}{\operatorname{tr}(\hat{\boldsymbol{\Sigma}})} \begin{array}{c} H_1 \\ \gtrless \\ H_0 \end{array} \eta_{\mathrm{DoP}} \tag{5.54}$$

当 $T_{\mathrm{DoP}} > \eta_{\mathrm{DoP}}$ 时，判断 $H_1$ 假设成立(真实目标存在)，否则判断 $H_0$ 成立。这里，$\eta_{\mathrm{DoP}}$ 为极化度判决门限。

### 5.2.3　极化度检测器性能分析

为分析检测器的理论性能，必须掌握检验统计量在不同假设条件下的分布特性。当满足 $H_0$ 假设时，即待检测单元仅有杂波和噪声信号，由第 4 章的分析可知，无论是高斯还是复合高斯分布($K$ 分布)，极化度估计量的概率密度函数都可重写为

$$f(\hat{p}) = \frac{4^{1-N}(1-\hat{p}^2)^{N-2}\hat{p}(1-P^2)^N}{B(N,N-1)P}\left[(1-\hat{p}P)^{1-2N} - (1+\hat{p}P)^{1-2N}\right] \tag{5.55}$$

首先考虑弱极化杂波的情形，即令式(5.55)中 $P \to 0$ 可得

$$H_0 : f_0(\hat{p}) = \frac{\Gamma(2N)(1-\hat{p}^2)^{N-2}\hat{p}^2}{2^{2K-3}\Gamma(N)\Gamma(N-1)} \tag{5.56}$$

式中，$\hat{p} = T_{\mathrm{DoP}}$，为极化度检测器的检验统计量。当目标存在时，则 $H_1$ 假设成立。由于观测矢量满足非零均值条件，基于非中心复 Wishart 矩阵获取的秩 1 情形下(确定极化分量不为零)建立的极化度估计量概率密度函数可直接用于表征该情形下检验统计量的分布情况，即有

$$H_1 : f_1(\hat{p}) = \frac{\Gamma(2N-1)\mathrm{e}^{-\gamma/2}(1-\hat{p}^2)^{N-2}\hat{p}}{2^{2K-2}\Gamma(N-1)^2\gamma} \tag{5.57}$$

$$\cdot \{{}_1F_1[2N-1;N-1;(1+\hat{p})\gamma] - {}_1F_1[2N-1;N-1;(1-\hat{p})\gamma]\}$$

式中，$\gamma$ 为目标信号功率与杂波噪声功率的比值 SCR。

综合两种假设，极化度检验统计量的分布特性可整理为

$$T_{\mathrm{DoP}}: \begin{cases} f_0(\hat{p}), & H_0 \text{ 条件下} \\ f_1(\hat{p}), & H_1 \text{ 条件下} \end{cases} \tag{5.58}$$

图 5.7 给出了基于极化度假设判决的概率密度函数分布示意图, 图中虚线代表 $f_1(T_{\mathrm{DoP}})$ 对应的概率密度函数, 实线代表 $f_0(T_{\mathrm{DoP}})$, 点划线代表设定的极化度检测门限 $\eta_{\mathrm{DoP}}$, 深灰色部分的面积对应虚警概率, 浅灰色部分的面积对应检测概率。

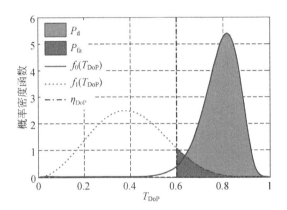

图 5.7　极化度假设检验概率密度函数示意图

根据检验统计量的分布特性, 首先可以通过计算图中深灰色部分的面积给出虚警概率 $P_{\mathrm{fa}}$ 的表达式

$$P_{\mathrm{fa}} = P(T_{\mathrm{DoP}} > \eta_{\mathrm{DoP}} \mid H_0)$$

$$= \int_{\eta_{\mathrm{DoP}}}^{1} f_0(\hat{p}) \mathrm{d}\hat{p} = 1 - \int_{0}^{\eta_{\mathrm{DoP}}} f_0(\hat{p}) \mathrm{d}\hat{p}$$

$$= 1 - \frac{\mathrm{B}_{\eta_{\mathrm{DoP}}^2}\left(N-1, \dfrac{3}{2}\right)}{\mathrm{B}\left(N-1, \dfrac{3}{2}\right)} \tag{5.59}$$

式中, $\mathrm{B}(a,b)$ 和 $\mathrm{B}_{\lambda}(a,b)$ 分别为 Beta 函数和不完全 Beta 函数。Beta 函数和不完全 Beta 函数定义分别为[24]

$$\mathrm{B}(a,b) \equiv \int_{0}^{1} t^{a-1}(1-t)^{b-1}\mathrm{d}t = \frac{\Gamma(a)\Gamma(b)}{\Gamma(a+b)}, \quad \mathrm{Re}\,a > 0, \quad \mathrm{Re}\,b > 0 \tag{5.60}$$

$$\mathrm{B}_{\lambda}(a,b) = \int_{0}^{\lambda} t^{a-1}(1-t)^{b-1}\mathrm{d}t, \quad a > 0, b > 0, \quad 0 < \lambda < 1$$

由式(5.59)不难看出, 检测虚警概率 $P_{\mathrm{fa}}$ 仅为样本数 $N$ 和检测门限 $\eta_{\mathrm{DoP}}$ 的函数, 于

是根据可用样本数和所需虚警概率,可以唯一地确定极化度检测门限 $\eta_{\mathrm{DoP}}$。当极化度检测门限确定后,目标的检测概率相应地可表示为

$$P_{\mathrm{d}} = \int_{\eta_{\mathrm{DoP}}}^{1} f_1(\hat{p}) \mathrm{d}\hat{p} = Q_{f_1}(\eta_{\mathrm{DoP}}) \tag{5.61}$$

式中,$Q$ 代表概率密度函数右尾概率计算函数,对应图 5.7 中的浅灰色部分。

　　为评估所建立的极化度检测器的目标检测性能,图 5.8 给出了不同条件下目标检测概率随信杂比的变化关系。曲线绘制过程为:首先根据所需的虚警概率和样本数,依据式(5.59)确定检测门限,由于难以直接给出检测门限的解析表达式,因此仿真中按照固定间隔($\Delta \hat{p} = 0.01$)遍历门限值的取值范围 $[0,1]$;然后,根据式(5.59)计算每个检测门限对应的虚警概率,从而建立门限和虚警概率对应的关系表;接下来找到最接近所需虚警概率的两个相邻门限;再利用差值方法计算得到虚警概率设定值对应的检测门限;最后按一定的间隔($\Delta \mathrm{SCR} = 1 \mathrm{dB}$)遍历 $[-6 \mathrm{dB}, 16 \mathrm{dB}]$ 范围内的信杂比,同所得门限一同代入式(5.61),即可得到相应的理论性能曲线。

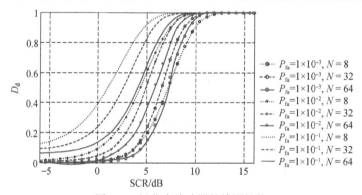

图 5.8　极化度检验器的检测性能

　　仿真中虚警概率 $P_{\mathrm{fa}}$ 分别设置为 $10^{-1}$、$10^{-2}$ 和 $10^{-3}$,对应图中的光滑曲线、带加号的曲线以及带圆圈符号的曲线。样本数 $N = 8$、32 和 64 则分别对应点状线、虚线以及实线。样本数和虚警概率取值的自由组合产生了图中的九条性能曲线。对比不同 $P_{\mathrm{fa}}$ 对应的曲线可以发现,$P_{\mathrm{fa}}$ 越高检测概率越高,说明符合一般的检测性能认知。针对不同的样本数,在 $P_{\mathrm{fa}}$ 较高($P_{\mathrm{fa}} = 10^{-1}$)的情况下,样本数对检测器的性能影响较为严重,反之 $P_{\mathrm{fa}}$ 设置较低时(如 $P_{\mathrm{fa}} = 10^{-3}$),样本数对检测性能的影响较小。

　　上述性能是基于杂波的真实极化度趋于 0 的假设,即认为杂波回波近似为完全未极化波的情形,然而在实际中可能存在杂波真实极化度大于 0 的情形。此时,根据式(5.55)不难看出,$H_0$ 假设下的检验统计量分布特性会受到真实极化度的影响,而不仅仅是样本数和虚警概率的函数。为获得该情形下极化检测性能曲线,

将式(5.55)代入虚警概率的计算公式可得

$$P_{\text{fa}} = P(T_{\text{DoP}} > \eta_{\text{DoP}} \mid H_0) = 1 - \int_0^{\eta_{\text{DoP}}} f(\hat{p}) \mathrm{d}\hat{p} = 1 - F(\eta_{\text{DoP}}) \qquad (5.62)$$

式中，$F(\eta_{\text{DoP}})$ 为 3.3.3 节获取的极化度估计量的累积分布函数，如式(2.227)所示，将该式代入式(5.62)可得

$$P_{\text{fa}} = 1 - (1 - P^2)^N \eta_{\text{DoP}}^3 \sum_{m=0}^{N-2} \frac{\Gamma\left(m + \dfrac{3}{2}\right)}{\Gamma\left(\dfrac{3}{2}\right) m!} (1 - \eta_{\text{DoP}}^2)^m {}_2\text{F}_1\left(K, m + \frac{3}{2}; \frac{3}{2}; P^2 \eta_{\text{DoP}}^2\right)$$

$$(5.63)$$

检测概率计算公式维持式(5.57)不变，按照前面给出的检测器性能曲线绘制方法，下面对比不同杂波真实极化度条件下检测器的性能。假定用于估计极化度的样本数为 8，虚警概率为 $10^{-3}$。检测性能曲线如图 5.9 所示。图中点状线、虚线以及实线分别代表真实极化度 $P = 0$，0.5，0.8。不难看出，当杂波的真实极化度不为 0 时，应用极化度估计值作为检验统计量的检测器性能会明显下降，以检测概率 0.8 为例，相比于真实极化度为 0 的情形，$P = 0.5$ 时需要额外的信杂比约 3dB，而 $P = 0.8$ 时则需要额外的信杂比约 11dB。

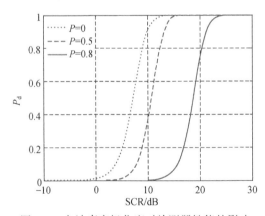

图 5.9　杂波真实极化度对检测器性能的影响

## 5.3　非均匀杂波中的组合极化检测技术

5.2 节采用极化度作为检验统计量开展了极化检测器设计方法的研究，并假设杂波真实极化度较低，然而实际中对于海杂波，海面的快速起伏出现的陡峰和一些不

完整的波峰造成了"海尖峰"的存在[25-29]，正是这些海尖峰导致了杂波幅度分布背离了瑞利分布，而更接近具有更长拖尾的复合高斯分布，同时海尖峰是造成杂波中检测虚警以及杂波分布非均匀的主要原因。文献[30]对真实海杂波的完全极化散射特性进行了测量。结果表明，当海杂波分辨单元内不存在海尖峰时，杂波散回回波具有强极化相关性，极化度较高；而海尖峰回波则具有弱极化散射特性，即其极化度较低。

### 5.3.1　组合极化检测器处理流程

当杂波环境中不仅有海尖峰这类弱极化分量，而且存在非海尖峰的高极化度成分时，仅采用极化度检验方法可能难以达到满意的效果，因此本节再给出一种组合式极化检测方法。该方法针对上述海杂波的极化特点，首先利用极化滤波器抑制高极化度杂波，随后结合极化度检验方法区分目标与海尖峰，图 5.10 给出了该方法的处理流程，具体说明如下。

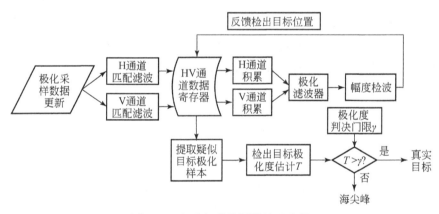

图 5.10　组合极化检测器处理流程

（1）雷达在每个发射脉冲后采集回波信号，首先对每个发射脉冲后采集到的水平和垂直极化通道数据分别做匹配滤波处理。

（2）将脉压后的前 $N$ 个脉冲重复周期的极化数据存入寄存器，之后用每组新采集的数据替换掉 $N$ 个重复周期前的数据。

（3）将 $N$ 个重复周期的 H 和 V 通道信号分别积累。

（4）对积累后的双极化通道数据，采用文献[31]给出的极化滤波方法进行极化滤波处理，根据文献[30]描述的海杂波极化特性，非海尖峰类的杂波信号由于较高的极化度将在滤波处理后得到抑制。

（5）极化滤波后的数据通过常规包络检测器,利用信号强度信息检出疑似目标,其中既包含真实目标,同时也存在海尖峰等虚假目标（海尖峰由于具有低极化度特性,因此难以通过极化滤波器剔除）。

（6）将疑似目标位置记录并反馈至数据寄存器,提取相应位置的极化样本,估计检出目标的极化度。

（7）将检出目标的极化度估计量同设定的极化度判决门限对比,大于门限则判为真实目标,否则认为是海尖峰。

### 5.3.2　组合极化检测器性能分析

根据上述检测处理流程不难看出,组合极化检测器级联了极化滤波后常规幅度检测器和极化度检测器的两级检验,因此该检测器的性能应由两个检测器的性能共同决定。5.2 节已经给出了极化度检测器的虚警概率和检测概率的理论计算公式,本节重点推导极化滤波后检测器的性能,并结合极化度检测器性能给出组合极化检测器的性能分析。由极化滤波器的研究可知[1-4,31],极化滤波处理的本质是寻找最优极化加权系数。这里假设两极化通道的加权系数为 $w = [w_{\mathrm{H}}, w_{\mathrm{V}}]^{\mathrm{T}}$,它可以根据文献[31]给出的极化滤波器最优权值计算方法得到,即利用干扰样本的极化状态估计值给出

$$
\begin{aligned}
w_{\mathrm{H}} &= \frac{1}{\sqrt{1 + \hat{\rho}^2}} \\
w_{\mathrm{V}} &= \frac{\hat{\rho}}{\sqrt{1 + \hat{\rho}^2}}
\end{aligned}
\tag{5.64}
$$

式中,$\hat{\rho}$ 为干扰或杂波中完全极化分量的极化比估计值,可以根据干扰极化聚类中心对应的 Stokes 矢量获得

$$
\hat{\rho} = \frac{-g_{i2} + \mathrm{j} g_{i3}}{\parallel \boldsymbol{J}_i \parallel - g_{i1}}
\tag{5.65}
$$

根据极化协方差矩阵和 Stokes 矢量之间的关系,将其代入式(5.65),则极化比估计值还可由杂波参考样本协方差矩阵估计值 $\hat{\boldsymbol{\Sigma}}$ 的矩阵元素获得,即

$$
\hat{\rho} = \frac{\hat{\sigma}_{\mathrm{VV}} - \hat{\sigma}_{\mathrm{HH}} - \sqrt{\mathrm{tr}(\hat{\boldsymbol{\Sigma}})^2 - 4\det(\hat{\boldsymbol{\Sigma}})}}{2\hat{\sigma}_{\mathrm{HV}}}
\tag{5.66}
$$

式中,$\hat{\boldsymbol{\Sigma}}$ 定义为

$$\hat{\boldsymbol{\Sigma}} = \frac{1}{N} \sum_{n=1}^{N} \boldsymbol{\xi}_n \boldsymbol{\xi}_n^{\mathrm{H}} = \begin{bmatrix} \hat{\sigma}_{\mathrm{HH}} & \hat{\sigma}_{\mathrm{HV}} \\ \hat{\sigma}_{\mathrm{VH}} & \hat{\sigma}_{\mathrm{VV}} \end{bmatrix} \tag{5.67}$$

$\boldsymbol{\xi}_n$ 为参考样本数据。将滤波权值代入式(5.51)所示的回波模型中,得到待检测单元数据 $\boldsymbol{\xi}$ 经极化滤波器加权后的输出为

$$\begin{cases} H_0 : z = w^{\mathrm{H}} \boldsymbol{\xi} = w^{\mathrm{H}} (\boldsymbol{\xi}_{\mathrm{c}} + \boldsymbol{q}) \\ H_1 : z = w^{\mathrm{H}} \boldsymbol{\xi} = w^{\mathrm{H}} (\boldsymbol{\xi}_{\mathrm{s}} + \boldsymbol{\xi}_{\mathrm{c}} + \boldsymbol{q}) \end{cases} \tag{5.68}$$

可见滤波后输出一维标量 $z$,且该值满足

$$\begin{cases} H_0 : z : \mathrm{CN}(0, w^{\mathrm{H}} \boldsymbol{\Sigma}_{\mathrm{c+q}} w) \\ H_1 : z : \mathrm{CN}(w^{\mathrm{H}} \boldsymbol{\xi}_{\mathrm{s}}, w^{\mathrm{H}} \boldsymbol{\Sigma}_{\mathrm{c+q}} w) \end{cases} \tag{5.69}$$

根据恒虚警率检验原则,可以直接给出该假设下检验统计量

$$T_{\mathrm{PF}} = \frac{|z|^2}{\dfrac{1}{N} \sum_{n=1}^{N} |z_n|^2} \mathop{\gtrless}_{H_0}^{H_1} \eta_{\mathrm{PF}} \tag{5.70}$$

式中, $z_n = w^{\mathrm{H}} \boldsymbol{\xi}_n$ ; $\eta_{\mathrm{PF}}$ 为极化滤波后的检测门限。

　　鉴于极化加权系数需要根据参考样本获得,若将其视为随机变量会造成检测器理论性能难以推导。但可以认为在杂波极化度较高的条件下,根据有限量的参考样本即可使最优权值的计算结果起伏较小,于是可令 $w$ 为常矢量。在该近似条件下,进一步讨论确定性目标的检测性能。

　　当 $H_0$ 为真时,观察式(5.70)不难发现,分子为具有两个自由度的中心 $\chi^2$ 分布,分母为具有 $2N$ 个自由度的中心 $\chi^2$ 分布。不妨令 $x = |z|^2$ , $r = \dfrac{1}{N} \sum_{n=1}^{N} |z_n|^2$ ,则式(5.70)等价为

$$x \mathop{\gtrless}_{H_0}^{H_1} \eta_{\mathrm{PF}} r \tag{5.71}$$

从而虚警概率能够根据条件概率和边缘概率积分得到

$$\begin{aligned} P_{\mathrm{fa}} &= P(T_{\mathrm{PF}} > \eta_{\mathrm{PF}} \mid H_0) \\ &= P(x > \eta_{\mathrm{PF}} r \mid H_0) \\ &= \int_0^{\infty} \int_{\eta_{\mathrm{PF}} r}^{\infty} f_x(x \mid H_0) \mathrm{d}x f_r(r \mid H_0) \mathrm{d}r \end{aligned} \tag{5.72}$$

式中, $x$ 和 $r$ 分别为自由度为 2 和自由度为 $2N$ 的 $\chi^2$ 分布,它们的概率密度函数可分别表示为

$$f_x(x \mid H_0) = \frac{1}{2} \mathrm{e}^{-\frac{x}{2}} \tag{5.73}$$

$$f_r(r \mid H_0) = \frac{r^{N-1}}{2^N \Gamma(N)} \mathrm{e}^{-\frac{r}{2}} \tag{5.74}$$

将其代入式(5.72)整理后可得

$$P_{\mathrm{fa}} = \frac{1}{(\eta_{\mathrm{PF}} + 1)^N} \tag{5.75}$$

积分过程需利用文献[32]的公式(3.351-3)。不难看出,虚警概率不依赖于杂波噪声协方差矩阵,只与检测门限和参考样本数有关,因此该检测器同样满足恒虚警率的特征。

当 $H_1$ 为真时,由于目标的存在,式(5.70)中的分子 $x$ 为自由度为 2 的非中心 $\chi^2$ 分布,非中心参数为 $\lambda_x = w^{\mathrm{H}} \boldsymbol{\xi}_s \boldsymbol{\xi}_s^{\mathrm{H}} w$,分母 $r$ 的分布如式(5.74)所示,即

$$f_r(r \mid H_1) = f_r(r \mid H_0) = \frac{r^{N-1}}{2^N \Gamma(N)} \mathrm{e}^{-\frac{r}{2}} \tag{5.76}$$

根据文献[33]在 $T^2$ 统计量分布特性研究中给出的定理 5.2.2,能够直接证明极化滤波检测器的检验统计量在 $H_1$ 条件下服从以下分布:

$$T_{\mathrm{PF}} : F_{2,2N}(\lambda), \quad H_1 \text{ 条件下} \tag{5.77}$$

式中,$F_{n_1, n_2}(\lambda)$ 为带有 $n_1$ 和 $n_2$ 两个自由度的非中心 $F$ 分布,其非中心参数

$$\lambda = \frac{w^{\mathrm{H}} \boldsymbol{\xi}_s \boldsymbol{\xi}_s^{\mathrm{H}} w}{w^{\mathrm{H}} \boldsymbol{\Sigma}_{\mathrm{c+q}}^{-1} w} \tag{5.78}$$

于是极化滤波后的检测概率可表示为

$$P_{\mathrm{d}} = Q_{F_{2,2N}(\lambda)}(\eta_{\mathrm{PF}}) \tag{5.79}$$

式中,$Q$ 表示概率密度函数的右尾概率计算函数。这样即得到了极化滤波后检测器的理论性能,根据组合检测器的设计原则,为对海杂波尖峰和真实目标回波加以辨别,滤波检测的输出结果还需通过极化度判决检测器。由于在 5.3.1 节中已经给出了极化度检测器性能的理论公式,因此结合极化滤波检测器的性能可以得到组合极化检测器的总的虚警概率。

$$\widetilde{P}_{\mathrm{fa}} = P_{\mathrm{fa}}^{\mathrm{DoP}} P_{\mathrm{fa}}^{\mathrm{PF}} \tag{5.80}$$

将式(5.59)和式(5.75)代入式(5.80)后可得

$$\widetilde{P}_{\mathrm{fa}} = \left[ 1 - \frac{\mathrm{B}_{\eta_{\mathrm{DoP}}^2}(N-1, 1.5)}{\mathrm{B}(N-1, 1.5)} \right] \frac{1}{(\eta_{\mathrm{PF}} + 1)^N} \tag{5.81}$$

相应的检测概率为

$$\widetilde{P}_{\mathrm{d}} = P_{\mathrm{d}}^{\mathrm{DoP}} P_{\mathrm{d}}^{\mathrm{PF}} = Q_{f_1}(\eta_{\mathrm{DoP}}) Q_{F_{2,2N}(\lambda)}(\eta_{\mathrm{PF}}) \tag{5.82}$$

可见组合极化检测器检测概率由两级检测门限共同决定。

　　为评估组合极化检测器的性能,绘制检测概率随信杂比的变化曲线,其方法与极化度检测器性能分析方法类似。作为对比,图 5.11 同时给出了极化度检测器 $T_{\mathrm{DoP}}$ 以及单纯极化滤波后检测器 $T_{\mathrm{PF}}$ 的性能曲线。其中,虚线对应本节提出的组合极化检测器 $T_{\mathrm{PF+DoP}}$,实线对应极化滤波检测器,点划线则对应极化度检测器。仿真中设定杂波噪声功率比为 CNR$=30$dB,累积处理样本数为 8,虚警概率为 $10^{-3}$。图 5.11(a)给出了低极化度杂波情形,即杂波真实极化度 $P=0$,受杂波极化度较低的影响,极化滤波对杂波的抑制性能较差,由该图可见,此时极化滤波检测器的性能明显低于其他两类检测器。当信杂比较低时(SCR$<4$dB),组合检测器性能略优于极化度检测器;而在高信杂比时(SCR$>4$dB),极化度检测器为三者中性能最佳的。图 5.11(b)给出了高极化度杂波情形,杂波真实极化度设为 0.8,组合极化检测器在此时性能最好,检测概率为 0.8 时,相比极化滤波检测器性能提升 1dB,相比极化度检测器性能改善约 4dB,和 5.2.3 节给出的结论类似,极化度检测器在高极化度杂波条件下性能衰减严重,而极化滤波后包络检测器在低极化度杂波中性能较差。综合分析来看,组合极化检测器对各类杂波的适应性更好,检测性能更为稳定。

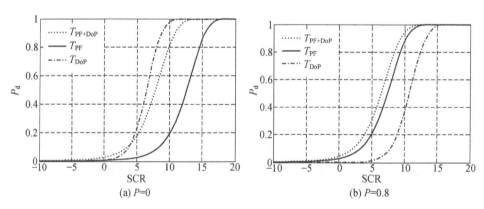

图 5.11　不同极化度条件下极化检测器的性能对比

## 5.4　极化检测器在海杂波数据中的应用

　　为进一步检验和评估新建立的极化检测器在实际中的检测能力,下面将极化检测器应用于带有目标回波的海杂波测量数据当中进行验证。所选用的数据由加拿大麦克马斯特大学利用 IPIX 雷达在 1993 年 11 月测量得到[33,34]，测量地点位于加拿大东南部的新斯科舍省达特茅斯的一处山脉。该雷达具有双极化同时接收和捷变频工作能力。开展数据测量时，雷达被置于一座面向大西洋的悬崖上，高度距离海平面约 100ft(1ft＝0.305m)，其他相关工作参数如表 5.1 所示。

**表 5.1　IPIX 雷达系统工作参数**

| 天线 | | 发射机 | | 接收机 | |
|---|---|---|---|---|---|
| 天线类型 | 抛物面天线 | 工作频率 | 9.39GHz | 接收模式 | H 和 V 同时接收 |
| 波束宽度 | 0.9° | 脉冲宽度 | 200ns | 动态范围 | ＞50dB |
| 天线增益 | 45.7dB | 峰值功率 | 8kW | 噪声系数 | 1.2dB |
| 极化隔离度 | 30dB | 重频 | 1000Hz | 带宽 | 10MHz |

测量时雷达波束固定，擦地角约为 0.645°，本节使用的数据具体录取时间为 1993 年 11 月 18 日，数据对应的距离测量范围为 2649～2844m，同时在该测量范围内放置了一个参考目标，该目标是一个包裹着铝箔的密封球形救生器，位置与雷达相距约 2745m，方位角约 170°。表 5.2 中给出了所录取的数据及测量环境相关信息。

**表 5.2　IPIX 雷达杂波数据及测量环境相关信息**

| 参数 | 数据 1 | 数据 2 |
|---|---|---|
| 数据测量时间 | 1993 年 11 月 18 日 16：26 | 1993 年 11 月 18 日 02：36 |
| 目标位置（距离，方位） | 2745m,170° | 2745m,170° |
| 距离采样间隔 | 15m | 15m |
| 海浪高 | 0.9m | 1.4m |
| 风速 | 17km/h | 26km/h |

考虑单极化发射、双极化同时接收的工作模式，以发射水平 H 极化、采用 H 和 V 同时接收为例，图 5.12 和图 5.13 分别给出了所使用的两组数据中 HH 和 HV 极化通道信号幅度的时间距离图像，横轴代表采样时间，观测时间约为 131ms，纵轴为各观测距离单元对应的距离，颜色深度代表回波强度，图中同时包含了杂波和目标回波信息。图 5.12 对应表 5.2 中的数据 1，结合环境参数可知，由于海浪和风速较弱，因此目标回波强度明显大于杂波，从幅度上即可直观辨别目标所在位置。图 5.13 对应数据 2，较强的海浪和风速使杂波强度接近于目标回波，仅从幅度上较难区分。

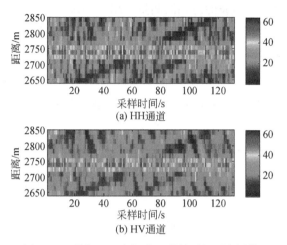

图 5.12　数据 1 正交极化通道的时间距离图像

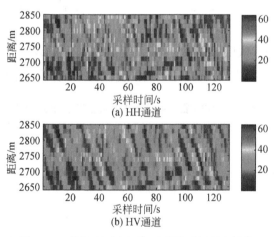

图 5.13　数据 2 正交极化通道的时间距离图像

　　作为对比,选用以下几类具有代表性的雷达极化目标检测器,通过分别对上述两组海杂波数据开展目标检测实验,来说明各类极化检测器在实际杂波环境下的目标检测性能。

　　(1) 一致和极化检测器( $T_{US}$ ):该检测器基于双极化雷达的双通道条件,将待检测单元水平通道和垂直通道的信号功率、自相关系数以及两通道间的互相关系数直接求和,并将求和结果作为检验量与门限比较实现目标检测[23]。该检测器主要利用各极化通道的回波强度信息以及通道间的相干性,由于无需估计杂波协方差矩阵,该检测器较其他检测器运算量更小,因此易于满足实时处理要求。

（2）极化空域联合广义似然比检测器（$T_{PST-GLR}$）:该检测器在假设杂波服从均匀复高斯分布的基础上,建立目标加杂波的极化空域联合信号模型,利用广义似然比算法给出了检验统计量的计算方法,需要利用参考单元估计杂波协方差矩阵的同时,预先给出目标回波的极化状态[10]。

（3）非均匀杂波极化检测器（$T_{IC}$）:针对非均匀杂波环境,建立一种无需利用参考距离单元样本极化检测方法[36]。该检测器仍基于杂波服从高斯分布假设,利用待检测单元观测样本以及雷达系统响应矩阵能够建立检验统计量。

（4）极化度检测器（$T_{DoP}$）以及组合极化检测器（$T_{PF+DoP}$）:这是本书给出的两类极化检测器。

为比较上述检测器,这里采用统计检测概率随虚警概率的变化曲线的方法。该曲线又称雷达接收机工作性能曲线（ROC）。由于已经预先知道目标所在的距离单元,因此将每组数据划分成两个区域,一是目标区域即同时包含目标回波和杂波信号对应的距离单元,二是杂波区域,即该区域中仅包含杂波信号。利用相应区域内的观测样本可以分别计算各类极化检测器的检验统计量,将检验统计量同给定的门限对比,分别统计目标和杂波区域中超过门限的检验统计量个数,分别除以各自区域使用的检验统计量总数,即可得到对应的检测概率 $P_d$ 和虚警概率 $P_{fa}$,按一定的间隔调整检测门限,最终得到图 5.14 和图 5.15 所示的各类检测器的 ROC 曲线,图中曲线上的每一个点对应一对 $(P_{fa}, P_d)$。

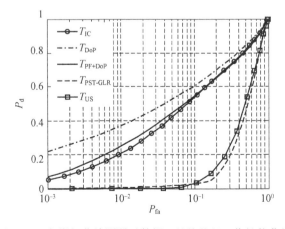

图 5.14 　各类极化检测器对数据 1 的接收机工作性能曲线

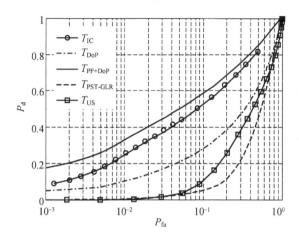

图 5.15　各类极化检测器对数据 2 的接收机性能曲线

图 5.14 对应 1993 年 11 月 18 日 16∶26 录取的数据 1 的处理结果,对照图 5.13 可知,该组数据中杂波强度较弱,目标回波信号与杂波的强度对比较明显,对比各类检测器的 ROC 曲线可以得出以下结论:

(1) $T_{DoP}$ 检测器(图中点划线所示)性能要明显优于其他类检测器。这是由于在海浪起伏较小的环境下,杂波散射信号较弱,受噪声的影响其真实极化度较低,而带有金属表面的目标回波极化度较高,目标与杂波间极化度的明显差异使得基于极化度的检测方法能够取得最佳的检测性能。

(2) $T_{PF+DoP}$ 检测器(图中实线所示)和 $T_{IC}$ 检测器(图中带圆圈符号的实线)呈现出次优的检测性能,相比较,在低虚警概率条件下($P_{fa} < 10^{-1}$),$T_{PF+DoP}$ 检测性能略优于 $T_{IC}$,但由于滤波处理对低极化度杂波的抑制能力有限,因此改善程度并不明显。

(3) $T_{PST-GLR}$ 检测器与 $T_{US}$ 检测器表现出的检测性能最差。前者基于杂波服从均匀高斯分布的假设与实际数据统计特性不符,使得利用参考单元估计的杂波协方差矩阵与目标所在单元杂波的协方差矩阵存在较大误差,导致多通道的联合处理反而会对目标回波的损耗严重。而 $T_{US}$ 检测器将所有极化强度及极化通道相干性等信息无差别地叠加处理,类似于早期的极化张成检测器,实际上没有真正利用杂波和目标的极化特性差异,因此难以表现出好的检验效果。

图 5.15 对应 1993 年 11 月 18 日 02∶36 录取的数据 2 的处理结果,对照图 5.13 可知,此时杂波信号强度和目标回波类似,各类极化检测器的检验性能有所改变。

其中最为明显的是 $T_{DoP}$ 检测器,由于风浪引起的杂波中的高极化度成分的增多,极化度检测器的性能衰减严重,因此可认为 $T_{IC}$ 检测器在强杂波环境下并非最优选择,但可看出其性能仍然优于 $T_{PST-GLR}$ 和 $T_{US}$ 检测器。

相比较,$T_{PF+DoP}$ 检测器以及 $T_{IC}$ 检测器的检测性能明显优于其他检测器,特别是 $T_{PF+DoP}$ 检测器,经极化滤波处理抑制高极化度杂波后,能够利用极化度来判别海尖峰并加以抑制,因此如图 5.15 所示,该检测器相比 $T_{PF}$ 和 $T_{IC}$ 检测器还能得到更进一步的改善。

综合上述检测对比结果不难得出以下结论:

(1) 在非均匀海杂波环境下,$T_{PST-GLR}$ 和 $T_{US}$ 检测器无论在强杂波还是弱杂波环境下都难以得到令人满意的检测结果,建议采用本书提出的 $T_{DoP}$ 和 $T_{PF+DoP}$ 检测器或采用 $T_{IC}$ 检测器。

(2) $T_{DoP}$ 检测器更适合检测弱杂波环境中的极化确定性目标,但随着杂波强度的增强,$T_{DoP}$ 检测性能将出现明显的衰减,这与之前的理论分析相一致。

(3) $T_{PF+DoP}$ 检测器和 $T_{IC}$ 检测器对于非均匀杂波具有更好的适应能力,检测性能更为稳定,相比较,$T_{PF+DoP}$ 检测器较 $T_{IC}$ 检测器在强杂波环境下有明显的改善。

## 参 考 文 献

[1] 王被德. 近三年来雷达极化研究的进展[J]. 现代雷达,1996,18(2): 1-14.

[2] 庄钊文,肖顺平,王雪松. 雷达极化信息处理及其应用[M]. 北京:国防工业出版社,1999.

[3] Touzi R,Hurley J,Vachon P W. Optimization of the degree of polarization for enhanced ship detection using polarimetric RADARSAT- 2 [J]. IEEE Transactions on Geoscience and Remote Sensing,2015,53(10): 5403-5424.

[4] 王雪松. 宽带极化信息处理的研究[D]. 长沙:国防科学技术大学,1999.

[5] Barnes R M. Detection of a Randomly Polarized Target[D]. Boston: Northeastern University,1984.

[6] Novak L M,Sechtin M B,Cardullo M J. Studies of target detection algorithms that use polarimetric radar data[J]. IEEE Transactions on Aerospace and Electronic Systems,1989,25(2): 150-165.

[7] Chaney R D,Bud M C,Novak L M. On the performance of polarimetric target detection algorithms[J]. IEEE Aerospace and Electronic Systems Magazine,1990,5(11): 10-15.

[8] Kelly E J. An adaptive detection algorithm[J]. IEEE Transactions on Aerospace and Electronic Systems,1986,22(1): 115-127.

[9] Kelly E J. Performance of an adaptive detection algorithm, rejection of unwanted signals[J]. IEEE Transactions on Aerospace and Electronic Systems,1989,25(2): 122-133.

[10] Park H,Li J,Wang H. Polarization-space-time domain generalized likelihood ratio detection of radar targets[J]. Signal Processing,1995,41(1): 153-164.

[11] Park H,Yang Y,Hong W. A new adaptive polarization-space-time domain radar target detection algorithm for nonhomogeneous clutter environments[C]//The Seventh International Symposium on Signal Processing and Its Applications,Paris,2003: 333-336.

[12] Pastina D,Lombardo P,Bucciarelli T. Adaptive polarimetric target detection with coherent radar part I: Detection against Gaussian background[J]. IEEE Transactions on Aerospace and Electronic Systems,2001,37(4): 1194-1206.

[13] Lombardo P,Pastina D,Bucciarelli T. Adaptive polarimetric target detection with coherent radar. II. Detection against non-Gaussian background[J]. IEEE Transactions on Aerospace and Electronic Systems,2001,37(4): 1207-1220.

[14] de Maio A. Polarimetric adaptive detection of range-distributed targets[J]. IEEE Transactions on Signal Processing,2002,50(9): 2152-2159.

[15] de Maio A,Alfano G. Polarimetric adaptive detection in non-Gaussian noise[J]. Signal Processing,2003,83: 297-306.

[16] de Maio A,Alfano G,Conte E. Polarization diversity detection in compound-Gaussian clutter [J]. IEEE Transactions on Aerospace and Electronic Systems,2004,40(1): 114-131.

[17] Pottier E,Saillard J. Optimal polarimetric detection of radar target in a slowly fluctuating environment of clutter[C]//IEEE International Radar Conference,1990: 4-9.

[18] 李永祯. 瞬态极化统计特性及处理的研究[D]. 长沙:国防科学技术大学,2004.

[19] Miller K. Multimensional Gaussion Distributions[M]. New York:John Wiley & Sons,1964.

[20] 李永祯,肖顺平,王雪松,等. 基于 ISVS 的微弱信号检测[J]. 电子学报,2005,33(6): 1028-1031.

[21] Farina A,Gini F,Greco M V,et al. High resolution sea clutter data: Statistical analysis of recorded live data[J]. IEE Proceedings Radar Sonar Navigation,1997,144(3): 121-130.

[22] Shirvany R,Chabert M,Tourneret J. Estimation of the degree of polarization for hybrid/compact and linear dual-pol SAR intensity images principles and applications[J]. IEEE Transactions on Geoscience and Remote Sensing,2013,51(1): 539-551.

[23] Shirvany R,Chabert M,Tourneret J. Ship and oil-spill detection using the degree of polarization in linear and hybrid/compact dual-pol SAR[J]. IEEE Journal of Selected Topics in Applied Earth Observations and Remote Sensing,2012,5(3): 885-892.

[24] 叶其孝,沈永欢. 实用数学手册[M]. 北京:科学出版社,2006.

[25] Gutnik V G,Kulemin G P,Sharapov L I. Spike statistics features of the radar sea clutter in the millimeter wave band at extremely small grazing angles[C]//MSMW'2001 Symposium Proceedings,Kharkov,2001：426-428.

[26] Greco M,Stinco P,Gini F. Statistical analysis of sea clutter spikes[C]//Proceedings of the 6th European Radar Conference,Rome,2009：192-195.

[27] Posner F L. Spiky sea clutter at high range resolutions and very low grazing angles[J]. IEEE Transactions on Aerospace and Electronic Systems,2002,38(1)：58-73.

[28] Melief H W,Greidanus H,van Genderen P,et al. Analysis of sea spikes in radar sea clutter data[J]. IEEE Transactions on Geoscience and Remote Sensing,2006,44(4)：985-993.

[29] Posner F,Gerlach K. Sea spike demographics at high range resolutions and very low grazing angles[C]//IEEE Proceedings of the Radar Conference,Huntsville,2003：38-45.

[30] Mclaughlin D J,Allan N,Twarog E M,et al. Highresolution polarimetric radar scattering measurements of low grazing angle sea clutter[J]. IEEE Journal of Oceanic Engineering, 1995,20(3)：166-178.

[31] 任博. 多点源干扰的雷达极化统计特性及其应用研究[D]. 北京:国防科学技术大学,2016.

[32] Gradshteyn I S,Ryzhik I M. Table of Integrals,Series,and Products[M]. 6th ed. New York: Academic Press,2000.

[33] Anderson T W. An Introduction to Multivariate Statistical Analysis[M]. 3rd ed. Stanford: John Wiley & Sons,2003.

[34] Haykin S,Krasnor C,Nohara T J,et al. A coherent dual-polarized radar for studying the ocean environment[J]. IEEE Transactions on Geoscience and Remote Sensing,1991,29(1)： 189-191.

[35] Drosopoulos A. Description of the OHGR Database[R]. Ottawa:Defence Research Establishment, 1994：14-94.

[36] Hurtado M,Nehorai A. polarimetric detection of targets in heavy inhomogeneous clutter[J]. IEEE Transactions on Signal Processing,2008,56(4)：1349-1361.

# 附录　二维复 Wishart 矩阵特征值的联合分布函数

定义协方差矩阵估计值的各元素，并根据 Hermitian 矩阵的特点将其对角化，可得

$$\hat{\boldsymbol{\Sigma}} = \begin{bmatrix} \hat{\sigma}_{11} & \hat{\sigma}_{12} \\ \hat{\sigma}_{12}^* & \hat{\sigma}_{22} \end{bmatrix} = \boldsymbol{U}\boldsymbol{\Lambda}\boldsymbol{U}^{\mathrm{H}} \tag{A.1}$$

其中可令

$$\boldsymbol{U} = \begin{bmatrix} \cos\theta & \sin\theta\cos\varphi + \mathrm{j}\sin\theta\sin\varphi \\ \sin\theta\cos\varphi - \mathrm{j}\sin\theta\sin\varphi & -\cos\theta \end{bmatrix}$$

$$\boldsymbol{\Lambda} = \begin{bmatrix} \hat{\lambda}_1 & 0 \\ 0 & \hat{\lambda}_2 \end{bmatrix}$$

已知矩阵 $\hat{\boldsymbol{\Sigma}}$ 服从如式(2.198)所示的二维复 Wishart 分布，为获得特征值的联合分布，需根据式(A.1)的等式关系做 $[\hat{\sigma}_{11}, \hat{\sigma}_{22}, \mathrm{Re}(\hat{\sigma}_{12}), \mathrm{Im}(\hat{\sigma}_{12})] \rightarrow (\hat{\lambda}_1, \hat{\lambda}_2, \theta, \varphi)$ 的变量替换，由矩阵特征值和矩阵元素间的对应关系可建立新旧变量间的变换等式

$$\begin{cases} \hat{\lambda}_1 = \dfrac{1}{2}\left[\hat{\sigma}_{11} + \hat{\sigma}_{22} + \sqrt{4\,|\hat{\sigma}_{12}|^2 + (\hat{\sigma}_{11} - \hat{\sigma}_{22})^2}\,\right] \\[2mm] \hat{\lambda}_2 = \dfrac{1}{2}\left[\hat{\sigma}_{11} + \hat{\sigma}_{22} - \sqrt{4\,|\hat{\sigma}_{12}|^2 + (\hat{\sigma}_{11} - \hat{\sigma}_{22})^2}\,\right] \\[2mm] \theta = \dfrac{1}{2}\arctan\left(\dfrac{2\,|\hat{\sigma}_{12}|}{\hat{\sigma}_{11} - \hat{\sigma}_{22}}\right), \quad \theta \in \left[0, \dfrac{\pi}{2}\right] \\[2mm] \varphi = \arg(\hat{\sigma}_{12}), \quad \varphi \in [-\pi, \pi] \end{cases} \tag{A.2}$$

该变换对应的雅可比系数为

$$J = (\hat{\lambda}_1 - \hat{\lambda}_2)^2 \left|\frac{\sin 2\theta}{2}\right| \tag{A.3}$$

将式(A.2)和式(A.3)代入式(2.198)可得 $(\hat{\lambda}_1, \hat{\lambda}_2, \theta, \varphi)$ 新变量的联合概率密度函数为

$$f(\hat{\lambda}_1, \hat{\lambda}_2, \theta, \varphi) = \frac{|\hat{\lambda}_1\hat{\lambda}_2|^{K-2}\,(\hat{\lambda}_1 - \hat{\lambda}_2)^2\,|\sin 2\theta|}{2\pi\Gamma(K)\Gamma(K-1)\,|\lambda_1\lambda_2|^K}\exp[-\operatorname{tr}(\boldsymbol{\Sigma}^{-1}\boldsymbol{U}\boldsymbol{\Lambda}\boldsymbol{U}^{\mathrm{H}})] \tag{A.4}$$

式中

$$\mathrm{tr}(\boldsymbol{\Sigma}^{-1}\boldsymbol{U}\boldsymbol{\Lambda}\boldsymbol{U}^{\mathrm{H}}) = \mathrm{tr}[\boldsymbol{U}^{\mathrm{H}} \cdot \mathrm{diag}(\lambda_1^{-1},\lambda_2^{-1}) \cdot \boldsymbol{U} \cdot \mathrm{diag}(\hat{\lambda}_1,\hat{\lambda}_2)]$$

$$= \left(\frac{\hat{\lambda}_1}{\lambda_1} + \frac{\hat{\lambda}_2}{\lambda_2}\right)\cos^2\theta + \left(\frac{\hat{\lambda}_1}{\lambda_2} + \frac{\hat{\lambda}_2}{\lambda_1}\right)\sin^2\theta \qquad (\mathrm{A}.5)$$

式中，$\mathrm{diag}(\cdot)$ 表示对角矩阵。分别对式（A.4）中的 $\theta$ 和 $\varphi$ 积分可以最终得到特征值的联合分布

$$f(\hat{\lambda}_1,\hat{\lambda}_2) = \int_{-\pi}^{\pi} \int_0^{\pi/2} f(\hat{\lambda}_1,\hat{\lambda}_2,\theta,\varphi)\mathrm{d}\theta\mathrm{d}\varphi$$

$$= \frac{|\hat{\lambda}_1\hat{\lambda}_2|^{K-2}(\hat{\lambda}_1-\hat{\lambda}_2)^2}{\Gamma(K)\Gamma(K-1)|\lambda_1\lambda_2|^K}$$

$$\cdot \int_0^{\pi/2} |\sin2\theta| \exp\left[-\left(\frac{\hat{\lambda}_1}{\lambda_1} + \frac{\hat{\lambda}_2}{\lambda_2}\right)\cos^2\theta - \left(\frac{\hat{\lambda}_1}{\lambda_2} + \frac{\hat{\lambda}_2}{\lambda_1}\right)\sin^2\theta\right]\mathrm{d}\theta$$

$$= \frac{\hat{\lambda}_1^{K-1}\hat{\lambda}_2^{K-2} - \hat{\lambda}_1^{K-2}\hat{\lambda}_2^{K-1}}{\Gamma(K)\Gamma(K-1)(\lambda_1-\lambda_2)(\lambda_1\lambda_2)^{K-1}}\left[\mathrm{e}^{-\hat{\lambda}_1/\lambda_1-\hat{\lambda}_2/\lambda_2} - \mathrm{e}^{-\hat{\lambda}_1/\lambda_2-\hat{\lambda}_2/\lambda_1}\right] \qquad (\mathrm{A}.6)$$